21世纪高等教育计算机规划教材

Windows Server 2008 R2 网络配置与管理

Windows Server 2008 R2 Configuration and Management

张博 编著

人 民 邮 电 出 版 社
北 京

图书在版编目（CIP）数据

Windows Server 2008 R2网络配置与管理 / 张博编著. -- 北京 : 人民邮电出版社, 2013.9(2021.5重印)
21世纪高等教育计算机规划教材
ISBN 978-7-115-32525-9

Ⅰ. ①W… Ⅱ. ①张… Ⅲ. ①Windows操作系统－网络服务器－高等学校－教材 Ⅳ. ①TP316.86

中国版本图书馆CIP数据核字(2013)第169738号

内 容 提 要

本书介绍了在 Windows Server 2008 R2 环境下的网络配置与管理。全书共分 4 篇，第一篇是网络配置，主要介绍网络的基本配置与管理；第二篇是 Internet 服务器实现，主要介绍如何用 Windows Server 2008 R2 实现各种服务器；第三篇是活动目录与组策略，主要介绍活动目录与组策略的应用；第四篇是路由与远程访问，主要介绍如何用 Windows Server 2008 R2 实现各种路由功能。

本书可用作高等学校计算机相关专业或高职高专院校计算机专业网络实训课的教材，也可以用作职业培训教材，亦可供专业人员参考。

◆ 编　　著　张　博
　责任编辑　滑　玉
　责任印制　彭志环　杨林杰

◆ 人民邮电出版社出版发行　　北京市丰台区成寿寺路 11 号
　邮编　100164　　电子邮件　315@ptpress.com.cn
　网址　http://www.ptpress.com.cn
　固安县铭成印刷有限公司印刷

◆ 开本：787×1092　1/16
　印张：13.75　　　　2013 年 9 月第 1 版
　字数：353 千字　　　2021 年 5月河北第 12 次印刷

定价：32.80 元

读者服务热线：(010)81055256　印装质量热线：(010)81055316
反盗版热线：(010)81055315

前言

目前，高等学校都在强调应用型人才的培养，所谓应用型人才的培养，就是让学生在掌握专业知识的基础上，掌握更多的实际操作的技能，以便与企业人才需求接轨。为了落实应用型人才培养计划，各高校纷纷采取了设置教学实践周、独立开设强调动手能力的实训课、独立设置技能培训的“小学期”等措施。为了更好地开展计算机网络实践活动，我们组织编写了这本教材，旨在提高学生的计算机网络实践技能。

本书以 Windows Server 2008 R2 为平台，系统介绍了网络配置与管理的基础知识以及基本操作技能。本书共分四篇，第一篇是网络配置，主要介绍网络的基本配置与管理，内容包括用户管理、磁盘管理、文件权限管理、打印管理，以及安全性设置、容错与备份等；第二篇是 Internet 服务器实现，主要介绍如何用 Windows Server 2008 R2 实现各种服务器，内容包括 DHCP、DNS、WWW、SMTP、WINS 服务器的实现和基本配置等；第三篇是活动目录与组策略，主要介绍活动目录的安装和应用，内容包括活动目录的安装与域的管理、域用户和计算机账户的管理、组策略及其应用等；第四篇是路由与远程访问，主要介绍如何用 Windows Server 2008 R2 实现各种路由功能，内容包括实现路由器、实现 VPN、实现远程拨号、实现 NAT 等。

本书各章均分为三部分，第一部分简单介绍这项实践活动所必备的知识，第二部分是实践过程，包括安装、配置、验证过程和步骤，第三部分是实训与思考，学生可以按照实训题目独立完成实训任务。

本书具有以下特点。

（1）适用面广。本书既可用于高等院校，也可供高职高专院校使用，还可以供社会培训班使用。

（2）内容精炼。本书对网络管理的内容进行了精心的选择，通过这些实训项目可以让学生在网络管理领域得到锻炼。

（3）便于实施。本书的每个实训都详细给出了实训环境和操作步骤。

由于时间紧迫以及编者水平有限，书中难免有不足之处，敬请各位同行、专家和读者批评指正。

编　者

2013 年 6 月

目　录

第一篇　网络配置

第三篇 活动目录与组策略

第四篇 路由与远程访问

第一篇

网络配置

第1章 安装 Windows Server 2008 R2

Windows Server 2008 R2 是微软的一个服务器操作系统，是微软第一个仅支持 64 位的操作系统。Windows Server 2008 R2 作为 Windows 7 的服务器版，它所使用的内核与 Windows 7 同为 Windows NT 6.1。

Windows Server 2008 R2 增强了 Active Directory，使用了新的虚拟化和管理以及 IIS 7.5，支持多达 64 个物理处理器或最多 256 个系统的逻辑处理器。

Windows Server 2008 R2 提供了服务器管理器，管理员通过它可以轻松的添加或删除各种功能或角色，使服务器提供不同的服务。

本章介绍 Windows Server 2008 R2 功能、特点、安装和服务器管理器的使用。

1.1 Windows Server 2008 R2 简介

1.1.1 Windows Server 2008 R2 的功能

Windows Server 2008 R2 是微软针对 Windows 7 所推出的 Windows Server 操作系统。为了使企业降低操作成本和提高效率，Windows Server 2008 R2 对企业资源访问提供了强大的管理控制能力。

1. 强大的硬件与伸缩功能

Windows Server 2008 R2 是基于 Windows Server 2008 硬件基础而设计的，是一个 64 位的操作系统。Windows Server 2008 R2 增加了若干 CPU 方面的增强功能，使客户能够运行多达 256 个逻辑处理器，同时对服务器内存管理有很大的改善。

2. 降低功耗

Windows Server 2008 中推出了“平衡”的电源使用策略，它能监测服务器上的处理器利用率，并动态调整处理器的性能状态，将电源用在必须的工作负载上。在 Windows Server 2008 的 Active Directory 域服务的组策略中，为管理员提供了对管理客户端 PC 电源管理的控制能力。

3. Windows Server 2008 R2 中的 Hyper-V

Windows Server 2008 R2 在虚拟化技术（Hyper-V™）中提供了多项用户期待的更新。新 Hyper-V™ 设计的目的是增强现有的虚拟机管理，特别是在虚拟机迁移方面有了很大改进，提供了快速迁移功能。它使得虚拟机可以在不用的物理主机之间移动，从原来的几秒停机时间减少到几毫秒，使得迁移更简单。新的 Hyper-V™ 同时也增强了性能，包括支持 64 个逻辑处理器，强化的 CPU 性能以及对 SLAT 的支持。另外，虚拟机也支持在不重启的情况下添加和移除存储，还可以支持从 VHD 文件启动。

4. 使用 VDI 降低桌面成本

Windows Server 2008 R2 包含了增强的虚拟桌面集成（VDI）技术。该技术扩展了终端服务功能，通过远程桌面为员工提供相应的业务应用程序。通过 VDI，这些程序通过远程桌面服务发送到某一台计算机上，并添加到开始菜单的程序菜单中，就像本地安装的程序一样。

5. 更容易和更高效的服务器管理

Windows Server 2008 R2 通过面向管理的控制台来简化管理工作，提供了许多管理工具，这些工具包括：

（1）改进的数据中心能耗和管理；

（2）改进的远程管理，包括可支持远程安装的服务器管理器；

（3）通过更新和简化 Active Directory 域服务和活动目录联合身份验证服务来改进身份管理。

6. 无所不在的远程访问

随着移动办公人数的不断增加，他们要求提供能访问公司内部资源的远程访问能力。Windows Server 2008 R2 中引入了一种新的连接类型，称为 DirectAccess。它为远程用户提供了无缝访问企业资源，而不需要传统的 VPN 连接和客户端软件。使用 Windows Server 2008 中提供的技术，通过简单的管理向导，管理员能够在 Windows Server 2008 R2 和 Windows 7 客户端之间配置基于 SSTP 和 IPv6 的 DirectAccess 连接。

7. 改善分支机构的性能与管理

通常分支机构的 IT 基础带宽都比较低，影响访问总部资源的效率，Windows Server 2008 R2 引入了 BranchCache 功能。通过 BranchCache，如果请求访问的数据在本地曾经被请求过，那么客户端可以直接从本地网络获得相应的数据和文件，实现高速访问。

8. 简化管理

如今 IT 专业人员面临的最耗时的工作之一，是必须持续管理数据中心的服务器。所部署的任何管理策略都必须支持物理和虚拟环境的管理。为了帮助解决这一问题，Windows Server 2008 R2 包含了新的功能，以减少对 Windows Server 2008 R2 的持续管理，以及减轻一般日常运行工作的管理负担。

9. 强大的 Web 和应用程序服务器

Windows Server 2008 R2 包含了许多增强功能，从而使该版本成为有史以来最可靠的 Windows Server Web 应用程序平台。该版本提供了最新的 Web 服务器角色和 Internet 信息服务（IIS）7.5 版，并在服务器核心提供了对.NET 更强大的支持。

10. 管理数据并不仅仅是管理存储

根据统计，从 2008 年到 2012 年，存储容量每年以 51%的速率增长。因此，企业必须开始管理数据，而不仅仅是管理磁盘。Windows Server 2008 R2 为 IT 管理员提供新的文件分类基础架构（FCI）。这种新的功能，对现有的共享文件结构建立了可扩展的自动分类机制，这使 IT 管理员能够直接在完全自定义分类的基础上的进行具体操作。

1.1.2　版本介绍

Windows Server 2008 R2 有七个版本，每个版本都有特定的功能设置，用于支撑各种规模的业务和 IT 需求。

Windows Server 2008 R2 Foundation（基础版）是一种成本低廉的项目级技术基础版本，它面向的是小型企业主和 IT 全才，用于支撑小型的业务。Foundation 是一种成本低廉、容易部署、经过实践证实的可靠技术，为组织提供了一个基础平台，可以运行最常见的业务应用，共享信息和资源。

Windows Server 2008 R2 Standard（标准版）是目前比较健壮的 Windows Server 操作系统。它自带了改进的 Web 和虚拟化功能，这些功能可以提高服务器架构的可靠性和灵活性，同时还能帮助节省时间和成本。利用其中强大的工具，用户可以更好地控制服务器，提高配置和管理任务的效率。而且，改进的安全特性可以强化操作系统，保护数据和网络，为业务提供一个高度稳定、可靠的基础。

Windows Server 2008 R2 Enterprise（企业版）是一个高级服务器平台，它为重要应用提供了一种成本较低的高可靠性支持。它还在虚拟化、节电以及管理方面增加了新功能，使得流动办公的人员可以更方便地访问公司的资源。

Windows Server 2008 R2 Datacenter（数据中心版）是一个企业级平台，可以用于部署关键业务应用程序，以及在各种服务器上部署大规模的虚拟化方案。它改进了可用性、电源管理，并集成了移动和分支位置解决方案。通过不受限的虚拟化许可权限合并应用程序，降低了基础架构的成本。它可以支持 2～64 个处理器。Windows Server 2008 R2 数据中心提供了一个基础平台，在此基础上可以构建企业级虚拟化和按比例增加的解决方案。

Windows Web Server 2008 R2（Web 版）是一个强大的 Web 应用程序和服务平台。它拥有多功能的 IIS 7.5，是一个专门面向 Internet 应用而设计的服务器，它改进了管理和诊断工具，在各种常用的开发平台中使用它们，可以帮助降低架构的成本。在其中加入 Web 服务器和 DNS 服务器角色后，这个平台的可靠性和可量测性也会得到提升，可以管理比较复杂的环境——从专用的 Web 服务器到整个 Web 服务器场。

Windows HPC Server 2008（HPC 版）是高性能计算（High Performance Computing，HPC）的下一版本，为高效率的 HPC 环境提供了企业级的工具。Windows HPC Server 2008 可以有效地利用上千个处理器核心，并且还加入了一个管理控制台，通过它可以前摄性地监控及维护系统的健康状态和稳定性。利用作业计划任务的互操作性和灵活性，可以在 Windows 和 Linux 的 HPC 平台之间进行交互，还可以支持批处理和面向服务的应用（Service Oriented Application，SOA）。

Windows Server 2008 R2 for Itanium-Based Systems（安腾版）是一个企业级的平台，可以用于部署关键业务应用程序。可量测的数据库、业务相关和定制的应用程序可以满足不断增长的业务需求，故障转移集群和动态硬件分区功能可以提高可用性。恰当地使用虚拟化部署，可以运行不限数量的 Windows Server 虚拟机实例。Windows Server 2008 R2 for Itanium-Based Systems 可以为高度动态变化的 IT 架构提供基础。

1.1.3 系统需求

Windows Server 2008 R2 的系统需求如表 1-1 所示。

表 1-1 Windows Server 2008 R2 的系统需求

硬件	需　求
处理器	最低：1.4 GHz（x64 处理器） 注意：Windows Server 2008 R2 for Itanium-Based Systems 版本需要 Intel Itanium 2 处理器
内存	最低：512 MB RAM 最大：8 GB（基础版）或 32 GB（标准版）或 2 TB（企业版、数据中心版及 Itanium-Based Systems 版）
可用磁盘空间	最低：32 GB 或以上 基础版：10 GB 或以上 注意：配备 16 GB 以上 RAM 的计算机将需要更多的磁盘空间，以进行分页处理、休眠及转储文件操作
显示器	超级 VGA（800 × 600）或更高分辨率的显示器
其他	DVD 驱动器、键盘和 Microsoft 鼠标（或兼容的指针设备）、Internet 访问

1.1.4 角色与功能

在 Windows Server 2000/2003 系统中，要增加或删除像 DNS 服务器这样的功能，需要通过“添加/删除 Windows 组件”实现。而在 Windows Server 2008 R2 中取消了“添加/删除 Windows 组件”功能，取而代之的是通过服务器管理器里面的“角色”和“功能”实现。像 DNS 服务器、文件服务器、DHCP 服务器等都被视为一种“角色”存在，而组策略管理、WINS 服务、备份服务等任务则被视为“功能”。通过角色与功能的增减，就可以实现几乎所有的服务器任务。

角色与功能的区别如下。

角色指的是服务器的主要功能，可以选择整个计算机专用于一个服务器角色，或在单台计算机上安装多个服务器角色。每个角色可以包括一个或多个角色服务或者功能，如 DNS 服务器就是一个角色，该角色只有一个功能，没有其他可用的角色服务。而远程桌面服务则可以安装多个角色服务，以满足企业不同的远程计算需要。

功能则提供对服务器的辅助与支持。通常添加的功能不会作为服务器的主要功能，但可以增强安装的角色的功能，如功能“Telnet 客户端”允许通过网络连接与 Telnet 服务器远程通信，从而增强服务器通信能力的选项。

在 Windows Server 2008 R2 中随附了 17 个角色和 35 个功能，17 个角色和部分功能介绍如表 1-2 和表 1-3 所示。

表 1-2　　Windows Server 2008 R2 中的角色

角色名称	描述
Active Directory 证书服务	Active Directory 证书服务（AD CS）提供可自定义的服务，用于颁发和管理使用公钥技术的软件安全系统中的证书。可以使用 AD CS 来创建一个或多个证书颁发机构（CA），以接收证书申请、验证申请中的信息和申请者的身份、颁发证书、吊销证书以及发布证书吊销数据
Active Directory 域服务	Active Directory 域服务（AD DS）存储有关网络上的用户、计算机和其他设备的信息。AD DS 帮助管理员安全地管理此信息并促使在用户之间实现资源共享和协作
Active Directory 联合身份验证服务	Active Directory 联合身份验证服务（AD FS）提供了单一登录（SSO）技术，可使用单一用户账户在多个 Web 应用程序中对用户进行身份验证
Active Directory 轻型目录服务	对于其应用程序需要用目录来存储应用程序数据的组织而言，可以使用 Active Directory 轻型目录服务（AD LDS）作为数据存储方式。AD LDS 作为非操作系统服务运行，因此，AD LDS 不需要在域控制器上进行部署。作为非操作系统服务运行，可允许多个 AD LDS 实例在单台服务器上同时运行，并且可针对每个实例单独进行配置，从而服务于多个应用程序
Active Directory 权限管理服务	Active Directory 权限管理服务（AD RMS）是一项信息保护技术，可与启用了 AD RMS 的应用程序协同工作，帮助保护数字信息免遭未经授权的使用。内容所有者可以准确地定义收件人可以使用信息的方式，例如，谁能打开、更改、打印、转发或对信息执行其他操作。组织可以创建自定义的使用权限模板，如“机密-只读”，此模板可直接应用到诸如财务报表、产品规格、客户数据及电子邮件之类的信息
应用程序服务器	应用程序服务器提供了完整的解决方案，用于托管和管理高性能分布式业务应用程序。诸如.NETFramework、Web 服务器支持、消息队列、COM+、Windows Communication Foundation 和故障转移群集之类的集成服务有助于在整个应用程序生命周期（从设计与开发直到部署与操作）中提高工作效率
动态主机配置协议服务器	动态主机配置协议（DHCP）允许服务器将 IP 地址分配给作为 DHCP 客户端启用的计算机和其他设备，也允许服务器租用 IP 地址。通过在网络上部署 DHCP 服务器，可为计算机及其他基于 TCP/IP 的网络设备自动提供有效的 IP 地址及这些设备所需的其他配置参数（称为 DHCP 选项），这些参数允许它们连接到其他网络资源，如 DNS 服务器、WINS 服务器及路由器

续表

角色名称	描述
DNS 服务器	域名系统（DNS）提供了一种将名称与 Internet 数字地址相关联的标准方法。这样用户就可以使用容易记住的名称代替一长串数字来访问网络计算机。可以将 Windows DNS 服务和 DHCP 服务集成在一起，这样在将计算机添加到网络时，就无需添加 DNS 记录
传真服务器	传真服务器可发送和接收传真，并允许管理这台计算机或网络上的传真资源，例如，作业、设置、报告以及传真设备等
文件服务	文件服务提供了实现存储管理、文件复制、分布式命名空间管理、快速文件搜索和简化的客户端文件访问等技术，如基于 UNIX 的客户端计算机
Hyper-V	Hyper-V 提供服务，用户可以使用这些服务创建和管理虚拟计算环境及其资源。虚拟计算机在隔离的操作环境中操作，这允许用户可以同时运行多个操作系统，可以使用虚拟化计算环境，使用多个硬件资源来提高计算资源的效率
网络策略和访问服务	网络策略和访问服务提供了多种不同的方法，可向用户提供本地和远程网络连接及连接网络段，并允许网络管理员集中管理网络访问和客户端健康策略。使用网络访问服务，可以部署 VPN 服务器、拨号服务器、路由器和受 802.11 保护的无线访问，还可以部署 RADIUS 服务器和代理，并使用连接管理器管理工具包，来创建允许客户端计算机连接到网络的远程访问配置文件
打印和文件服务	打印和文件服务允许用户集中打印服务器和网络打印机管理任务。使用该角色，用户还可以接收来自网络扫描仪的扫描文档，将文档发送到共享网络资源、Windows SharePoint Services 站点或电子邮件地址
远程桌面服务	远程桌面服务所提供的技术允许用户从几乎任何计算设备访问安装在远程桌面服务器上的基于 Windows 的程序，或访问 Windows 桌面本身。用户可连接到远程桌面服务器来运行程序并使用该服务器上的网络资源
Web 服务器	Windows Server 2008 R2 中的 Web 服务器（IIS）角色允许用户与 Internet、Intranet 或 Extranet 上的用户共享信息。Windows Server 2008 R2 提供了 IIS 7.5，它是一个集成 IIS、ASP.NET 和 Windows Communication Foundation 的统一 Web 平台
Windows 部署服务	可以使用 Windows 部署服务在带有预引导执行环境（PXE）引导 ROM 的计算机上远程安装并配置 Windows 操作系统。WdsMgmt Microsoft 管理控制台（MMC）管理单元可管理 Windows 部署服务的各个方面，实施该管理单元将减少管理开销
Microsoft Windows 服务器更新服务	Windows Server Update Services 允许网络管理员指定应该安装的 Microsoft 更新，为不同的更新组创建单独的计算机组，获得有关计算机兼容性级别以及必须安装的更新的报告

表 1-3　Windows Server 2008 R2 中的功能（部分）

功能	描述
.NET Framework 3.5.1	.NET Framework 3.5.1 不断增加.NET Framework 3.0 中添加的功能，如对 Windows Workflow Foundation（WF）、Windows Communication Foundation（WCF）、Windows Presentation Foundation（WPF）和 Windows CardSpace 的增强
组策略管理	借助组策略管理，可以更方便地部署、管理组策略的实施并解决疑难问题。其标准工具是组策略管理控制台（GPMC），这是一种脚本化的 Microsoft 管理控制台（MMC）管理单元，提供了用于在企业中管理组策略的单一管理工具
网络负载平衡	网络负载平衡（NLB）使用 TCP/IP 在多台服务器中分配流量。当负载增加时，NLB 通过添加其他服务器来确保无状态应用程序（如运行 IIS 的 Web 服务器）可以伸缩，此时 NLB 特别有用
远程协助	远程协助能让用户（或支持人员）向有计算机问题或疑问的用户提供协助。远程协助允许用户查看和共享用户桌面的控制权，以解答疑问和修复问题。用户还可以向朋友或同事寻求帮助
远程服务器管理工具	远程服务器管理工具允许用户在远程计算机上运行角色、角色服务和功能的某些管理工具与管理单元，从而从运行 Windows Server 2008 R2 的计算机上对 Windows Server 2008 和 Windows Server 2008 R2 进行远程管理
网络文件系统服务	网络文件系统（NFS）服务是可作为分布式文件系统的协议，可允许计算机轻松地通过网络访问文件，就像在本地磁盘上访问它们一样。仅在 Windows Server 2008 R2 for Itanium-Based Systems 中安装此功能；在其他版本的 Windows Server 2008 R2 中，NFS 服务将作为文件服务角色的角色服务

续表

功　　能	描　　述
SMTP 服务器	简单邮件传输协议（SMTP）服务器支持在电子邮件系统之间传送电子邮件
SNMP 服务	简单网络管理协议（SNMP）是 Internet 标准协议，用于在管理控制台应用程序（如 HP Openview、Novell NMS、IBM NetView 或 Sun Net Manager）和托管实体之间交换管理信息。托管实体可以包括主机、路由器、桥和集线器
SAN 存储管理器	存储区域网络（SAN）存储管理器可帮助在 SAN 中支持在虚拟磁盘服务（VDS）的光纤通道子系统和 iSCSI 磁盘驱动器子系统上创建和管理逻辑单元号（LUN）
Telnet 客户端	Telnet 客户端可使用 Telnet 协议连接到远程 Telnet 服务器并运行该服务器上的应用程序
Telnet 服务器	Telnet 服务器允许远程用户（如那些运行基于 UNIX 的操作系统的用户）执行命令行管理任务并通过使用 Telnet 客户端来运行程序
普通文件传输协议客户端	普通文件传输协议（TFTP）客户端用于从远程 TFTP 服务器中读取文件，或将文件写入远程 TFTP 服务器。TFTP 主要由嵌入式设备或系统使用，它们可在启动过程中从 TFTP 服务器检索固件、配置信息或系统映像
Windows 内部数据库	Windows 内部数据库是仅可供 Windows 角色和功能（如 AD RMS、Windows Server Update Services 和 Windows 系统资源管理器）使用的关系型数据存储
Windows Server Backup 功能	Windows Server Backup 功能允许对操作系统、应用程序和数据进行备份和恢复。可以将备份安排为每天运行一次或更频繁，并且可以保护整个服务器或特定的卷
Windows 系统资源管理器	Windows 系统资源管理器（WSRM）是 Windows Server 操作系统管理工具，可控制 CPU 和内存资源的分配方式。对资源分配进行管理，可提高系统性能，并减少应用程序、服务或进程因互相干扰而降低服务器效率和系统响应能力的风险
Windows Internet 名称服务服务器	Windows Internet 名称服务（WINS）服务器提供分布式数据库，为网络上使用的计算机和组提供注册和查询 NetBIOS 动态映射名称的服务。WINS 将 NetBIOS 名称映射到 IP 地址，并可解决在路由环境中解析 NetBIOS 名称引起的问题

1.1.5　服务器管理器

Windows Server 2008 R2 提供的“服务器管理器”是用户对服务器角色和功能进行管理的统一平台，用于管理服务器的计算机信息及系统信息、显示服务器状态、添加或删除服务器角色、添加或删除服务器功能，以及管理服务器上已安装的所有角色和功能。

Windows Server 2008 R2 中提供的添加角色向导简化了在服务器上安装角色的方式，允许用户一次安装多个角色。早期版本的 Windows 操作系统需要管理员多次运行“添加或删除 Windows 组件”，才能安装服务器上需要的所有角色、角色服务及功能。服务器管理器取代了“添加或删除 Windows 组件”，添加角色向导可以在一个会话过程中完成对服务器所有角色的配置。

在安装角色的过程中，添加角色向导将验证对于向导中所选的任何角色，是否已将该角色所需的所有软件组件一起安装。如有必要，该向导将提示用户安装所选角色所需的其他角色、角色服务或软件组件。

单击【开始】→【服务器管理器】，或者依次选择【开始】→【管理工具】→【服务器管理器】，出现【服务器管理器】窗口，如图 1-1 所示。该界面分成 4 个区域，各区域作用如下。

1. 服务器摘要信息

（1）在【计算机信息】区域显示计算机名、所属域或工作组信息、网络连接信息、远程桌面状态、服务器管理器远程管理、产品 ID 激活状态等，也可以对这些参数进行配置修改。若要对这些参数进行配置修改，单击【计算机信息】区域右侧的相应命令即可。

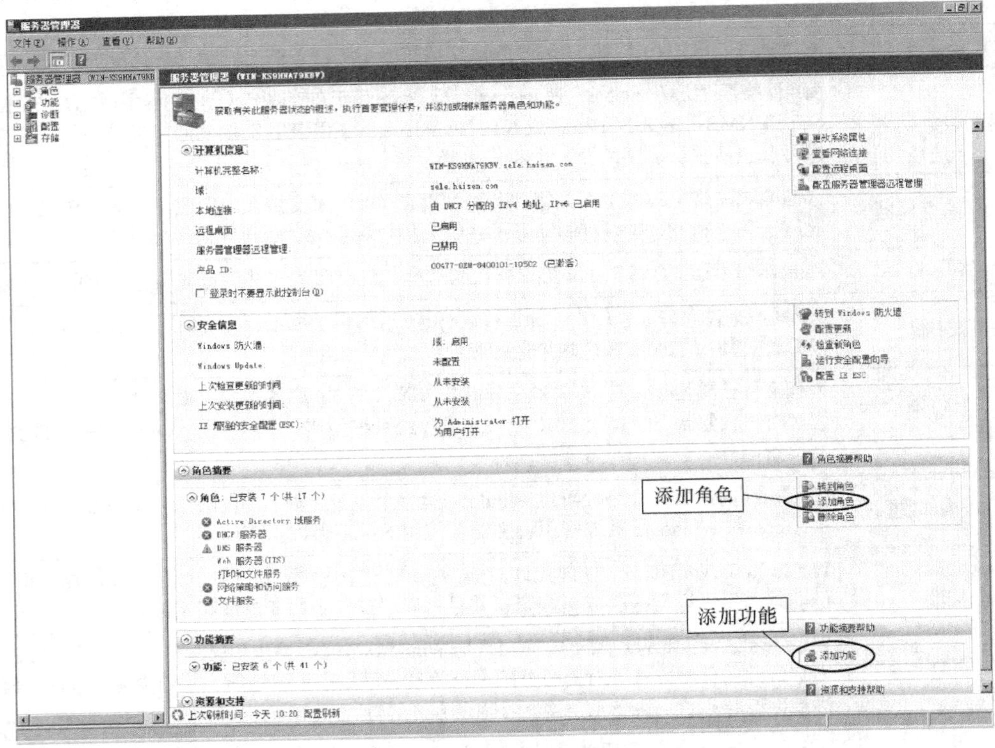

图 1-1　服务器管理器

（2）在【安全信息】区域显示 Windows 防火墙在该服务器上是否已启用，是否将该服务器配置为可自动下载并安装 Windows 软件更新，最近检查软件更新的日期和时间，最近安装软件更新的日期和时间，是否对管理员组的成员和其他用户启用了 Internet Explorer 增强的安全配置信息等。若要对这些参数进行配置修改，单击【安全信息】区域右侧的相应命令即可。

2.【角色摘要】区域

【服务器管理器】主窗口的【角色摘要】区域显示了在计算机上安装的所有角色的列表。计算机上安装的角色名称显示为超键接。单击角色名称，可链接到服务器管理器主页来管理该角色。若要安装其他角色或删除现有角色，可单击【角色摘要】区域右侧的相应命令。

3.【功能摘要】区域

【服务器管理器】主窗口的【功能摘要】区域显示计算机上已安装的功能列表。若要安装其他功能或删除现有功能，可单击【功能摘要】区域右侧的相应命令。

1.2　安装 Windows Server 2008 R2

1.2.1　安装方式

安装 Windows Server 2008 R2 时，可以选择全新安装或将原有的 Windows 系统升级。

1. 全新安装

用 Windows Server 2008 R2 光盘启动计算机并运行光盘内的安装程序。如果磁盘内已有以前版本的 Windows 操作系统，也可以先启动该系统，然后将 Windows Server 2008 R2 光盘放入光驱内，安装程序会自动运行，在安装过程中选择“全新安装”。

2. 升级安装

若用户计算机中原先装有 Windows 操作系统，先启动这个系统，然后将 Windows Server 2008 R2 光盘放入光驱内，安装程序会自动运行，在安装过程中选择“升级安装”。

1.2.2 Windows Server 2008 R2 的安装

假设用户计算机中没有安装任何操作系统，把安装光盘插入到光驱，将计算机的 BIOS 设置改为先从光驱启动，然后启动计算机。

（1）启动计算机后，放入 Windows Server 2008 R2 系统安装光盘，光盘自动运行后，打开如图 1-2 所示的对话框，单击【下一步】按钮。

（2）在打开的如图 1-3 所示的对话框中单击【现在安装】按钮。

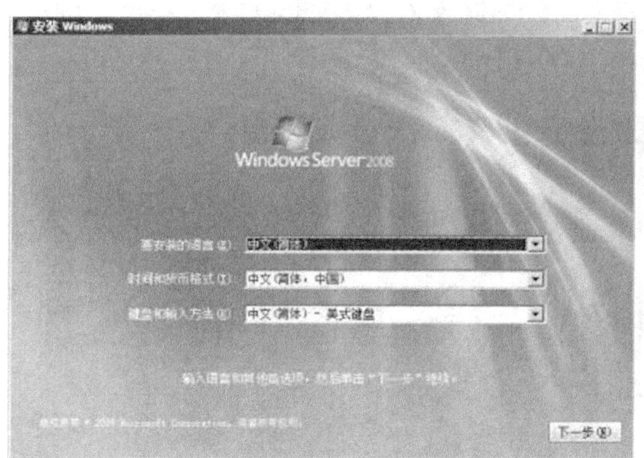

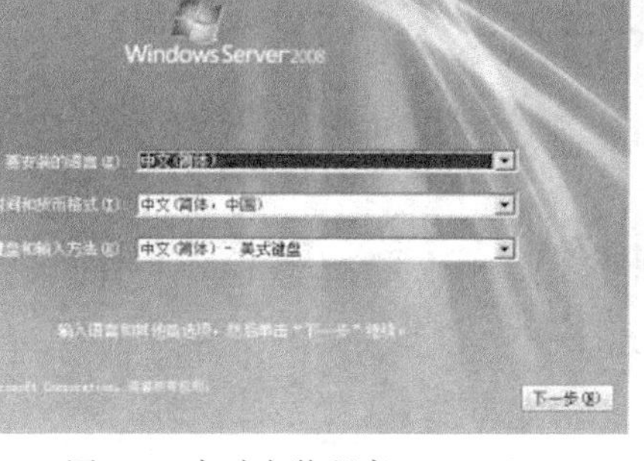

图 1-2　启动安装程序

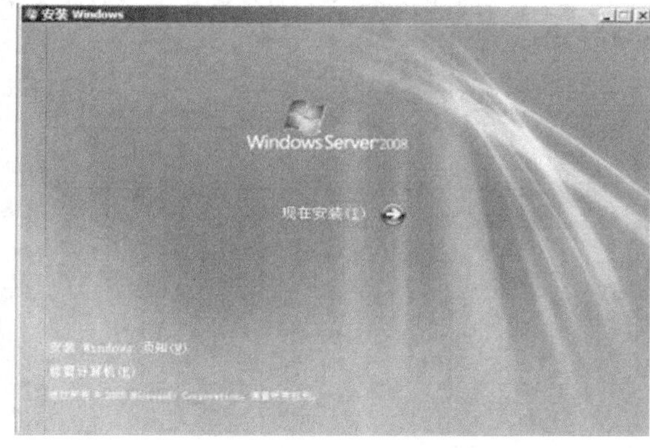

图 1-3　选择现在安装

（3）在打开的如图 1-4 所示的对话框中选择“Windows Server 2008 R2 Enterprise（完全安装）”，然后单击【下一步】按钮。

（4）在打开的如图 1-5 所示的对话框中选择【我接受许可条款】复选框，然后单击【下一步】按钮。

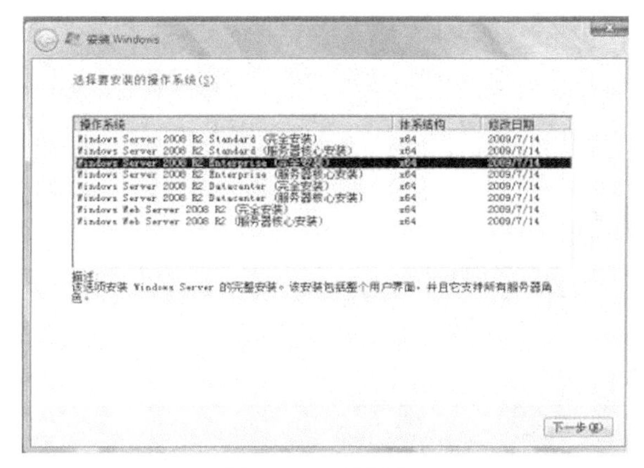

图 1-4　选择版本

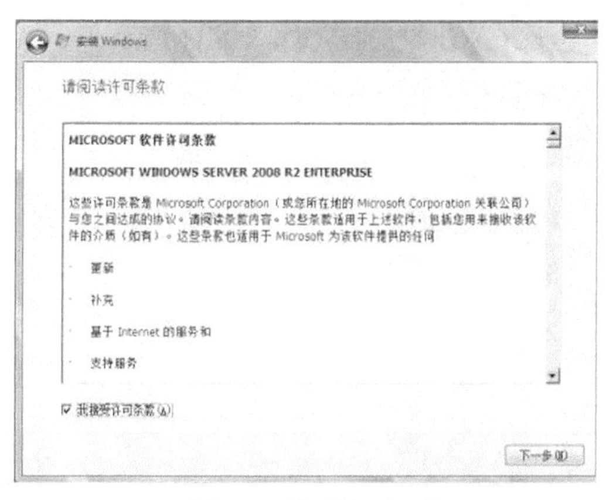

图 1-5　接受许可条款

（5）在打开的如图 1-6 所示的对话框中选择【自定义（高级）】选项。

（6）在打开的如图 1-7 所示的对话框中选择【驱动器选项（高级）】选项。

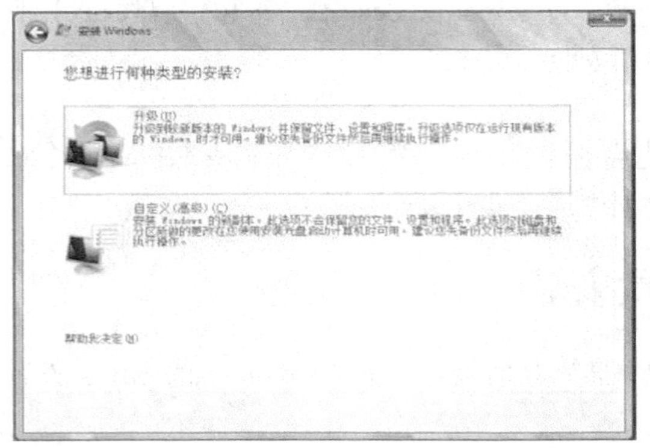

图 1-6　选择安装方式

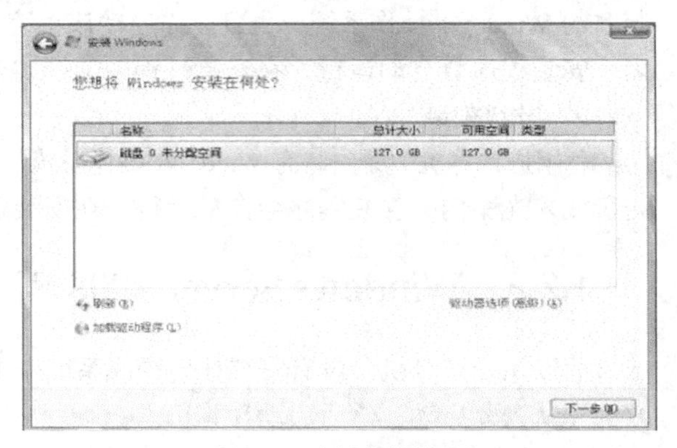

图 1-7　选择安装位置

（7）在打开的如图 1-8 所示的对话框中单击【新建】按钮，以便创建分区。

（8）在打开的如图 1-9 所示的对话框中根据需要创建分区并输入分区空间大小，单击【确定】按钮，再单击【下一步】按钮。

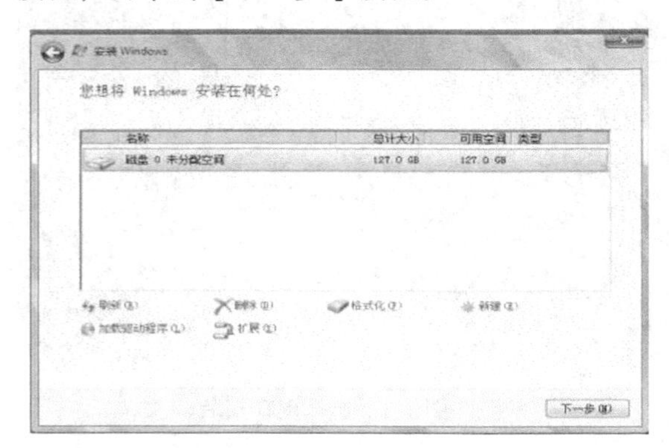

图 1-8　创建磁盘分区

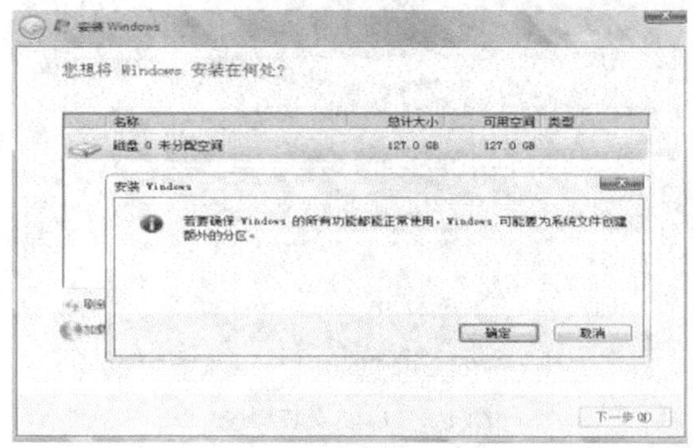

图 1-9　输入分区大小

（9）在打开的如图 1-10 所示的对话框中选择安装 Windows Server 2008 R2 的分区，单击【下一步】按钮。

（10）开始安装，如图 1-11 所示。

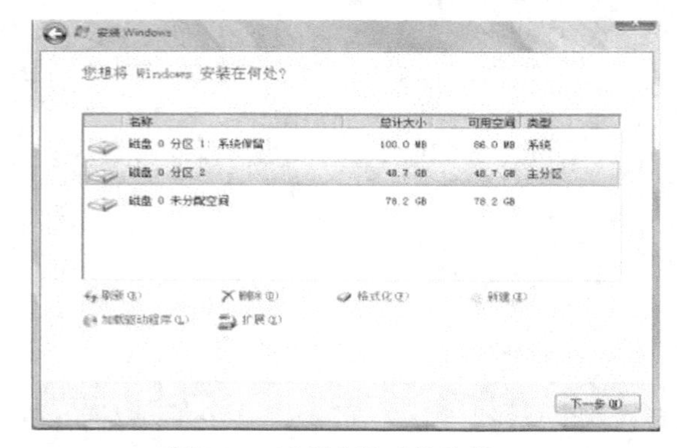

图 1-10　选择安装系统的分区

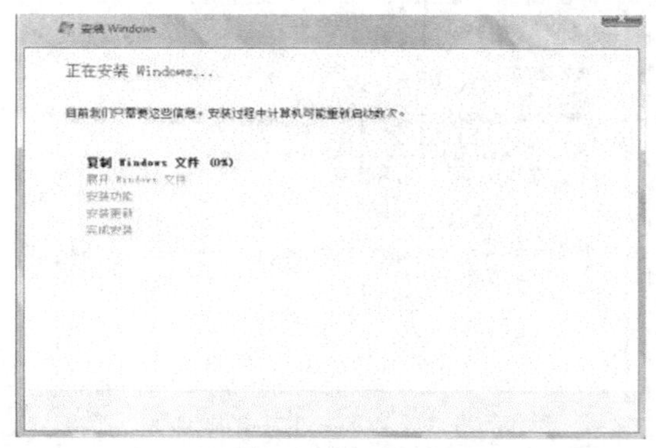

图 1-11　开始安装

（11）在如图 1-12 所示的对话框中单击【立即重新启动】按钮。

（12）重新启动计算机后将进入后续的安装配置过程，如图 1-13 所示。

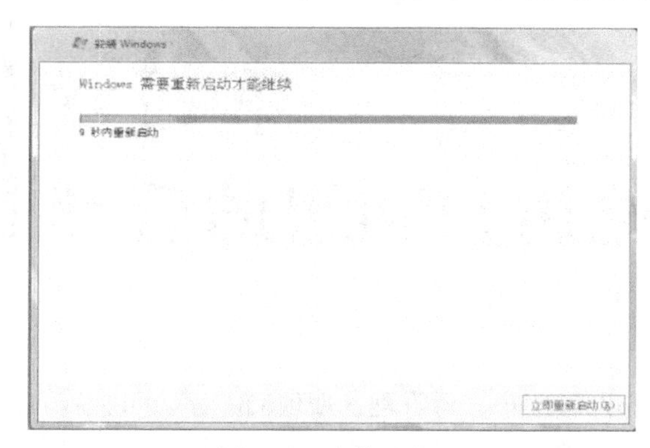

图 1-12　安装过程

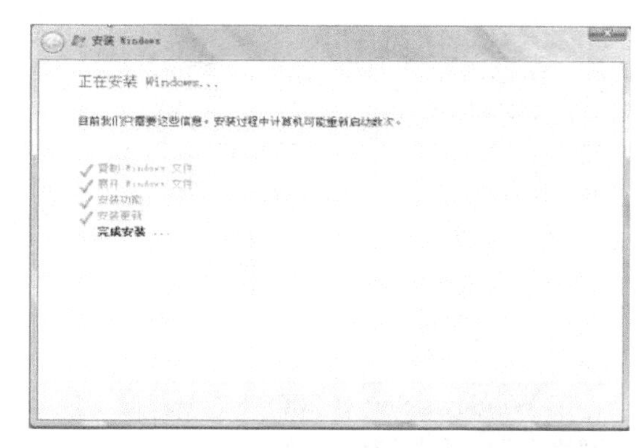

图 1-13　后续安装配置过程

（13）重新启动计算机后，为用户首次登录设置密码，如图 1-14 所示。

图 1-14　设置密码

1.3　实训与思考

1.3.1　实训题

（1）安装 Windows Server 2008 R2，记录安装的主要过程。

（2）启动服务器管理器，了解 Windows Server 2008 R2 中的角色与功能。

1.3.2　思考题

（1）Windows Server 2008 R2 有哪些版本？

（2）角色和功能有何区别？

（3）服务器管理器有哪些作用？

第2章 本地用户和组的管理

在 Windows Server 2008 R2 中，为了便于对不同的用户进行管理，使他们能够访问所需的各种网络资源，需要为不同的用户创建不同的账户。管理员就可以根据用户账户对用户进行识别、跟踪和控制，为其分配使用权限、授权其访问共享资源等。组账户是用户账户的集合，使用组可以简化对访问共享资源的用户和计算机的管理。组允许管理员一次授予多个用户访问权限，可以先对一个组授予访问权限，然后将拥有该权限的用户加入到组中。

本章介绍用户和组的概念，以及在 Windows Server R2 中如何对用户和组进行管理。

2.1 用户和组的概念

2.1.1 用户

1. 用户账户的基本概念

用户账户由用户名和密码组成，是用户访问本地计算机资源或域资源的凭证，由于不同的用户对本地计算机或网络资源使用的权限是不同的，而且不同的用户习惯的工作环境也是不同的，所以，要为每个经常访问网络的用户建立用户账户。

2. 用户的分类

Windows Server 2008 R2 提供了以下用户账户类型。

从用户访问网络资源的范围上分，可以分为本地用户账户和域用户账户。

（1）本地用户账户是在用户使用的计算机上创建的账户，拥有本地用户账户的用户只能访问该计算机上的资源。本地用户账户信息保存在“本地账户管理器”（SAM）中。

（2）域用户账户是在域控制器上创建的账户，拥有域用户账户的用户可以访问一个域内任何计算机上的资源。域用户账户信息保存在活动目录（Active Directory）中。

从用户账户由谁建立的角度上分，可以分为内置用户账户和管理员创建的账户。

（1）内置用户账户是安装 Windows Server 2008 R2 或安装活动目录时由系统自动创建的用户。这些用户被系统赋予了特定的权限，其中有两个内置用户账户是不能删除的，一个是管理员用户，其用户名为 Administrator，该用户账户用来对计算机或网络进行管理，拥有最高的权限；另一个是来宾账户，其用户名为 Guest，该用户账户对计算机或域只拥有非常有限的权限。

（2）管理员创建的账户是管理员根据用户的实际需要为用户创建的账户，管理员可以根据需要为不同的用户设置不同的权限。

2.1.2 用户组

1. 组的概念

组是用户的集合，由多个用户账户组成，组名可以看成是组成员共同的名字。引入组的概念主要是为了简化管理。例如，我们要把某个资源授权给一批用户使用或者对一批用户设置相同的权限，若没有组，只能按单个用户账户进行设置、授权，而有了组后，可以一次性地向一个组授权，而当一个用户成为某个组的成员后，该用户就被授予了该组拥有的所有权限，从而简化了管理。

一个用户可以同时属于多个组，用户对某个资源的权限将是他在各组得到的权限之和。一个组也可以包含另一个组或成为其他组的成员。

2. 组的类型

Windows Server 2008 R2 提供了以下用户账户类型。

从用户访问网络资源的范围上分，可以分为本地组和域组。

（1）本地组又称为工作组中的组，组账户信息保存在“本地账户管理器”中。这里的“工作组”是指网络的工作组模式。本地组一般在工作组模式下使用，并且只在不隶属于域的计算机上使用。虽然在域成员服务器或域的客户端计算机上也可以创建本地组，但一般不提倡这样做，因为在域中的计算机上使用本地组不利于集中化管理。管理员需要分别在每台计算机上管理本地组，本地组可以用来控制对本地计算机上的资源的访问，也可以用来对本地计算机执行系统任务。

（2）域组是创建在域控制器上的组，组账户信息保存在活动目录中。域组可以用来控制对域内任何一台计算机资源的访问和执行系统任务的权限。

从组账户由谁建立的角度上分，可以分为内置组和管理员创建的组。

（1）内置组是安装 Windows Server 2008 R2 或安装活动目录时由系统自动创建的组，这些组被系统赋予了特定的权限，如果希望某个用户拥有某种权限，可以将该用户加入相应的组。最常用的内置组有以下几种。

- Administrators 组：该组成员可以在计算机上执行所有的管理任务，默认状态下，Administrator 是该组成员，将任何一个用户加入该组，这个用户就拥有了管理员的权限。
- Users 组：该组成员只能执行被特别授予权限的任务，如访问共享资源或运行程序等，但是该组成员不能将文件夹共享给其他用户，也不能关机等。默认状态下，管理员在本地计算机上创建的所有用户自动属于 Users 组。
- Guests 组：该组成员只能执行被特别授予权限的任务，而且只能访问被授权访问的资源，组成员也不能对他们的桌面环境做永久的修改。默认状态下，Guest 属于该组成员。
- Backup Operators 组：该组成员可以用 Windows Backup 来备份和恢复计算机。
- Power Users 组：在 Windows Server 2003 及以前的版本中，该组成员可以创建和修改计算机上的本地用户账户，有比较多的管理权限。但在 Windows Server 2008 R2 中，这些权限被取消了，实际上该组已经失去了存在的意义。
- Network Configuration Operators 组：该组成员可以执行常规的网络配置功能，例如，更改 IP 地址，但不可以安装或卸载驱动程序与服务，也不能执行与网络服务器配置有关的功能。

（2）管理员创建的组是管理员根据需要创建的组，通过对组授权使用户获得访问资源的权限。

3. 本地组的管理策略

（1）所有在计算机上执行系统任务或获得共享资源的用户都要拥有一个账户（A）。

（2）将共享资源相同或执行系统任务相同的用户划分到一个组（L）中。

（3）对本地组授予权限（P）。

上述方法称为 ALP 策略。

如果可以通过把用户账户加入到内置组中来给它授予权限，就应该用这种方法，而不要再创建一个新的本地组。

2.2 管理本地用户和组

模拟场景：

一个小型企业安装了一台 Windows Server 2008 R2，企业刘经理需要登录这台计算机，并且可以管理这台计算机。经理办公室的小张和小李也可以登录这台计算机，小张可以帮助经理执行备份操作，小李可以帮助经理执行网络配置方面的管理操作，每个用户都有自己喜欢的工作环境。另外，由于工作需要，小张和小李可能会被授权访问相同的资源，因此需要建立一个名为“日常工作”的组，小张和小李都是该组的成员。

2.2.1 用户管理

1. 新建本地用户账户

（1）选择【开始】→【管理工具】→【计算机管理】，出现“计算机管理”控制台，如图 2-1 所示。

（2）展开【本地用户和组】前面的“+”号，右键单击【用户】，选择【新用户】命令，出现如图 2-2 所示的对话框，在其中输入用户名、全名和密码，然后单击【创建】按钮。

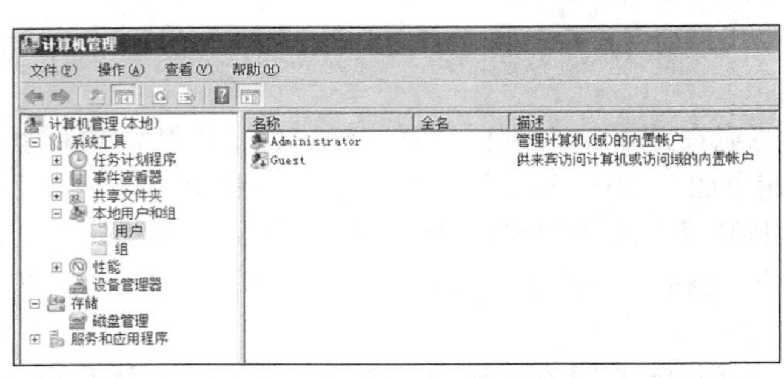

图 2-1 “计算机管理”控制台

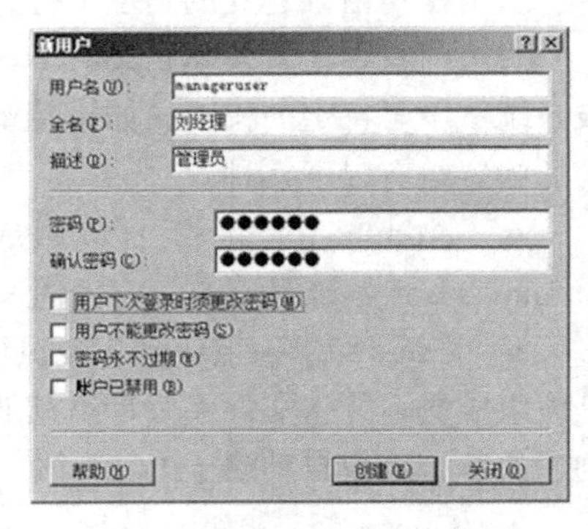

图 2-2 输入新用户账户信息

（3）用同样的方法依次给小张和小李创建账户，用户名分别为“xiaozhang”和“xiaoli”，结果如图 2-3 所示。

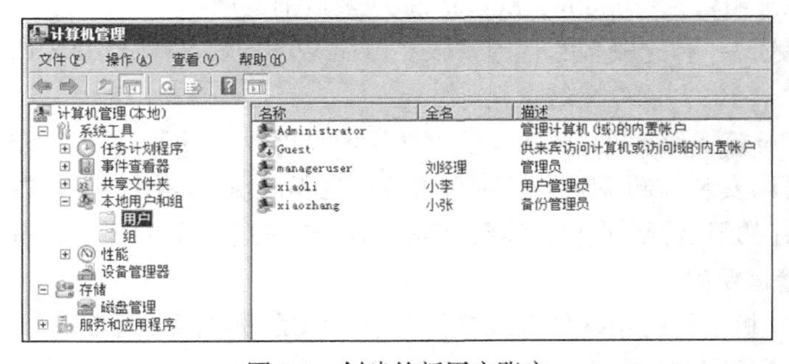

图 2-3 创建的新用户账户

2. 管理本地用户账户

（1）在图 2-3 中右键单击一个用户的账户，在快捷菜单中选择【设置密码】命令，可以修改用户密码；选择【删除】命令，可以删除用户；选择【重命名】命令，可以修改用户名。

（2）在图 2-3 中右键单击账户“manageruser”，在快捷菜单中选择【属性】命令，如图 2-4 所示，在这里可以修改用户属性，包括用户账户信息、密码规则、所属的组信息等。

（3）在图 2-4 中单击【隶属于】标签，查看刘经理所属的组，在默认状态下，新建立的用户都属于 Users 组，如图 2-5 所示。

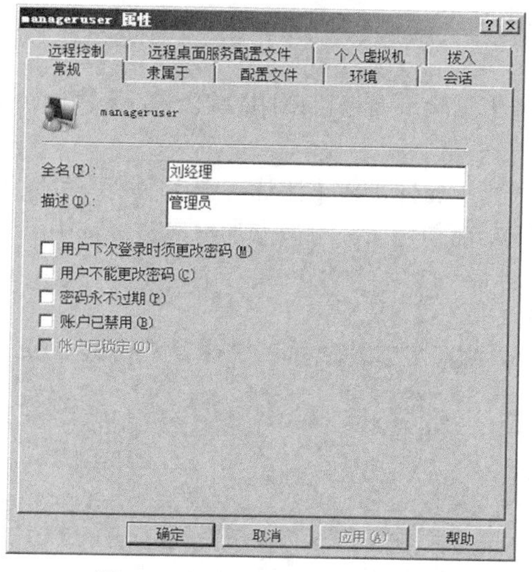

图 2-4　用户账户“常规”属性

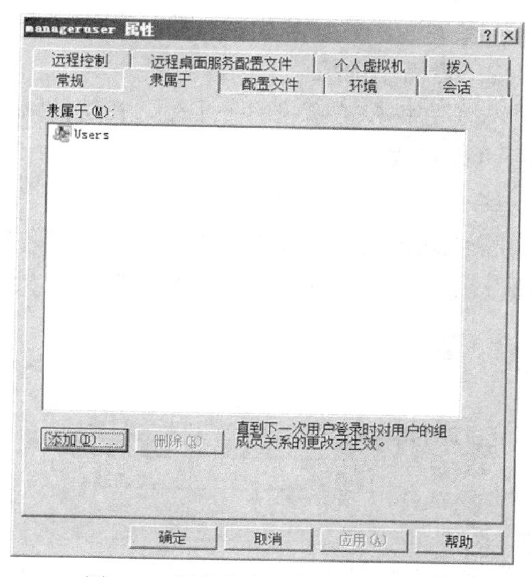

图 2-5　用户账户“隶属于”属性

（4）为了让刘经理拥有管理员权限，应该将其账户加入到 Administrators 组，单击【添加】按钮，出现“选择组”对话框，如图 2-6 所示。

（5）在图 2-6 中单击【高级】按钮，在随后弹出的对话框中单击【立即查找】按钮，则当前系统中的本地组都出现在“搜索结果”中，如图 2-7 所示。

（6）在图 2-7 中双击“Administrators”，则刘经理就成为“Administrators”的成员。

（7）重复执行步骤（2）～（6），将小张添加到“Backup Operators”组，则小张就拥有了备份文件的权限。

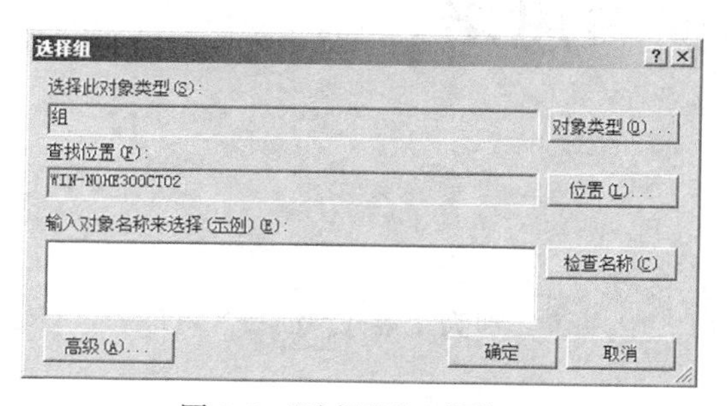

图 2-6　“选择组”对话框

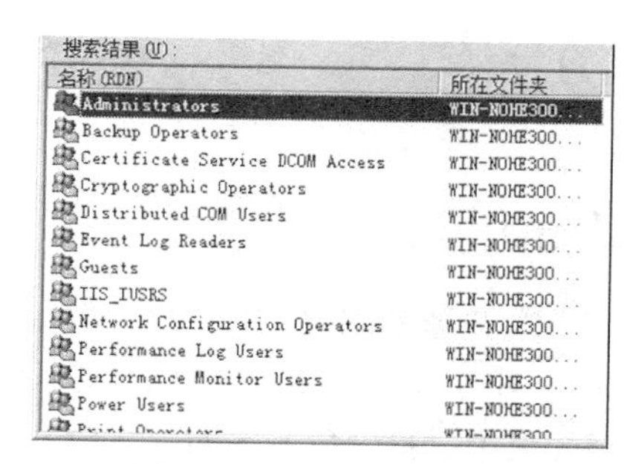

图 2-7　搜索“组”的结果

（8）重复执行步骤（2）～（6），将小李添加到“Network Configuration Operators”组，则小李就拥有了网络配置的权限。

2.2.2 本地组管理

1. 新建本地组

（1）在图 2-1 中右键单击【组】，选择【新建组】命令，出现如图 2-8 所示的对话框，在【组名】中输入“日常工作”，在【描述】中输入“用于日常工作的组”。

（2）在图 2-8 中单击【添加】按钮，在出现的“选择用户”对话框中单击【高级】按钮，然后单击【立即查找】按钮。双击“xiaozhang”和“xiaoli”，将这两个账户添加到“组”（参照图 2-6 和图 2-7），然后单击【创建】按钮，结果如图 2-8 所示。

2. 管理本地组

（1）右键单击新建的一个组，在快捷菜单中选择【删除】命令可以删除组，选择【重命名】命令可以修改组名。

（2）右键单击【日常工作】组，在快捷菜单中选择【属性】或【添加到组】命令，可以添加或删除组内成员，如图 2-9 所示。在图 2-9 中单击【添加】按钮，可以添加组成员。选中一个组成员，单击【删除】按钮，可以删除组成员。

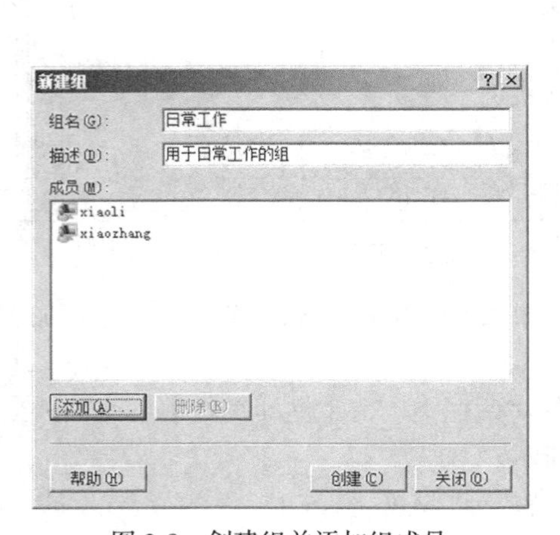

图 2-8 创建组并添加组成员

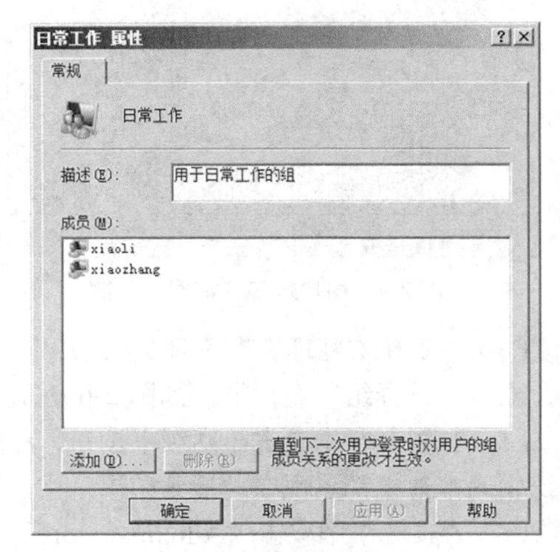

图 2-9 管理组内成员

2.3 实训与思考

2.3.1 实训题

1. 用户账户练习

（1）由于工作需要，需要建立 5 个用户账户，用户名分别为 User1、User2、User3、User4、User5（也可以自己命名，如用学号）。

（2）User1 拥有管理员权限，User2 可以备份文件，User3 可以进行网络配置，User4、User5 为普通用户。分别为他们分配合适的组。

（3）注销管理员账户，用 User1（有管理员权限）登录，然后进行以下操作。

① 建立用户，如 User6。

② 修改密码。

③ 更改网络配置。

④ 关机。

（4）注销 User1，分别用 User3 和 User4（普通用户）登录，重复上述操作。

2. 本地组练习

（1）建立一个本地组，名为“练习组”。

（2）将已经建立的账户 User1～User5 加入到“练习组”中。

（3）查看各组的成员。

2.3.2　思考题

（1）为什么要建立用户，为什么要建立组？

（2）有哪些主要的内置用户账户和内置组账户？

（3）设有文件夹 A、B、C，张三和李四对 A 有读取权限，李四和王五对 B 有写入权限，张三、李四、王五都可以访问 C，张三拥有管理员权限，李四可以备份，需要建立哪些组，如何给用户分配其所属组？

（4）什么是 ALP 策略？

第3章 实现本地安全策略

本地安全策略是对登录到计算机上的账号定义一些安全设置，在没有活动目录集中管理的情况下，本地管理员必须为计算机设置本地安全策略以确保其安全。这些策略包括限制用户如何设置密码、通过账户策略设置账户安全性、锁定账户、指派用户权限以及审核等。这些安全设置的内容，就组成了的本地安全策略。

本章介绍账户安全策略、审核策略、用户权限分配和安全设置的主要内容和各种策略的设置方法。

3.1 本地安全策略

本地安全策略是对登录计算机上的账户定义一些安全设置，在没有活动目录集中管理的情况下，本地管理员必须为计算机设置本地安全策略以确保其安全。这些策略包括限制用户如何设置密码、通过账户策略设置本地安全策略设置账户安全性、锁定账户、指派用户权限以及审核等。这些安全设置的内容就组成了本地安全策略。

3.1.1 账户安全策略

为了加强账户的安全性，Windows Server 2008 R2 提供了账户安全策略，包括密码策略和账户锁定策略。

1. 密码策略

（1）必须符合复杂性要求。

密码复杂性要求是指密码中必须同时含有数字和字符，且字符必须既有大写又有小写。该策略有“禁用”和“启用”两种状态，“禁用”表示不要求，“启用”则表示密码必须满足复杂性要求。默认启用。

（2）密码长度最小值。

该策略对密码最小长度做出规定，所输入的密码必须满足最小长度要求。若密码长度设置为“0”，则没有长度要求；若设置一个非 0 的数值 n，则要求密码长度不能小于 n 个字符。默认为“0”个字符。

（3）密码最长使用期限。

为了保护用户账户的安全，Windows Server 2008 R2 要求用户密码在使用一段时间后就要更换。该策略设置密码最长使用期限，到期后要更换密码，否则，即使密码正确，也将被阻止登录。该值为 0，表示没有要求，该值为 n，表示最长使用期限为 n 天。默认 42 天。

（4）密码最短使用期限。

该策略设置用户更改密码后，多长时间内不能更换密码。该值为 0 表示没有要求，该值为 n，表示最短使用期限为 *n* 天，默认 0 天。

（5）强制密码历史。

为了保护用户账户安全，Windows Server 2008 R2 要求用户的新密码不能是原来使用过的密码。该规则规定，不能用以前几次使用过的密码。该值为 0，表示没有要求，该值为 *n*，表示不能使用前 *n* 次使用的密码，默认 0 次。

（6）用可还原的加密来存储密码。

该策略设置是否将密码加密存储，该策略有“禁用”和“启用”两种状态，“禁用”表示不用，“启用”则表示密码加密存储，默认“禁用”。

2. 账户锁定策略

为了防止非法用户用试探密码的方法尝试登录计算机，Windows Server 2008 R2 提供了账户锁定策略。

（1）账户锁定阈值。

该策略设置用户试探密码达到几次，就将账户锁定，若该值设置为 0，则永不锁定。默认为 0 次。

（2）账户锁定时间。

该策略设置一旦账户被锁定，锁定多长时间。默认 30min。

（3）复位账户锁定计数器。

账户锁定计数器用来累加用户试探密码登录的次数，当计数值达到账户锁定阈值时，账户将被锁定。在解除锁定之前，应将该计数器的值清零。该策略设置锁定后多长时间将计数器的值清零，该值应该小于账户锁定时间，默认 30min。

3.1.2 审核策略

Windows Server 2008 R2 允许管理员跟踪用户和操作系统活动，当一个制定的审核事件发生时，Windows Server 2008 R2 会在安全日志中写入一条该时间的相关记录，管理员通过查看安全日志，分析用户和操作系统的活动，以此来评估整体安全措施。

1. 审核事件

Windows Server 2008 R2 审核的事件如表 3-1 所示。

表 3-1 Windows Server 2008 R2 中可以审核的事件

事　件	说　明
审核策略更改	对用户安全选项（密码选项、账户登录设置）、用户权利或审核策略的更改
审核登录事件	用户登录或注销本地计算机，或者用户建立或取消网络连接。无论用户使用本地账户还是主域账户，事件都记录在用户进行访问的计算机上
审核对象访问	用户获取对文件、文件夹和打印机的访问。管理员必须配置对指定文件、文件夹或打印机进行审核
审核进程跟踪	应用程序执行一项操作。该信息一般只对那些想跟踪应用程序执行细节的程序员有用
审核目录服务访问	用户获取对 Active Directory 对象的访问。要在日志中记录这种类型的访问，必须配置对制定的 Active Directory 对象进行审核
审核特权使用	用户行使用户权利，例如，更改系统时间（这不包括与登录和注销有关的权利）或管理员得到某一文件的所有权
审核系统事件	用户重新启动或关闭计算机，或有影响 Windows Server 2008 安全性或安全日志的事件发生
审核账户登录事件	账户由安全数据库验证。当用户登录到本地计算机时，计算机记录了账户登录事件，当用户登录到域时，身份验证域控制器记录了“账户登录”事件
审核账户管理	管理员创建、更改或者删除用户账户或组。用户账户被重命名、禁用或启用，或者密码被设置或更改

2. 查看事件

可以用 Windows Server 2008 的事件查看器查看安全日志中已经记录的事件。

3.1.3 用户权限分配

用户权限分配即授予用户访问本地计算机的权限，权限分配是以用户或组为对象的，不同的用户或组可能拥有不同的权限。下面列举几个比较常用的权限进行说明。

（1）允许本地登录。

允许用户直接在本台计算机上按【Ctrl+Alt+Del】组合键登录。

（2）拒绝本地登录。

拒绝用户直接在本台计算机上按【Ctrl+Alt+Del】组合键登录。该权限优先于允许本地登录的权限。

（3）将工作站添加到域。

允许用户将计算机加入到域。

（4）关闭系统。

允许用户将此计算机关闭。

（5）从网络访问这台计算机。

允许用户通过网络上的其他计算机来连接、访问此计算机内的资源。

（6）拒绝从网络访问这台计算机。

拒绝用户通过网络上的其他计算机来连接、访问此计算机内的资源。该权限优先于从网络访问此计算机的权限。

（7）从远程系统强制关闭。

允许用户从远程计算机将此台计算机关闭。

（8）备份文件和目录。

允许用户备份硬盘内的文件与文件夹。

（9）还原文件和目录。

允许用户还原所备份的文件与文件夹。

（10）管理审核和安全日志。

允许用户制定要审核的事件，也允许用户查询与删除安全日志。

（11）更改系统时间。

允许用户更改计算机的系统日期与时间。

（12）加载和卸载设备驱动器。

允许用户加载和卸载设备的驱动。

（13）取得文件或其他对象的所有权。

允许取得其他用户所拥有的文件、文件夹或其他对象的所有权。

3.1.4 安全选项

通过安全选项启用一些安全设置，该设置对计算机所进行的设置是全局性的，对任何用户都有效，比较常用的安全选项含义如下。

（1）交互式登录：无须按【Ctrl+Alt+Del】组合键。

在默认状态下进入登录界面时都需要按【Ctrl+Alt+Del】组合键，该选项让用户进入登录界面时不再显示“请按 Ctrl+Alt+Del 登录窗口”。

（2）交互式登录：不显示最后的用户名。

在默认状态下，每一次用户按【Ctrl + Alt + Del】组合键后都会自动显示上一次登录者的用户名，通过此选项设置可以让其不显示。

（3）交互式登录：之前登录到缓存的次数（域控制器不可用时）。

域用户登录成功后，其账户与密码会被存储到用户计算机的缓冲区，之后若此计算机因故无法与域控制器联机，该用户还可以通过缓冲区的账户数据来验证用户身份与登录。可以通过此策略来限制缓冲区内账户数据的数量，默认为记录 10 个登录用户的账户数据。

（4）交互式登录：提示用户在过期之前更改密码。

用来设置在用户的密码过期前几天提示用户更改密码。

（5）交互式登录：试图登录的用户消息文本、试图登录的用户消息标题。

如果希望用户在登录时按【Ctrl + Alt + Del】组合键后，对话框中能够显示希望用户看到的消息，可以通过这两个选项进行设置，其中一个用来设置信息标题文字，另一个用来设置信息文本。

（6）关机：允许系统在未登录的情况下关闭。

在默认状态下，只有登录到计算机后才能关闭计算机，该设置使登录窗口的右下角能够显示关机图标，以便在不需要登录的情况下就可以将计算机关闭。

（7）Guest 账户状态。

在默认状态下，Guest 账户处于禁用状态，该设置允许启用或禁用 Guest 账户。

3.2　配置本地安全策略

3.2.1　设置本地账户策略

（1）选择【开始】→【管理工具】→【本地安全策略】，出现“本地安全策略”窗口，如图 3-1 所示。

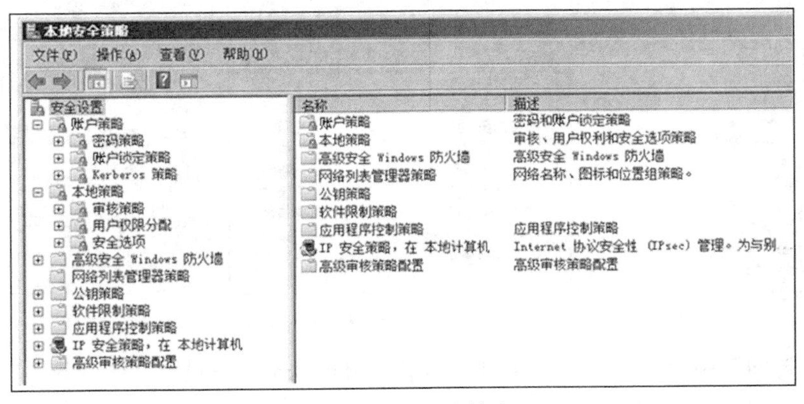

图 3-1　本地安全策略

（2）单击【密码策略】，在右侧的窗格中显示可以设置的密码策略，如图 3-2 所示。双击一个策略，在随后出现的对话框中就可以设置该策略。

（3）在“本地安全策略”窗口中单击【账户锁定策略】，在右侧的窗格中显示可以设置的账户锁定策略，如图 3-3 所示。双击一个账户策略，在随后出现的对话框中即可设置该策略。

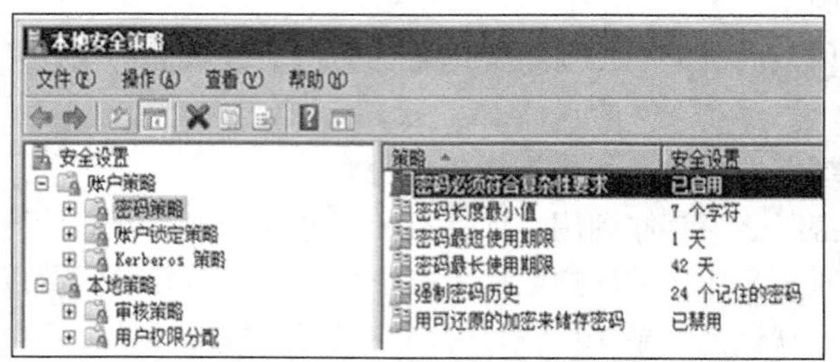

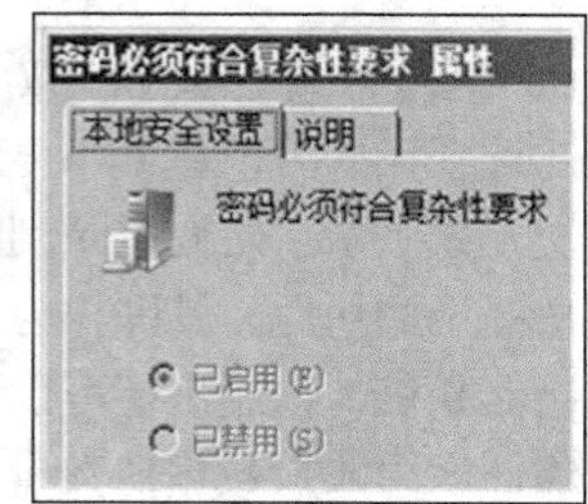

图 3-2　本地安全策略—密码策略

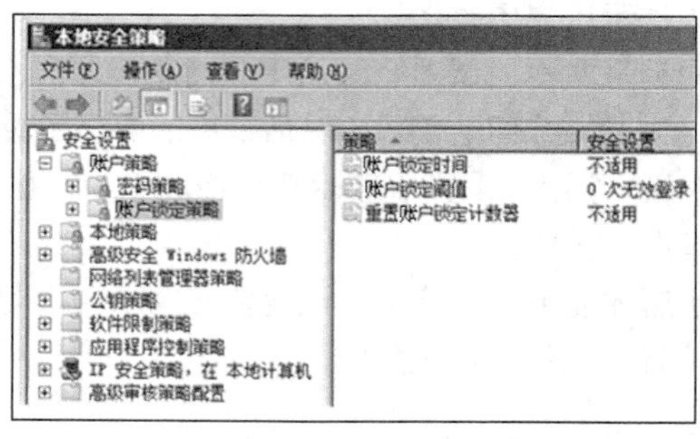

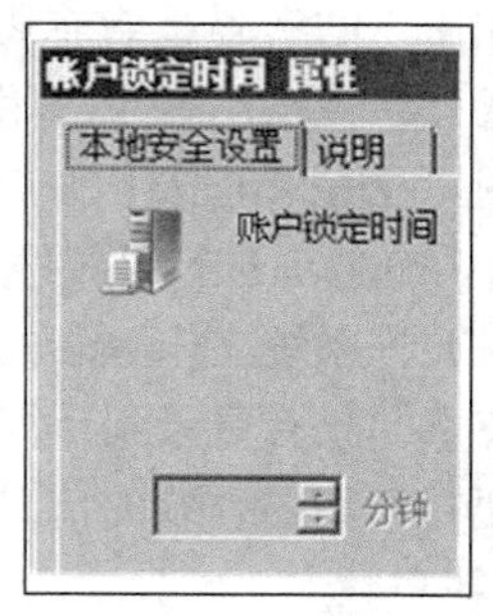

图 3-3　本地安全策略—账户锁定策略

3.2.2　设置审核策略

1. 审核登录事件

（1）在“本地安全策略”窗口中单击【审核策略】，在右侧的窗格中列出了可以审核的事件，双击“审核登录事件”，在随后出现的对话框中就可以设置是否审核该事件以及审核成功事件还是失败事件。如图 3-4 所示。

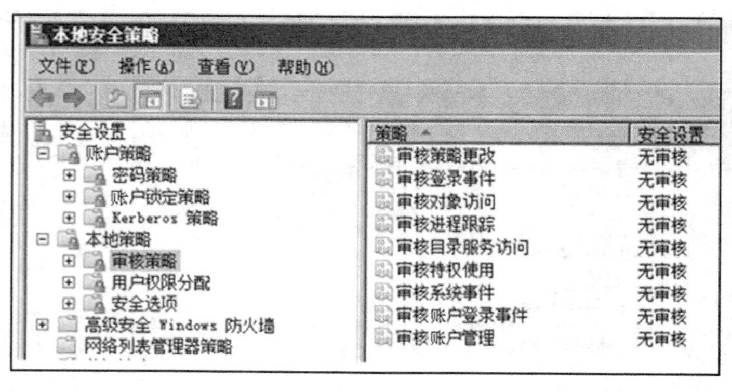

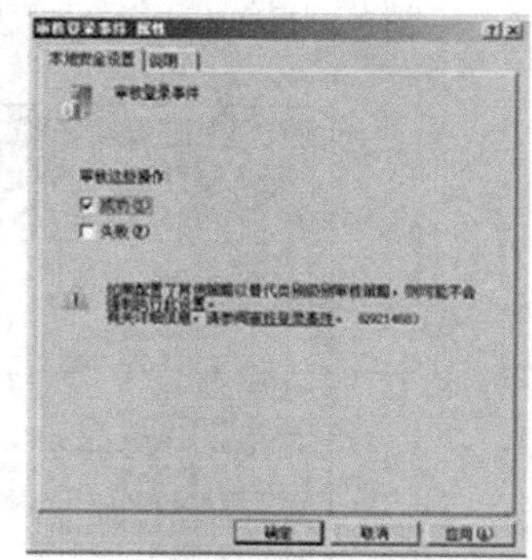

图 3-4　设置审核策略

（2）用非管理员用户登录，然后注销，再用 Administrator 登录，依次选择【开始】→【管理工具】→【事件查看器】，出现“事件查看器”窗口，如图 3-5 所示。单击“Windows 日志”，然后选择【安全】，即可查看该用户事件的日志。

2. 审核文件访问行为

（1）在“本地安全策略”窗口中单击【审核策略】，在右侧的窗格中双击 “审核对象访问”，在随后出现的对话框中就可以设置是否审核该事件以及审核成功事件还是失败事件，如图 3-4 所示。

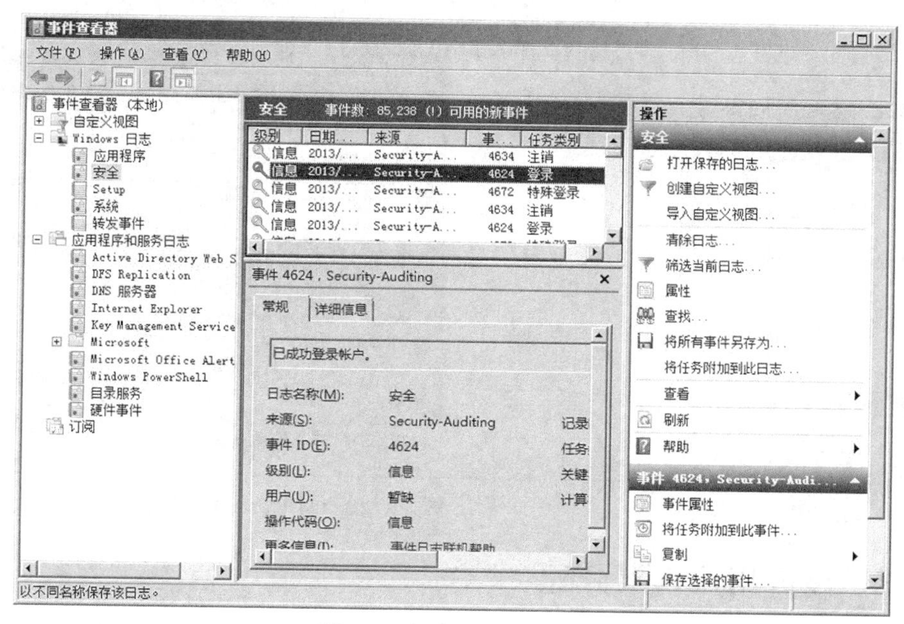

图 3-5　查看登录事件日志

（2）选择要审核的文件与用户。打开资源管理器，右键单击要审核的文件或文件夹，依次选择【属性】→【安全】→【高级】→【审核】，如图 3-6 所示。

（3）在图 3-6 中单击【编辑】→【添加】→【高级】→【立即查找】按钮，选择用户或组，如 Users，单击【确定】按钮，如图 3-7 所示。

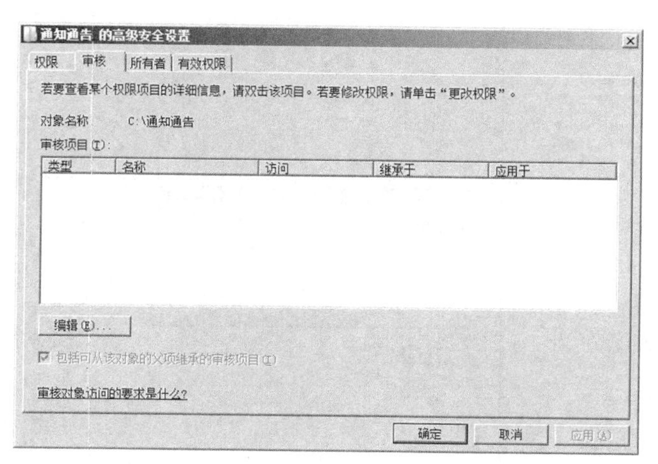

图 3-6　设置审核对象

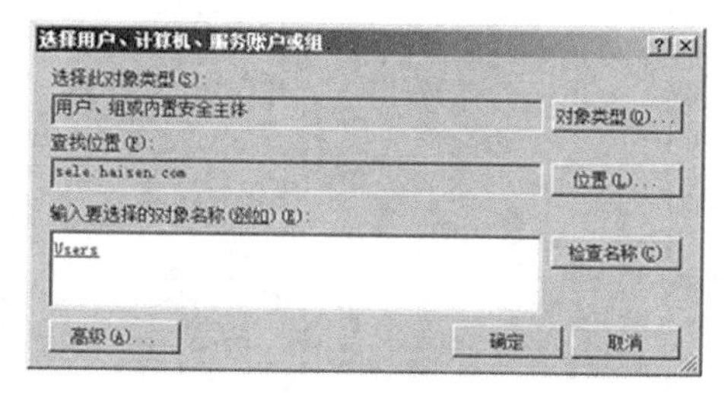

图 3-7　添加用户

（4）在打开的如图 3-8 所示的对话框中选择将要进行的审核操作，如用户在访问该文件夹时，就将此操作写入安全日志中。单击【确定】按钮结束设置。

（5）以 Users 组中的用户登录，尝试打开“通知通告”文件夹，然后注销，再用管理员用户登录，依次选择【开始】→【管理工具】→【事件查看器】，出现“事件查看器”窗口。单击“Windows 日志”，然后选择【安全】，即可查看该类事件的日志。

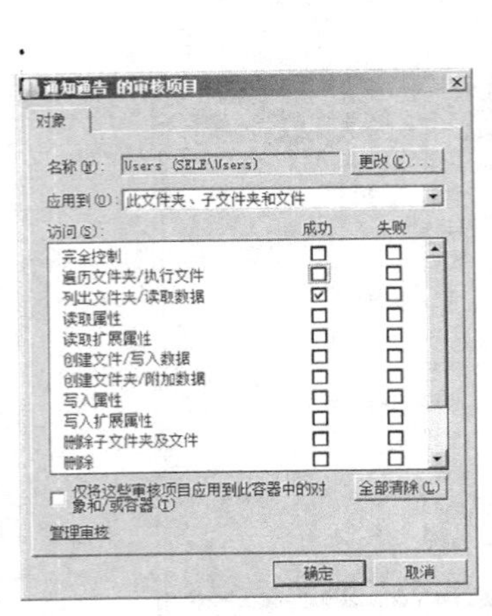

图 3-8 选择要审核的操作

图 3-9 查看对象访问事件日志

3.2.3 设置用户权限分配

在图 3-1 中单击【用户权限分配】，在右侧的窗格中列出了可以分配的各种权限。双击一个权限（如“关闭系统”），在随后出现的对话框中就可以用添加、删除用户或组的方法，设置哪些用户或组拥有此权限，如图 3-10 所示。

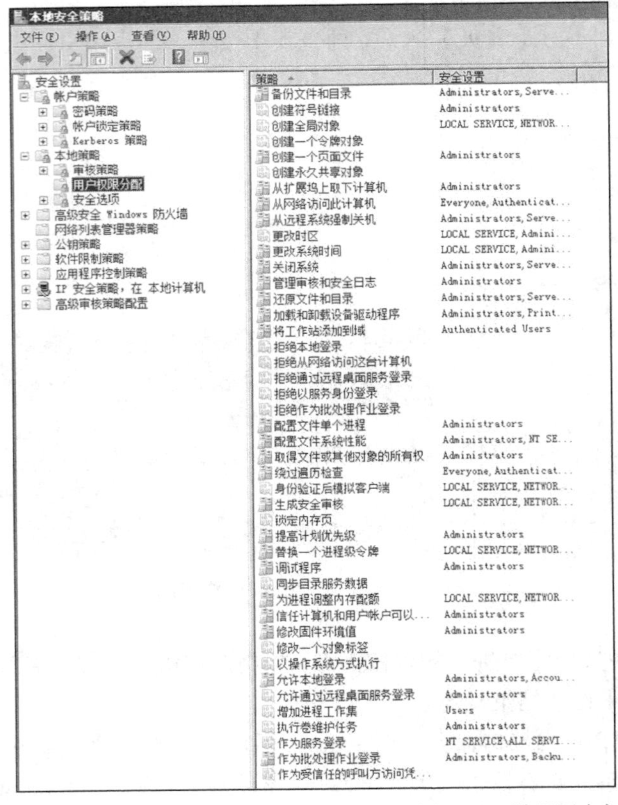

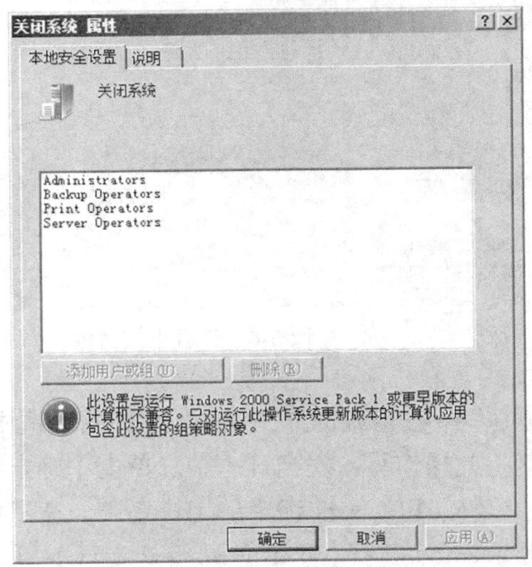

图 3-10 设置用户权限分配

3.2.4　设置安全选项

在图 3-1 中单击【安全选项】，在右侧的窗格中列出了安全选项的设置内容，双击一个选项（如“交互式登录：无须按 Ctrl+Alt+Del”），在随后出现的对话框中就可以启用或禁用该选项，如图 3-11 所示。

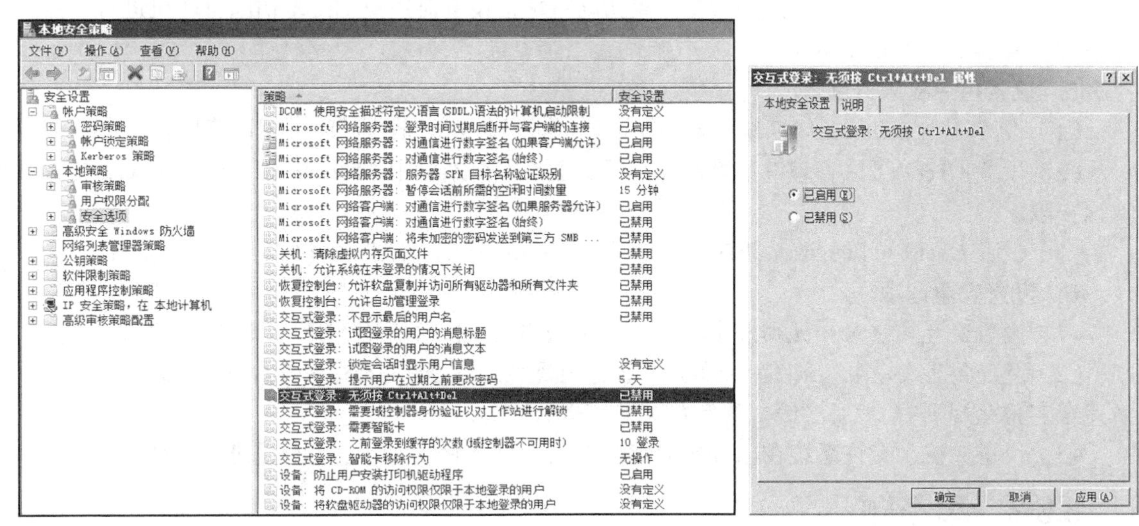

图 3-11　设置安全选项

3.3　实训与思考

3.3.1　实训题

1. 设置如下密码策略

（1）启用密码复杂性策略。

（2）将密码最小长度限制为 8 个字符。

（3）设置密码使用期限为 30 天。

（4）设置强制密码历史为 3。

2. 验证密码策略，以修改 User5 的密码为例，分别输入以下密码

（1）输入 8 位数字字符。

（2）输入 6 位数字和小写字符。

（3）输入 10 位数字和小写字符。

（4）输入大写、小写和数字混合字符，却大于 8 个字符。

（5）输入最近用过的密码。

3. 设置账户锁定策略

（1）设置账户锁定阈值为 2。

（2）设置锁定时间为 3min。

（3）设置复位账户锁定计数器复位时间为 3min。

用 User1 的账户登录，有意输入错误密码，锁定 3 min 后重新尝试。

4. 设置审核策略

（1）审核登录事件。启用审核登录成功与失败策略，然后用用户 User1 登录，故意输错密码，再用 Administrator 登录，输入正确的密码。用事件查看器查看 Windows 日志。

（2）审核文件访问行为。启用审核对象访问策略，设置对用户 User1 访问打印机进行审核。用事件查看器查看 Windows 日志。

5. 设置用户权限分配

（1）设置允许 User1 关闭系统，然后用 User1 登录，验证是否可以关闭计算机。

（2）设置 User2 可以管理审核策略和查看安全日志，然后用 User2 登录，验证 User2 是否拥有该权限。

（3）设置 User3 可以更改系统时间，然后用 User3 登录，验证 User3 是否拥有该权限。

6. 设置安全选项

（1）设置交互式登录：无须按【Ctrl+Alt+Del】组合键，然后注销，重新登录进行验证。

（2）设置交互式登录：试图登录的用户消息标题为“欢迎”，试图登录的用户消息文本为“注意遵守实验室规则”，然后注销，重新登录进行验证。

（3）设置关机：允许系统在未登录的情况下关闭，然后注销，重新登录进行验证。

3.3.2 思考题

（1）密码策略包含哪些内容？

（2）账户锁定策略主要设置哪些内容？

（3）如何设置审核，如何查看审核结果？

（4）如果想让某个用户对系统拥有某种权限，在哪里设置？

第4章 文件系统与安全权限管理

为了保证服务器上的文件的安全，Windows Server 2008 R2 采用授权访问的方法让用户访问本地文件。对一个文件或文件夹，管理员可以给不同的用户授予不同的访问权限，不允许普通用户访问的文件或文件夹可以拒绝用户访问。这样就最大限度保护了服务器上的文件。

本章介绍 Windows Server 2008 R2 支持的文件系统、安全权限及其规则、安全权限的设置等内容。

4.1 文件系统

文件系统是操作系统用于在磁盘上组织文件的方法或存储文件的数据结构，分为 FAT 和 NTFS 两种文件系统。

1. FAT 文件系统

FAT 文件系统分为 FAT16 和 FAT32 两种。

FAT16 是过去 DOS 或 Windows 95 时代支持的文件系统，其支持的分区最大为 4GB。FAT16 使用较大的簇来存储数据，每个分区的簇大小为 32KB，存储效率低。

同 FAT16 相比，FAT32 可以支持的磁盘大小达到 32GB，而 FAT32 分区的簇最小只有 4KB，由于采用了更小的簇，因此 FAT32 文件系统可以更有效率地保存信息，与 FAT16 相比，通常情况下效率可以提高 15%。

FAT 文件系统不支持安全权限、磁盘配额、文件加密和活动目录。

2. NTFS 文件系统

NTFS 文件系统采用了独特的文件系统结构，是一个具有出色的安全性能，同时节省存储资源、减少磁盘占用量的一种先进的文件系统。NTFS 文件系统具有以下特点。

（1）支持更大的磁盘空间。最大可以达到 2TB。

（2）支持更小的簇。最大不超过 4KB，可以更有效地利用磁盘空间。

（3）自动恢复文件系统。发生系统失败事件时，NTFS 使用日志文件和检查点信息自动恢复文件系统的一致性。

（4）支持对分区、文件夹和文件的压缩。当对压缩文件进行读取时，文件将自动进行解压缩，文件关闭或保存时会自动对文件进行压缩。

（5）支持安全权限。在 NTFS 分区上可以为共享资源、文件夹以及文件设置安全权限，安全权限不但适用于本地计算机的用户，也适用于通过网络访问的用户。

（6）支持磁盘配额。管理员可以为用户所能使用的磁盘空间进行配额限制。

4.2 NTFS 权限

NTFS 权限支持本地安全性，它支持在同一台计算机上以不同的用户名登录，对硬盘上的同一文件夹可以有不同的访问权限。

当一个用户试图访问一个文件或者文件夹的时候，NTFS 文件系统会检查用户使用的账户或者账户所属的组是否在此文件或者文件夹的访问控制列表（ACL）中，如果存在，则进一步检查访问控制项（ACE），然后根据控制项中的权限来判断用户最终的权限。如果访问控制列表中不存在用户使用的账户或者账户所属的组，就拒绝用户访问。

NTFS 权限分为特殊权限和标准权限，标准权限可以看成是若干权限的组合，而特殊权限是其他一些不常用的权限。所有权限都有相应的"允许"和"拒绝"两种选择。

4.2.1 NTFS 权限简介

1. 文件的标准 NTFS 权限

（1）读取（Read）：可以读取文件内容，查看文件的属性、所有者以及权限。

（2）写入（Write）：可以写入数据、修改文件内容、修改文件属性、覆盖文件，以及查看文件权限和所有权。

（3）读取和运行（Read&Execute）：除了拥有读取权限外，还可以运行应用程序。

（4）修改（Modify）：除了拥有"读取"、"写入"与"读取和运行"权限外，还可以删除文件。

（5）完全控制（Full Control）：对文件的最高权限，除了拥有上述所有的权限以外，还拥有修改文件权限以及夺取文件所有权的特殊权限。

2. 文件夹的标准 NTFS 权限

对于文件夹，可以赋予用户、组和计算机以下权限。

（1）读取：查看子文件夹内的文件名与文件夹名，查看文件夹属性、所有者和权限。

（2）写入：创建文件和文件夹、修改文件夹属性、查看文件夹权限和所有者。

（3）列出文件夹内容（List Folder Contents）：除了具有"读取"权限外，还具有查看此文件夹中的文件和子文件夹以及打开和关闭文件夹的权限。

（4）读取和运行：具有与"列出文件夹内容"权限相同的权限，只是在权限继承方面有所不同，"列出文件夹内容"权限只会被文件夹继承，"读取和运行"会同时被文件夹和文件继承。

（5）修改：除了具有读取、写入、列出文件夹内容、读取和运行等权限外，还可以删除文件夹。

（6）完全控制：文件夹的最高权限，在拥有上述所有文件夹权限以外，还可以修改文件夹权限、替换所有者。

3. 特殊权限

（1）遍历文件夹/运行文件。

"遍历文件夹"让用户即使在无权访问某个文件夹的情况下，仍然可以切换到该文件夹内。这个权限设置只适用于文件夹，不适用于文件。

"运行文件"让用户可以运行程序文件，该权限设置只适用于文件，不适用于文件夹。

（2）列出文件夹/读取数据。

"列出文件夹"让用户可以查看该文件夹内的文件名称与子文件夹的名称，"读取数据"让用户可以查看文件内的数据。

（3）读取属性。

该权限让用户可以查看文件夹或文件的属性，例如，只读、隐藏等属性。

（4）读取扩展属性。

该权限让用户可以查看文件夹或文件的扩展属性。扩展属性是由应用程序自行定义的，不同的应用程序可能有不同的设置。

（5）创建文件/写入数据。

“创建文件”让用户可以在文件夹内创建文件，“写入数据”让用户能够更改文件内的数据。

（6）创建文件夹/附加数据。

“创建文件夹”让用户可以在文件夹内创建子文件夹；“附加数据”让用户可以在文件的后面添加数据，但是无法更改、删除、覆盖原有的数据。

（7）写入属性。

该权限让用户可以更改文件夹或文件的属性，例如，只读、隐藏等属性。

（8）写入扩展属性。

该权限让用户可以更改文件夹或文件的扩展属性。扩展属性是由应用程序自行定义的，不同的应用程序可能有不同的设置。

（9）删除子文件夹及文件。

该权限让用户可以删除该文件夹内的子文件夹与文件，即使用户对这个子文件夹或文件没有“删除”的权限，也可以将其删除。

（10）删除。

该权限让用户可以删除该文件夹与文件。即使用户对该文件夹或文件没有“删除”的权限，但是只要他对其父文件夹具有“删除子文件夹及文件”的权限，他还是可以删除该文件夹或文件。

（11）读取权限。

该权限让用户可以读取文件夹或文件的权限设置。

（12）更改权限。

该权限让用户可以更改文件夹或文件的权限设置。

（13）取得所有权。

该权限让用户可以夺取文件夹或文件的所有权。文件夹或文件的所有者，不论对该文件夹或文件的权限是什么，他永远具有更改该文件夹或文件权限的能力。

4.2.2　NTFS 权限规则

1．权限继承规则

对文件夹设置权限后，这个权限默认会被此文件夹下的子文件夹与文件继承。例如，设置用户对文件夹 A 拥有读取权限，则用户对该文件夹下的子文件夹 B、子文件夹 C 和文件 D 均有读取权限，如图 4-1 所示。

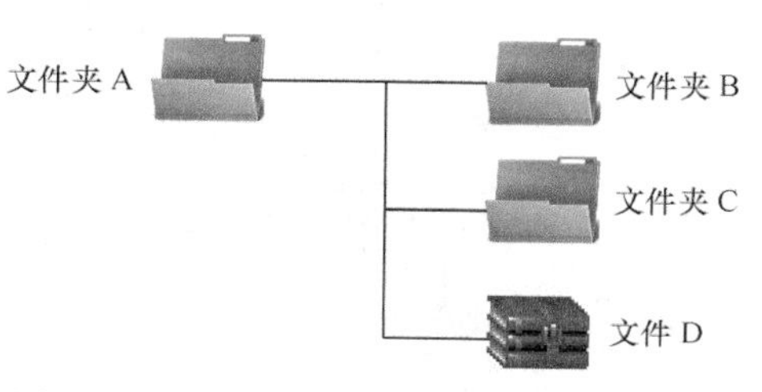

图 4-1　子文件夹和文件继承父文件夹的权限

设置文件夹权限时，除了可以让文件夹和文件都继承权限外，也可以根据需要，只让某些文件或文件夹继承或者都不让它们继承。

而设置子文件夹或文件权限时，可以让子文件夹或文件不要继承父文件夹的权限，而直接对该子文件夹或文件设置单独的与父文件夹权限无关的权限。

2. 权限累加规则

如果用户属于多个组，而且该用户与这些组分别对某个文件或文件夹拥有不同的权限设置，则该用户对这个文件的最后有效权限是所有权限来源的总和。例如，用户 A 同时属于 X 组和 Y 组，各组对文件 F 的权限如表 4-1 所示，则用户 A 最终的有效权限是写入+读取+运行。

3. 文件权限高于文件夹权限的规则

如果设置了用户对某个文件具有某种操作权限，而用户对该文件的父文件夹没有访问权限，用户也可以对该文件进行操作。例如，用户对文件夹 A 的权限是“拒绝读取”，而用户对文件 D 的权限是“允许读取”，则文件权限有效，用户最终可以读取文件 D。

4. 拒绝权限高于允许权限的规则

当用户对某个文件或文件夹的权限有多个来源时，只要其中有一个权限来源被设置为拒绝，则用户将不会拥有此权限。例如，用户 A 同时属于 X 组和 Y 组，各组对文件 F 的权限如表 4-2 所示，则用户 A 的读取权被拒绝，因此也就无法访问该文件。

表 4-1　对文件 F 的授权

用 户 或 组	权　限
用户 A	读取
X 组	写入
Y 组	读取与运行

表 4-2　对文件 F 的授权

用 户 或 组	权　限
用户 A	读取
X 组	拒绝读取
Y 组	写入

4.2.3　移动或复制对 NTFS 权限的影响

当对设置了 NTFS 权限的文件夹或文件移动或复制时，用户对其使用权限可能发生变化，具体改变情况如下。

（1）在同一分区上移动，保留原来的权限，如图 4-2（a）所示。

（2）在同一分区上复制，被复制的文件或文件夹将继承目的文件夹的权限，如图 4-2（b）所示。

（3）在不同分区间移动，被移动的文件或文件夹将继承目的文件夹的权限，如图 4-2（c）所示。

（4）在不同分区间复制，被复制的文件或文件夹将继承目的文件夹的权限，如图 4-2（d）所示。

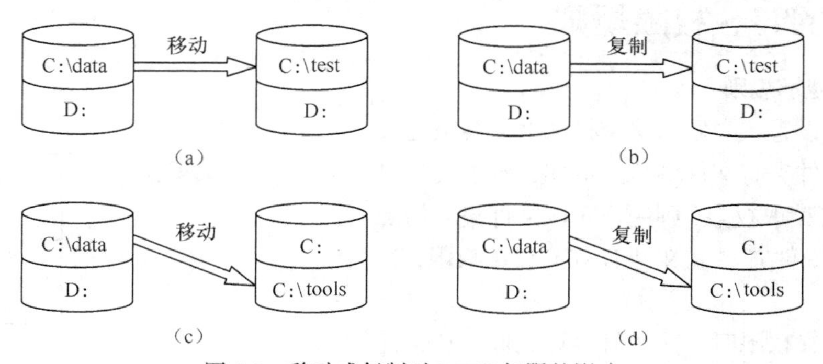

图 4-2　移动或复制对 NTFS 权限的影响

4.2.4　共享权限与安全权限的关系

1. 共享权限和 NTFS 权限的区别

（1）共享权限是基于文件夹的，也就是说只能在文件夹上设置共享权限，不可能在文件上设置共享权限；NTFS 权限是基于文件的，既可以在文件夹上设置，也可以在文件上设置。

（2）共享权限只有当用户通过网络访问共享文件夹时才起作用，如果用户是本地登录计算机，则共享权限不起作用。NTFS 权限无论用户是通过网络还是本地登录使用文件都会起作用，只不过当用户通过网络访问文件时它会与共享权限联合起作用，规则是取最严格的权限设置。

（3）共享权限与文件操作系统无关，只要设置共享，就能够应用共享权限。NTFS 权限必须是 NTFS 文件系统，否则不起作用。共享权限只有几种：读取、更改和完全控制，NTFS 权限则有许多种，如读取、写入、读取和运行、更改、完全控制等，用户可以进行非常细致的设置。

2. 权限计算

（1）权限累加原则。不管是共享的权限还是 NTFS 权限，都有累加性。

（2）拒绝权限高于其他权限的原则。不管是共享权限还是 NTFS 权限，都遵循“拒绝”权限超越其他权限的原则。

（3）最严厉权限原则。当一个账户通过网络访问一个共享文件夹，而这个文件夹又在一个 NTFS 分区上，那么用户最终的权限是它对该文件夹的共享权限与 NTFS 权限中最为严格的权限。

例如，有两个用户，一个是在本地主机登录的本地用户，用户名为“张本地”，另一个是通过网络访问主机的远程用户，用户名为“李远程”。两个用户都是本地组 X、Y、Z 的成员，三个组分别被授予了对本地主机上的文件夹 A 的共享权限和安全权限，具体授权情况如表 4-3 所示，则“张本地”和“李远程”对文件夹 A 的权限计算如下。

表 4-3　　对文件夹 A 的授权情况

组　　名	共 享 权 限	安 全 权 限
X	更改	读取
Y	更改	写入
Z	读取	完全控制
Everyone	读取	读取

张本地不受共享权限的限制，所以他的共享权限是“完全控制”。根据权限累加原则，安全权限取权限最大者，即“完全控制”，所以张本地的最终权限是“完全控制”。

根据权限累加原则，李远程的共享权限取权限最大者，即更改；安全权限取权限最大者，即“完全控制”。综合考虑共享权限和安全权限，取二者中最严厉者，即“更改”，所以李远程对文件夹 A 的最终权限是“更改”。

4.3　设置 NTFS 权限

模拟场景：

设在计算机的 C 盘上已经建立了一个“数据”文件夹和一个“工作”文件夹，如图 4-3 所示。“数据”文件夹保存着企业的重要数据，只有经理可以对其完全控制，小张和小李查可以查看文件内容，但是不能修改文件，也不能在该文件夹下创建文件，其余用户（小王）不能访问。“工作”文件夹保存所有用户的数据，在该文件夹下为每个用户创建了一个文件夹，每个用户可以对自己的文件夹完全控制，对其他用户的文件夹只能浏览和读取文件内容。另外，由于工作需要，小张文件夹下有一个文件“工作日志.DOC”，允许小李修改。企业还来了一个实习生小赵，允许他用来宾账户登录，但他只能浏览“工作”文件夹的目录。为了安全起见，企业规定，删除一切默认的继承权限，所有权限都由管理员统一分配。

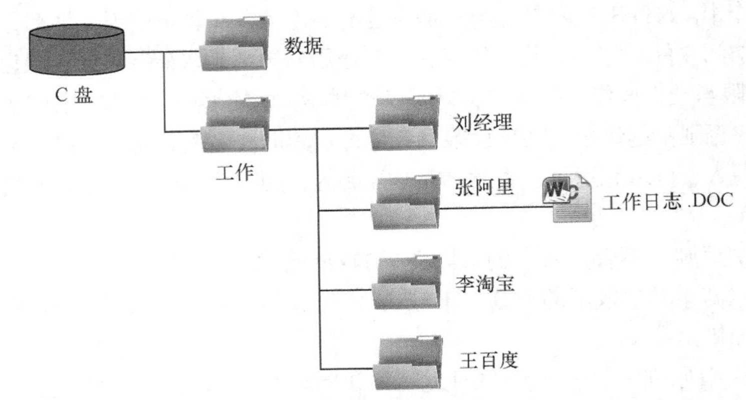

图 4-3　模拟场景的文件夹结构

4.3.1　阻止继承文件夹权限

（1）以管理员身份登录计算机，选择【开始】→【计算机】，双击【本地磁盘 C】，右键单击【数据】文件夹，选择【属性】命令，单击【安全】标签，如图 4-4 所示。可以看到 Users 组（包含所有用户）对该文件夹拥有“读取和执行”、“列出文件夹内容”等默认权限。

（2）在【安全】选项卡中单击【高级】按钮，出现【数据的高级安全设置】对话框，如图 4-5 所示。

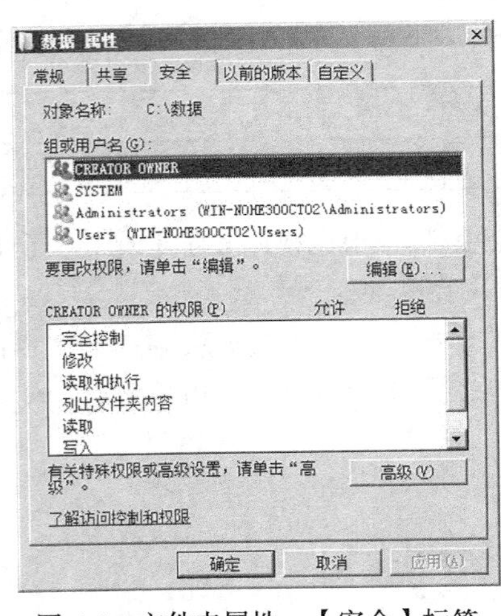

图 4-4　文件夹属性—【安全】标签

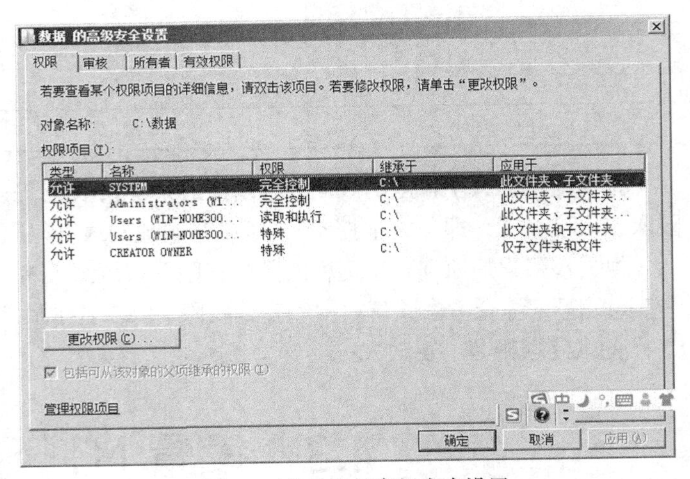

图 4-5　文件夹的高级安全设置

（3）在图 4-5 中单击【更改权限】按钮，在随后出现的对话框中取消选中【包括可从该对象的父项继承的权限】复选框在随后弹出的对话框中单击【删除】按钮，删除从父对象继承的权限。若单击【添加】按钮，则删除从父对象继承的权限，而将原来继承的权限再授予该对象，如图 4-6 所示。

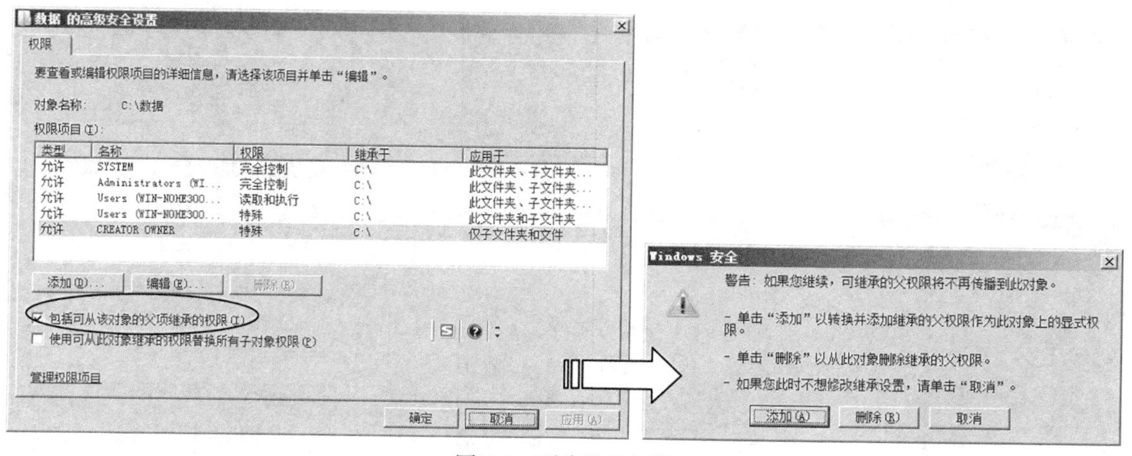

图 4-6　更改继承权限

（4）删除继承权限后，任何用户对该文件夹都没有访问权限。

4.3.2　分配各用户的安全权限

（1）在图 4-4 中单击【编辑】按钮，出现【数据的权限】对话框，如图 4-7 所示。单击【添加】按钮，添加用户或组。将 Administrators 组（成员是 Administrator 和刘经理）、日常工作组（成员有小张和小李）、Users 组（包括所有本地用户）添加进来，如图 4-8 所示。

（2）在图 4-7 中的【组或用户名】列表框中单击"Administrators"组，在"Administrators 的权限"列表框中选中【完全控制】，刘经理对该文件夹就有了完全控制的权限。在【组或用户名】列表框中单击"日常工作"组，在【日常工作组的权限】列表框中选中【读取和执行】，小张和小李就有了浏览文件夹中的文件和读取文件内容的权限。在【组或用户名】列表框中单击"小王"，在【小王的权限】列表框中选中"拒绝"读取，则小王不能访问"数据"文件夹。授权结果如图 4-8 所示。

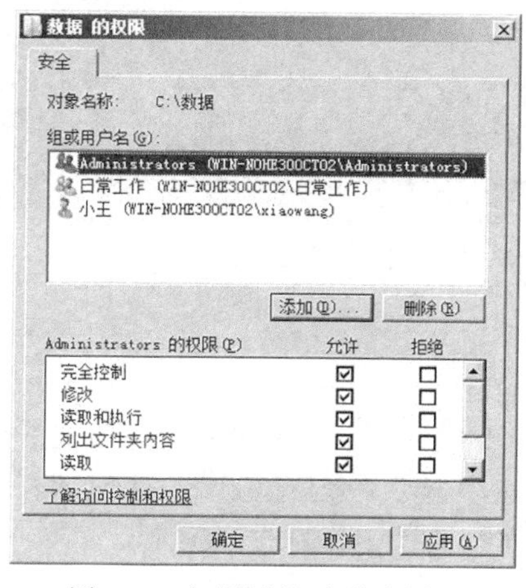

图 4-7　对"数据"文件夹授权

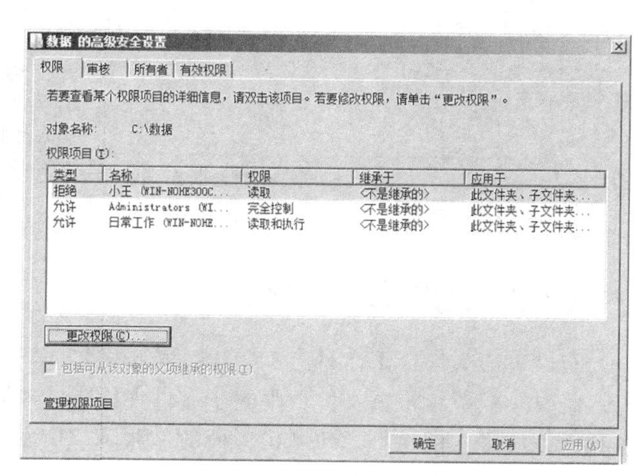

图 4-8　授权结果

（3）在磁盘 C 窗口中右键单击"工作"文件夹，选择【属性】命令，单击【安全】标签，单击【高级】按钮，弹出的对话框如图 4-9 所示。可见，Users 组默认拥有读取和运行权限。

（4）右键单击"工作"文件夹下的"张阿里"文件夹，选择【属性】命令，单击【安全】标签，单击【编辑】按钮，弹出的对话框如图 4-10 所示。

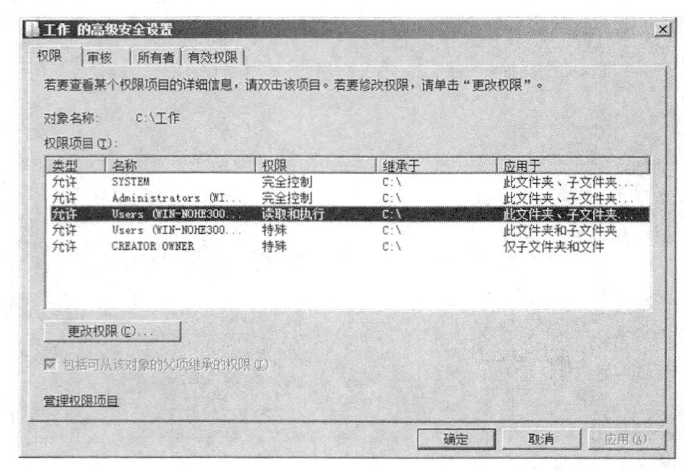

图 4-9　文件夹 Users 的授权情况

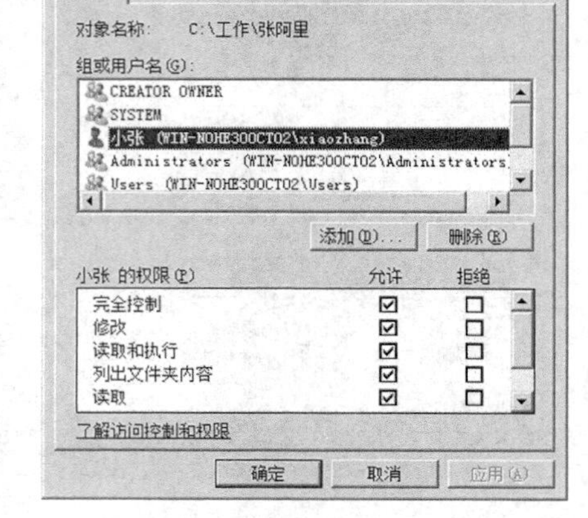

图 4-10　文件夹“张阿里”的权限

（5）单击【添加】按钮，将用户小张添加进来，然后在图 4-10 中的【组或用户名】列表框中选中“小张”，在【小张的权限】列表框中选中【允许】完全控制，则小张对他的文件夹拥有完全控制的权限，其他用户（小李和小王）通过 Users 组获取读取权限。

（6）重复步骤（4）和（5），设置小李和小王分别对自己的文件夹有“完全控制”权限，其他用户只有只读权限，如图 4-11 和图 4-12 所示。

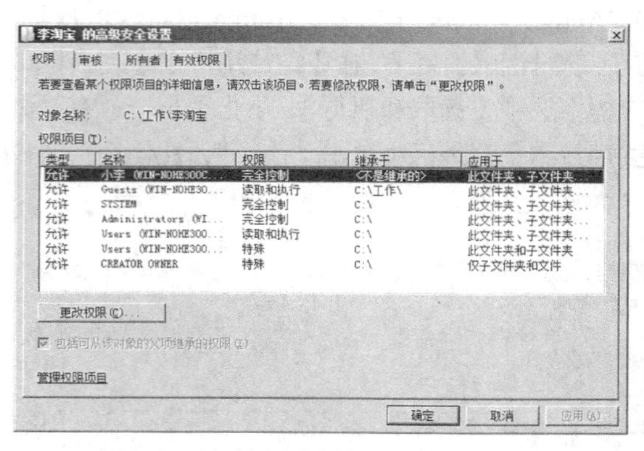

图 4-11　文件夹“李淘宝”的权限设置

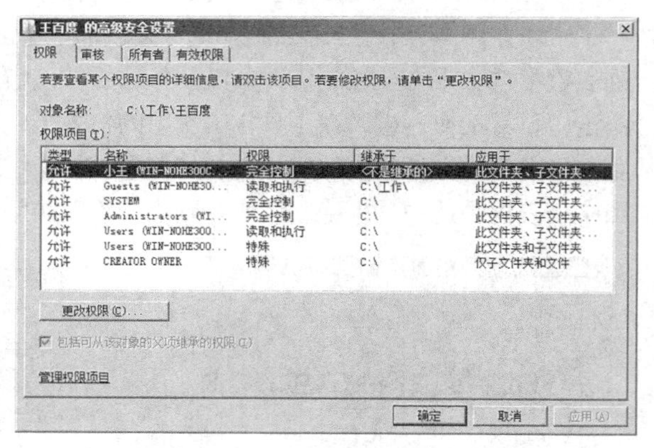

图 4-12　文件夹“王百度”的权限设置

4.3.3　运用权限规则

右键单击文件“工作日志.DOC”，重复 4.3.2 节中的步骤（4）和（5），设置小李对该文件拥有“修改”权限。根据文件权限高于文件夹权限的规则，虽然小李对“张阿里”文件夹只拥有读取和运行权限，但是小李仍然可以修改“张阿里”文件夹下的文件“工作日志.DOC”。

4.3.4　分配特殊权限

（1）右键单击“工作”文件夹，选择【属性】命令，单击【安全】标签，如图 4-13 所示。

（2）在图 4-13 中单击【编辑】按钮，然后在【工作的权限】对话框中单击【添加】按钮，将用户组 Guests 添加进来，如图 4-14 所示。然后单击【确定】按钮，返回【工作属性】对话框中。

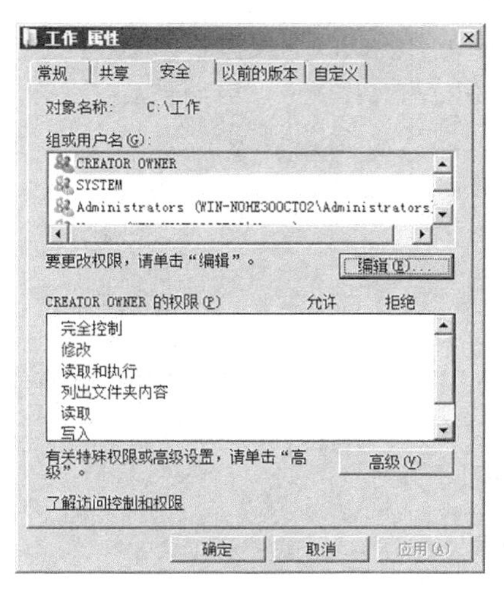

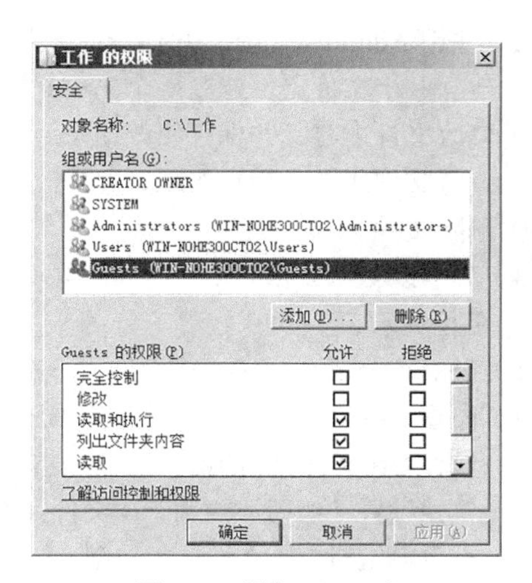

图 4-13　“工作”文件夹属性　　　　图 4-14　添加 Guests 组

（3）在图 4-13 中单击【高级】按钮，出现【工作的高级安全设置】对话框，单击【更改权限】按钮，如图 4-15 所示。

（4）在图 4-15 中单击 Guests 组，然后单击【编辑】按钮，在弹出的【工作的权限项目】对话框中设置权限为“遍历文件夹/执行文件”，然后单击【确定】按钮，如图 4-16 所示。

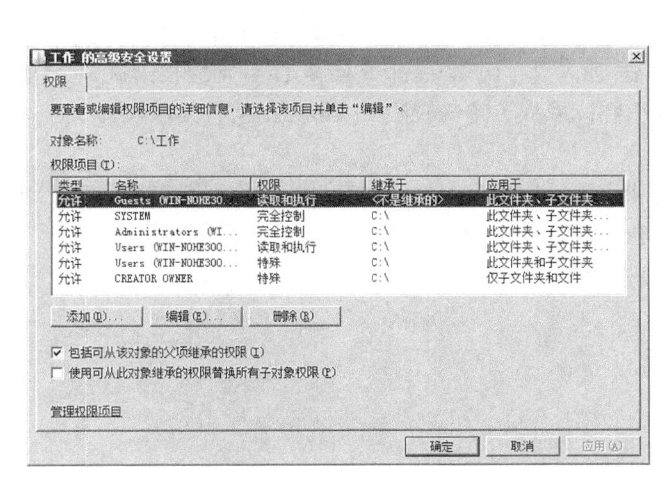

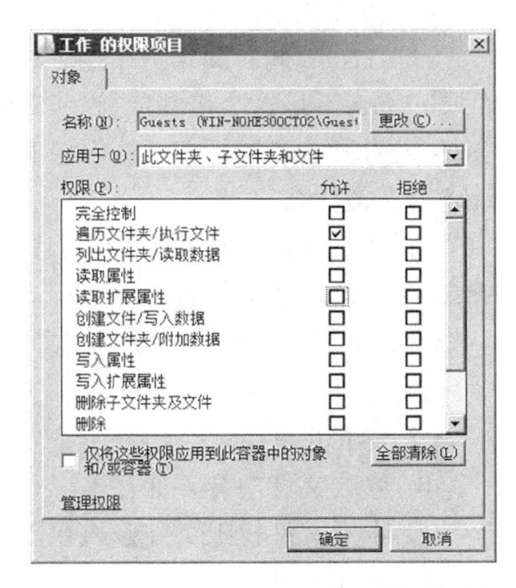

图 4-15　“工作”文件夹属性　　　　图 4-16　给 Guests 组设置访问权限

4.4　实训与思考

4.4.1　实训题

1. 设置与验证安全权限

（1）利用第 2 章建立的用户和组，采用恰当的方式将 C 盘文件夹 A（如果没有，可以先建立）对用户或组做以下授权：User1 有完全控制的权限，User2 有修改权，其余用户只有读取权。

（2）注销 Administrator，用 User1 登录，在 A 文件夹中尝试以下操作。

① 建立一个文件夹，建立一个 Word 文档。

② 修改文件内容，并保存修改结果。

③ 查看文件属性和用户权限，并修改权限。

④ 删除文件。

（3）分别以 User2 和 User3 登录，重复上述内容。

2. 阻止继承

（1）设 C 盘有文件夹 B，B 文件夹下有文件夹 BB，设置“练习”组对文件夹 B 有修改权。

（2）查看“练习”组以及其他组对 BB 的权限。

（3）设置 BB 文件夹拒绝继承来自父文件夹的权限。

（4）单独设置“练习”组对 BB 文件夹有读取权限。

（5）查看各组对 BB 文件夹的权限。

3. 设置文件权限

（1）设置 C 盘，有文件夹 C，C 下有文本文件 C1.txt。设置 User5 对文件夹 C 有读取与运行的权限。

（2）设置 User5 对 C1.txt 有完全控制的权限。

（3）查看用户和组对 C1.txt 的最终权限。

4. 验证权限规则

（1）User5 同时属于三个组：Users、练习组和 Group1（如果该组没有建立，先建立这个组，如果 User5 不是这个组的成员，先将 User5 加入这个组），一个文件夹 D 分别授权给这三个组，Users 组有读取和运行权，练习组有写入权和读取权（特殊权限），Group1 组有读取权，User5 的最终权限是什么？

（2）User5 同时属于三个组：Users、练习组和 Group1，一个文件夹 E 分别授权给这三个组，Users 组有读取和运行权，练习组有修改权，Group1 组拒绝读取，User5 的最终权限是什么？

（3）用 User5 登录，分别在文件夹 D 和 E 下完成以下操作。

① 打开文件夹。

② 建立文件。

③ 修改文件内容并保存。

④ 查看文件权限，并修改权限。

⑤ 删除文件。

4.4.2 思考题

（1）NTFS 文件系统有哪些优越性？

（2）安全权限与共享权限的区别有哪些？

（3）什么是权限继承，如何阻止继承？

（4）NTFS 权限有哪些规则？

第5章 磁盘管理

对服务器而言，系统安全和提供高速、持续不间断的服务是至关重要的。磁盘存储着计算机内的所有数据，一旦损坏后果是不堪设想的，因此如何通过管理磁盘，使其具有容错性、提高其访问速度、充分利用其容量是磁盘管理的主要任务。Windows Server 2008 R2 支持两种磁盘管理方式，即基本磁盘和动态磁盘。使用动态磁盘技术可以将多块磁盘整合成一体，并体现出优越的性能。

本章介绍基本磁盘和动态磁盘的概念和各种磁盘管理操作。

5.1　磁盘基础知识

5.1.1　磁盘类型

1. MBR 磁盘和 GPT 磁盘

Windows Server 2008 的磁盘有两种分区形式，即 MBR 磁盘分区和 GPT 磁盘分区。

MBR（主引导记录）是标准的传统分区样式，支持的最大卷为 2TB，并且每个磁盘最多有 4 个主分区（或 3 个主分区，即 1 个扩展分区和无限制的逻辑驱动器），其分区信息存储在磁盘的最前端，计算机启动时，主板上的 BIOS（基本输入/输出系统）会先读取 MBR，并将计算机的控制权交给 MBR 内的程序，然后由这个程序来继续后面的工作。

GPT（Globally Unique Identifier Partition Table Format）是一种由基于 Itanium 计算机中的可扩展固件接口（EFI）使用的磁盘分区架构。与 MBR 分区方法相比，GPT 允许每个磁盘有多达 128 个分区，支持高达 18EB 的卷大小，其分区信息也是位于磁盘的前端，GPT 分区上有主磁盘分区表和备份磁盘分区表，可以提供容错功能。

2. 基本磁盘与动态磁盘

Windows Server 2008 提供了两种磁盘类型，即基本磁盘和动态磁盘。基本磁盘受 26 个英文字母的限制，也就是说磁盘的盘符只能是 26 个英文字母中的 1 个。因为 A、B 已经被软驱占用，实际上磁盘可用的盘符只有 C～Z 共 24 个。而动态磁盘不受 26 个英文字母的限制，它是用“卷”来命名的。“动态磁盘”的最大优点是可以将磁盘容量扩展到非邻近的磁盘空间。

基本磁盘和动态磁盘的主要区别如下。

（1）卷集或分区数量。动态磁盘在一个硬盘上可创建的卷集个数没有限制，而基本磁盘在一个硬盘上最多只能分 4 个主分区。

（2）磁盘空间管理。动态磁盘可以把不同磁盘的分区创建成一个卷集，并且这些分区可以是非邻接的，磁盘的大小就是几个磁盘分区的总大小。而基本磁盘则不能跨硬盘分区并且要求分区必须是连续的空间，每个分区的容量最大只能是单个硬盘的最大容量，存/取速度和单个硬盘相比也没有提升。

（3）磁盘容量大小管理。动态磁盘允许在不重新启动计算机的情况下调整动态磁盘的大小，而且不会丢失和损坏已有的数据。而基本磁盘的分区一旦创建，就无法更改容量大小，除非借助于第三方磁盘工具软件，比如 PQ Magic。

（4）磁盘配置信息管理和容错。动态磁盘将磁盘配置信息放在磁盘中，如果是 RAID 容错系统，会被复制到其他动态磁盘上，这样可以利用 RAID-1 的容错功能，如果某个硬盘损坏，系统将自动调用另一个硬盘的数据，从而保持数据的完整性。而基本磁盘则将配置信息存放在引导区，没有容错功能。

基本磁盘可以直接转换为动态磁盘，但是该过程是不可逆的。要想转回基本磁盘，只有把所有数据全部拷出，然后删除硬盘的所有分区。

5.1.2　基本磁盘

基本磁盘是 Windows Server 2008 默认的磁盘类型，基本磁盘用分区来分割和管理磁盘。所谓分区，就是将一块物理硬盘上的空间划分成多个独立使用的逻辑单元，我们称之为逻辑磁盘。

磁盘分区是我们使用磁盘之前必须完成的任务，只有通过磁盘分区使磁盘初始化，才能进一步对磁盘进行格式化并存储数据。用户通过磁盘分区可以分门别类地管理自己的文件和合理使用磁盘空间，当一个服务器上需要安装多个操作系统时，分区是必须的，只有先分区，才能在不同的分区上安装不同的操作系统。

磁盘分区可分为主分区和扩展分区。主分区是可以用来引导操作系统的分区，可以直接存储文件，主分区上的引导文件可用来启动计算机，存放引导文件的主分区要被指定为“活动分区”。而扩展分区不能直接存储数据，创建扩展分区是为了建立更多逻辑盘，在逻辑盘上可以存储数据，而扩展分区或逻辑盘不能被指定为“活动分区”。

在基本磁盘上最多可以建立 4 个主分区（注意是主分区，而不是扩展分区），或 3 个主分区 1 个扩展分区，在扩展分区上可以创建逻辑盘。

5.1.3　动态磁盘

在动态磁盘中使用卷（Volume）来表示其上可存储的区域，动态磁盘比基本磁盘具有较强的扩展性、可靠性，动态磁盘卷有 5 种：简单卷、跨区卷、带区卷、镜像卷和 RAID-5 卷。

1. 简单卷

用一块动态磁盘的磁盘空间建立的卷，简单卷可以由磁盘上的单个区域构成，也可以由同一磁盘上连续或不连续的多个区域组成。简单卷没有容错能力，与基本磁盘相比，基本磁盘容量是固定的，而当物理磁盘尚有未分配空间时，简单卷可以扩展容量，如图 5-1 所示，但前提是未分配空间一定是 NTFS 文件系统。简单卷可以成为镜像卷、带区卷、RAID-5 卷的成员之一。

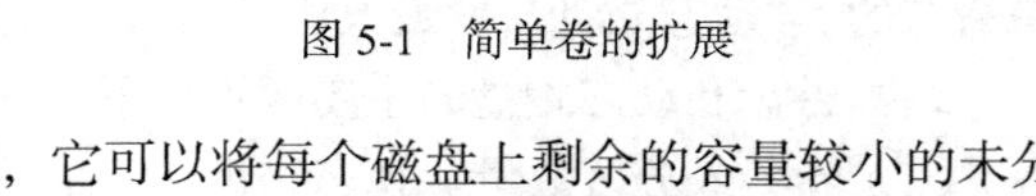

图 5-1　简单卷的扩展

2. 跨区卷

跨区卷是跨多个磁盘扩展的简单卷，由两块以上的硬盘上的存储空间组成（最多 32 块硬盘），它可以将每个磁盘上剩余的容量较小的未分配空间合并为一个容量较大的卷，从而充分利用磁盘空间。跨区卷不要求每个磁盘上的空间相等，写入数据时先从第一块磁盘开始写，待其空间用尽再写在第二块磁盘上，如图 5-2 所示。跨区卷没有容错能力，不能成为镜像卷、带区卷、RAID-5 卷的成员之一。跨区卷中的一块磁盘发生故障，整个卷将崩溃。

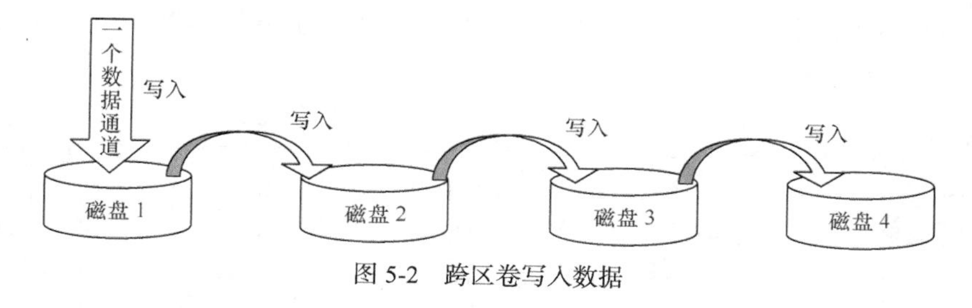

图 5-2 跨区卷写入数据

3. 带区卷

带区卷（RAID-0）由两块或两块以上硬盘组成，最多 32 块磁盘，每块磁盘的厂商、型号要相同，每个盘所贡献的空间大小也必须相同。使用带区卷时，系统会自动将数据以 64KB 为基本单位，平均、分散存储在各块磁盘的空间上。由于多块磁盘同时读/写，所以带区卷可提高文件读/写效率，如图 5-3 所示。带区卷没有容错功能，也没有扩展能力，当一块磁盘发生故障时，整个卷将崩溃。

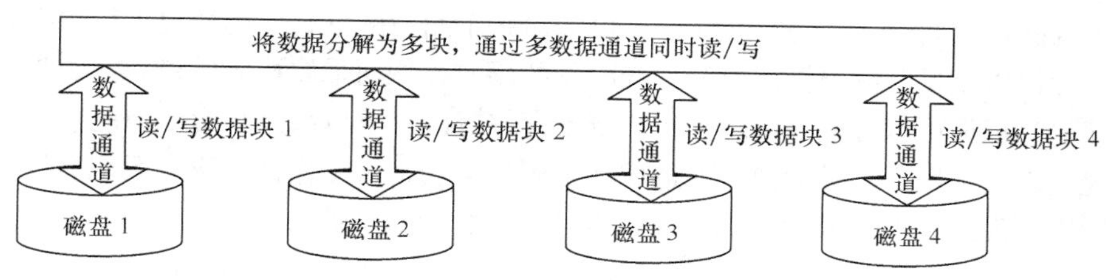

图 5-3 带区卷读写数据

4. 镜像卷

镜像卷（RAID-1）由两块相同型号、相同容量的磁盘组成，可以利用两块磁盘的所有空间或部分空间组成镜像卷，但是同一镜像卷中两块磁盘上的空间一定要相等。使用镜像卷时，系统会自动将数据同时写在两块磁盘上，如图 5-4 所示。一块磁盘上的数据为正本，另一块则为其镜像，故镜像卷的磁盘利用率只能达到 50%。镜像卷提供冗余存储以换取可靠性，当一块磁盘发生故障时，系统可以通过另一块磁盘（镜像）继续工作。

如果中断镜像，会将镜像卷分解成两个简单卷，上面存储的数据不受影响，可以在镜像卷中一块磁盘损坏的时候中断镜像，然后替换损坏的磁盘，添加镜像，即可恢复损坏的镜像卷。镜像卷通常用于安装操作系统。

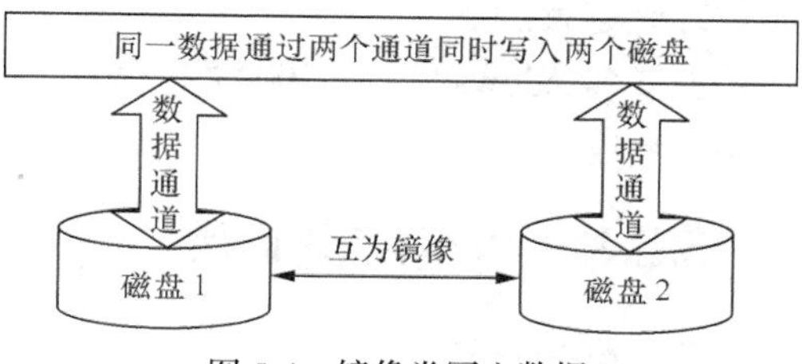

图 5-4 镜像卷写入数据

5. RAID-5 卷

RAID-5 卷至少由 3 块型号相同、容量相同的磁盘组成，数据分散写入各磁盘中，同时建立一份奇偶校验数据信息，分别保存在不同硬盘上。例如，由 5 个盘组成的 RAID-5 卷，系统会将数据拆分成每 4 个 64KB 为一组，外加 64KB 的奇偶校验数据，每次将一组 4 个 64KB 数据和 64KB 的校验数据分别写入 5 个盘中。奇偶校验数据不是写在一个固定的盘上，而是分布在 5 个盘上。例如，设第一组数据分别写在 1、2、3、4 号盘上，校验数据写在第 5 号盘上；第 2 组数据写在 2、

3、4、5 号盘上，校验数据写在第 1 号盘上，依次类推，如图 5-5 所示。若一块磁盘发生故障时，可以根据其他盘上的数据和奇偶校验信息计算出该磁盘上的原始数据，并予以恢复，使系统能够继续运行。与镜像卷相比，RAID-5 卷有较高的磁盘利用率，其利用率为（n-1）/n，磁盘阵列中的磁盘越多，磁盘的利用率就越高。

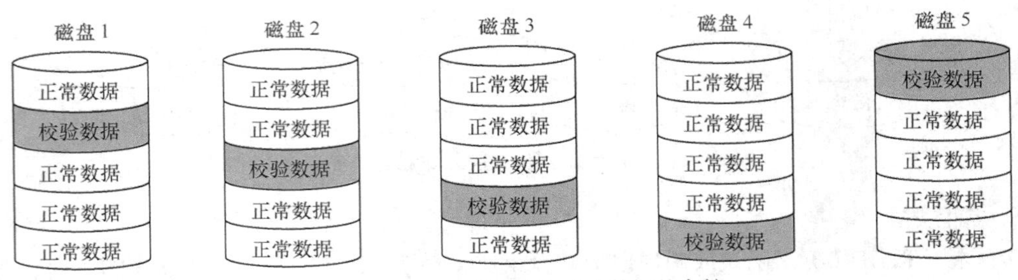

图 5-5　RAID-5 卷数据和校验数据的存储

5.1.4　磁盘配额

磁盘配额就是管理员可以为用户所能使用的磁盘空间进行配额限制，每个用户只能使用最大配额范围内的磁盘空间。设置磁盘配额后，可以对每个用户的磁盘使用情况进行跟踪和控制，通过监测可以标识出超过配额报警阈值和配额限制的用户，从而采取相应的措施。磁盘配额管理功能的提供使得管理员可以方便合理地为用户分配存储资源，可以限制指定账户能够使用的磁盘空间，从而避免因某个用户的过度使用而造成其他用户无法正常工作甚至影响系统运行，避免由于磁盘空间使用的失控可能造成的系统崩溃，提高了系统的安全性。

5.2　磁 盘 管 理

模拟场景：

一个服务器采用基本磁盘管理模式，由于不能满足容量扩展、容错、读/写速度等方面的需求，将基本磁盘升级为动态磁盘，根据不同的需要创建不同类型的卷。

环境要求：

安装 Windows Server 2008 的计算机一台，要求安装 3 块以上的物理硬盘。可以使用虚拟机实现实验环境。

5.2.1　基本磁盘管理

1. 磁盘初始化

（1）依次选择【开始】→【管理工具】→【计算机管理】，在打开的窗口中单击【存储】→【磁盘管理】，如图 5-6 所示。默认为基本磁盘，MBR 类型。

（2）安装新磁盘，在计算机内安装新磁盘后必须经过初始化才能使用。依次选择【开始】→【管理工具】→【计算机管理】，在打开的窗口中单击【存储】→【磁盘管理】，然后会弹出如图 5-7 所示的对话框，选择要初始化的磁盘，单击【下一步】按钮，选择 MBR 或 GPT 类型，单击【确定】按钮。

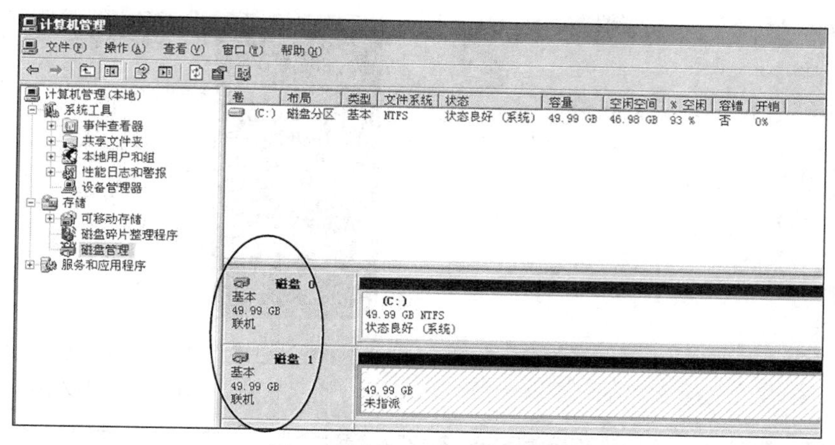

图 5-6　计算机管理-磁盘管理

（3）MBR 磁盘和 GPT 磁盘的转换。右键单击一个“未指派”磁盘【磁盘 1】，选择【转换为 GPT 磁盘】，即可转换为 GPT 类型。同样，右键单击“未指派”的 GPT 类型的磁盘，可以将其转换为 MBR 类型。

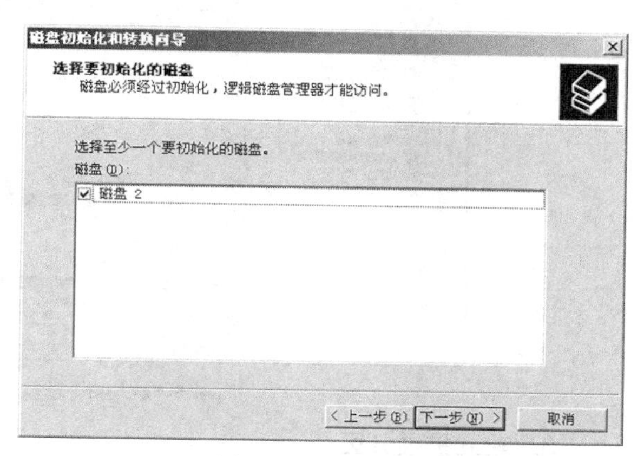

图 5-7　磁盘初始化

2. 建立基本磁盘分区

（1）在图 5-6 中右键单击未分区的磁盘空间，选择【新建磁盘分区】命令，出现“新建磁盘分区向导”，如图 5-8 所示。在其中输入磁盘容量大小后单击【下一步】按钮。

（2）在弹出的如图 5-9 所示的对话框中指定驱动器号，然后单击【下一步】按钮。

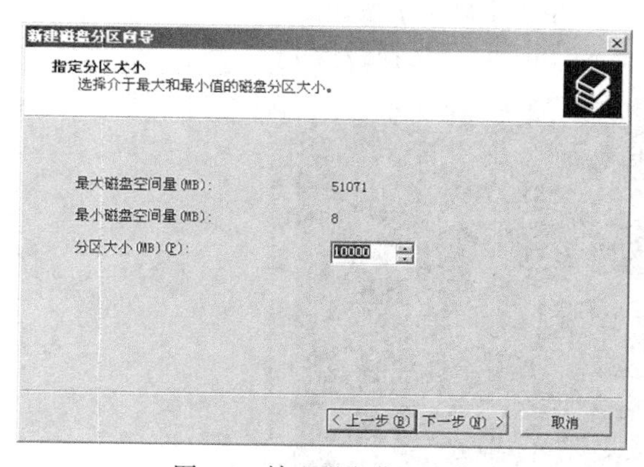

图 5-8　输入磁盘分区大小

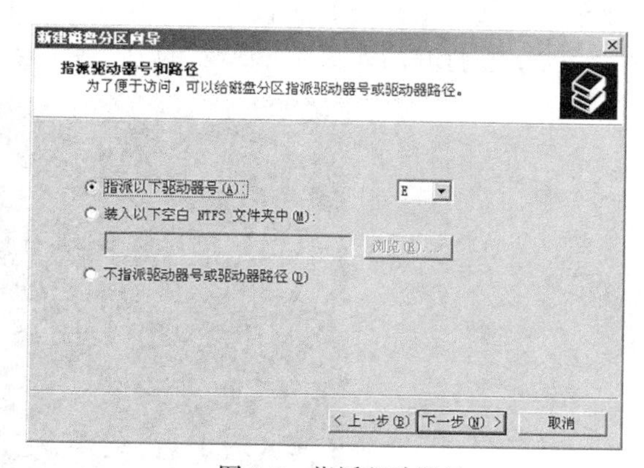

图 5-9　指派驱动器号

（3）在弹出的如图 5-10 所示的对话框中选中【按下面的设置格式化这个磁盘分区】单选钮和【执行快速格式化】复选框，单击【下一步】按钮。

（4）在弹出的如图 5-11 所示的对话框中显示磁盘分区的设置信息，单击【完成】按钮。在磁盘 1 上创建分区后的磁盘管理窗口如图 5-12 所示。

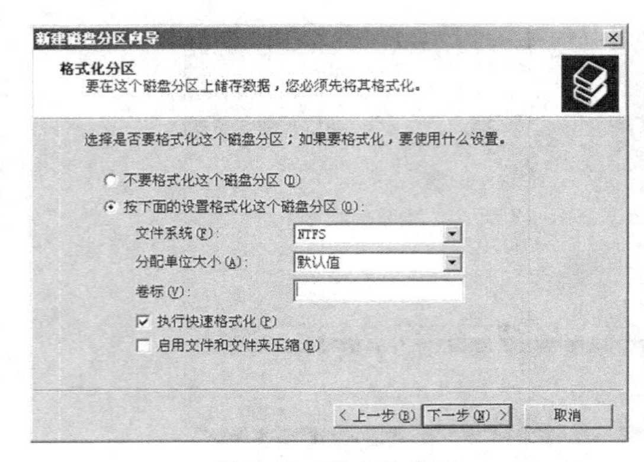

图 5-10　格式化分区

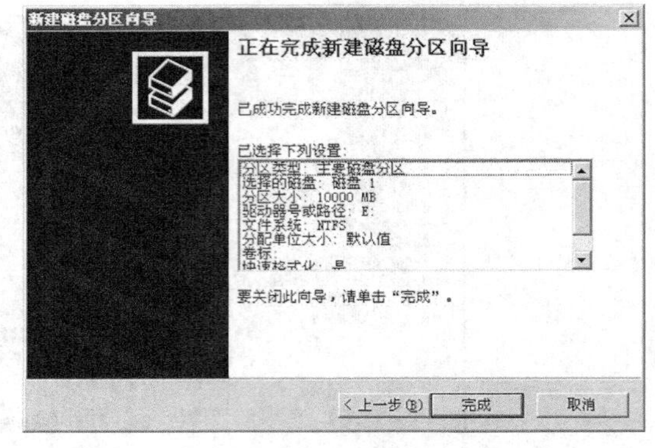

图 5-11　完成创建

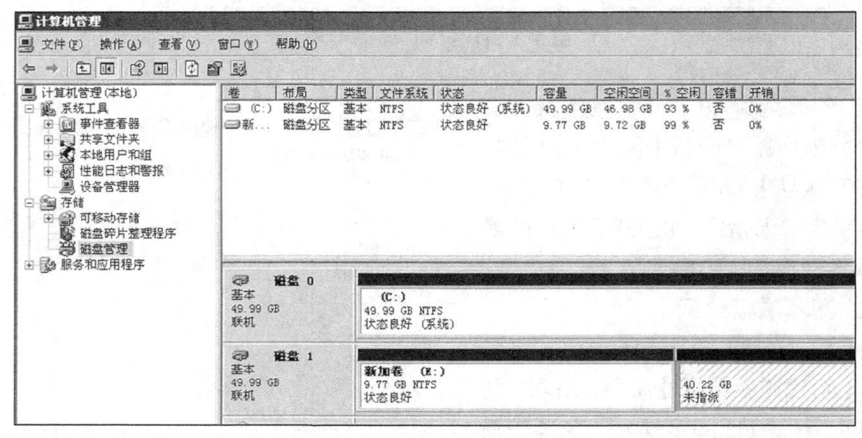

图 5-12　在“磁盘 1”上创建的主分区

3. 建立扩展分区

（1）Windows Server 2008 不提供用图形界面创建扩展分区，只能用命令“Diskpart.exe”程序来创建。选择【开始】→【运行】，输入“Diskpart”，单击【确定】按钮。

（2）在打开的如图 5-13 所示的窗口中输入“select disk 1”，选择磁盘 1。

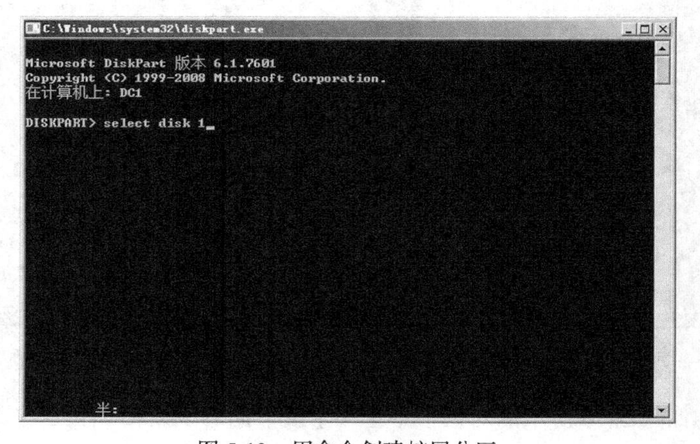

图 5-13　用命令创建扩展分区

（3）输入“create partition extended size=41190”，创建一个约 40GB 的扩展分区，如图 5-14 所示。

（4）连续两次输入“exit”，退出命令提示符状态。

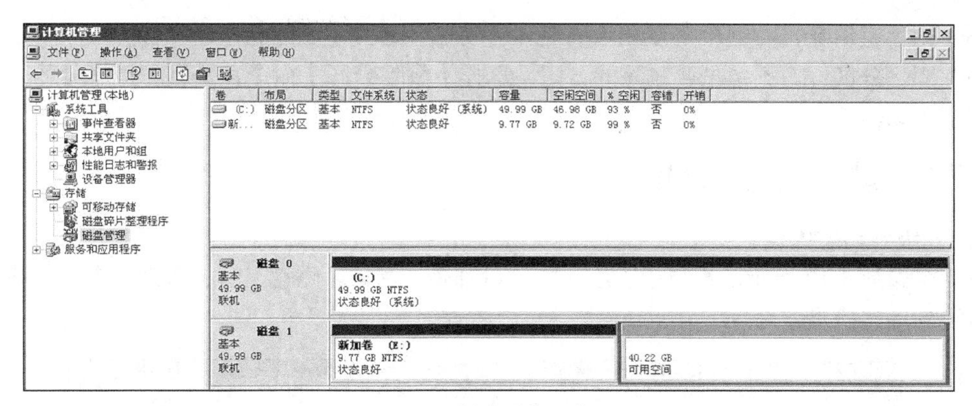

图 5-14　创建的扩展分区

4. 创建逻辑盘

在图 5-14 中右键单击扩展分区，选择【新建磁盘分区】命令，出现“新建磁盘分区向导”，接下来重复本实验中“2.建立基本磁盘分区”中的步骤，创建好的逻辑盘如图 5-15 所示。

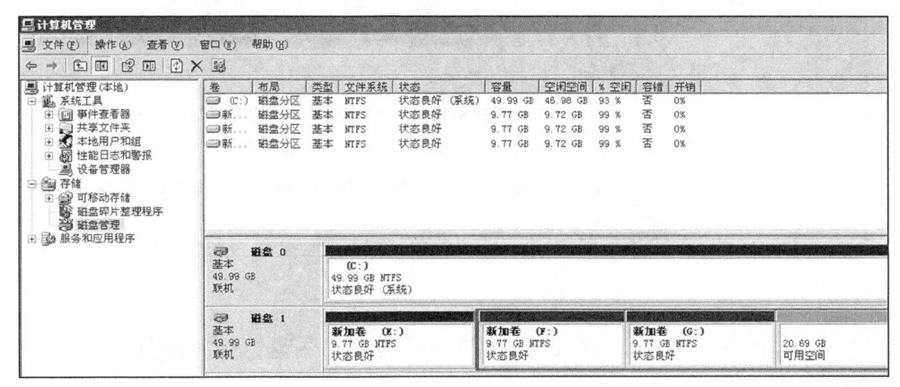

图 5-15　创建的逻辑驱动器

5. 其他磁盘管理操作

（1）指定活动分区：右键单击要安装系统的分区（必须是主分区），选择【将分区标注为活动分区】命令。

（2）格式化：右键单击要格式化的分区，选择【格式化】命令。

（3）改卷标：右键单击要加卷标的分区，选择【属性】命令。

（4）改驱动器符号：右键单击要改驱动器符号的分区，选择【更改驱动器符号和路径】命令，如图 5-16 所示，单击【更改】按钮，在随后出现的【更改驱动器号和路径】对话框中进行更改。

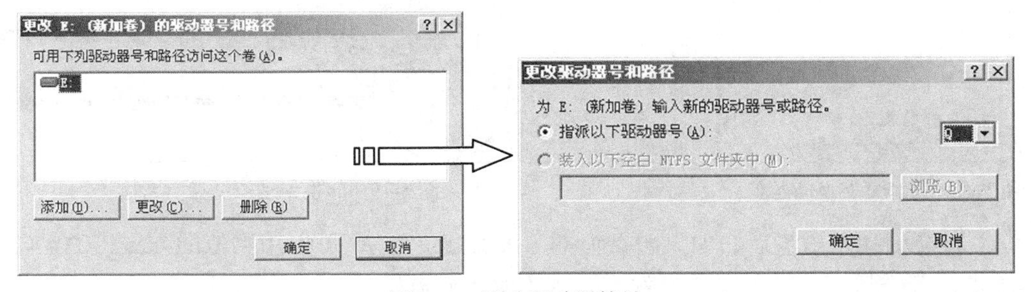

图 5-16　更改驱动器符号

（5）删除逻辑盘：右键单击要删除的逻辑驱动器，选择【删除卷】命令。

（6）删除分区：右键单击要删除的分区，选择【删除分区】命令，要删除扩展分区，必须先删除逻辑驱动器。

5.2.2 动态磁盘管理

1. 升级到动态磁盘

（1）在如图 5-17 所示的窗口中，原来的磁盘都是“基本”磁盘类型，右键单击一个磁盘，选择【转换到动态磁盘】命令。

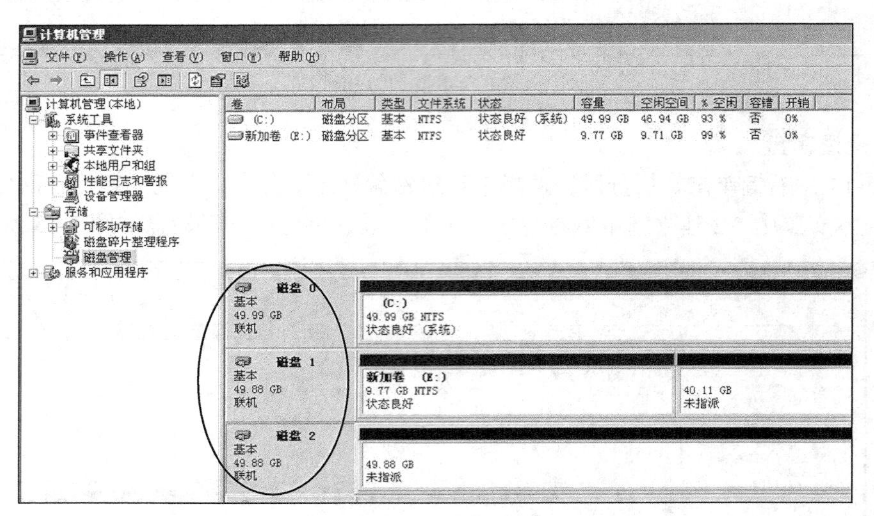

图 5-17　基本磁盘类型

（2）在弹出的如图 5-18 所示的对话框中选择要转换的磁盘，如“磁盘 1”和“磁盘 2”，单击【确定】按钮。

（3）转换以后，“磁盘 1”和“磁盘 2”变为动态磁盘，如图 5-19 所示。

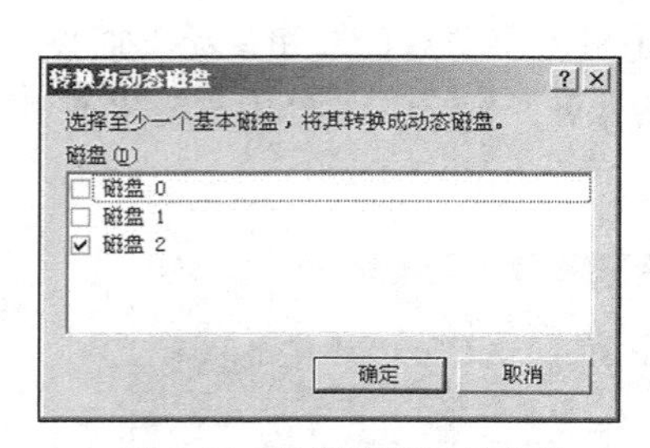

图 5-18　选择要转换的磁盘

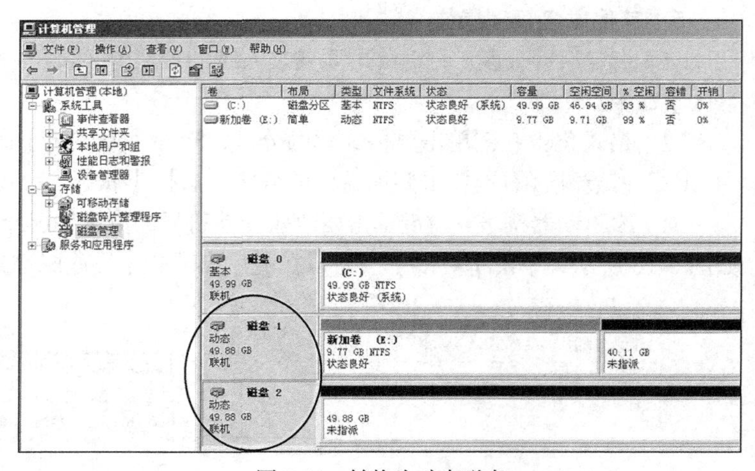

图 5-19　转换为动态磁盘

（4）转换为动态磁盘后，如果磁盘为空（没有建立卷），可以用类似的方法将磁盘转换为基本磁盘。若磁盘上已经创建卷，就不能转换为基本磁盘。

2. 创建简单卷

（1）右键单击一个“动态磁盘”上未指派的空间，选择【新建简单卷】命令，出现“新建卷向导”，单击【下一步】按钮，在随后弹出的对话框中选择卷的大小（见图 5-8），单击【下一步】按钮。

（2）参照图 5-9 和图 5-10 进行“选择驱动器号和路径”和“卷区格式化”操作，完成创建。

3. 扩展简单卷

（1）右键单击已经建立的简单卷，选择【扩展卷】命令，出现“扩展卷向导”，单击【下一步】按钮。

（2）在打开的如图 5-20 所示的对话框中选择磁盘，如“磁盘 1”，并选择要扩展的容量大小（扩展的容量应来自于同一磁盘，也可以来自不同的磁盘，但那将成为跨区卷），单击【下一步】按钮，完成卷的扩展。

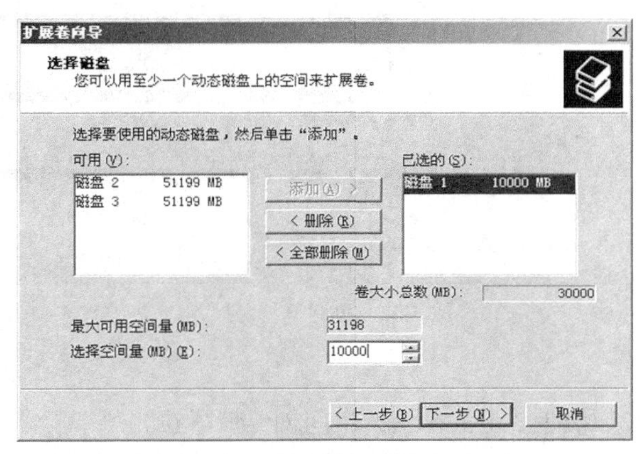

图 5-20　选择磁盘和扩展的容量大小

4. 创建跨区卷

利用磁盘 1、磁盘 2、磁盘 3 上的未指派空间创建跨区卷。

（1）右键单击 3 个磁盘上未指派空间的任意一个，选择【新建跨区卷】命令，出现“新建跨区卷向导”，单击【下一步】按钮。

（2）在打开的如图 5-21 所示的对话框中依次选择磁盘 1～磁盘 3，并设置每个盘上的空间容量，单击【下一步】按钮。

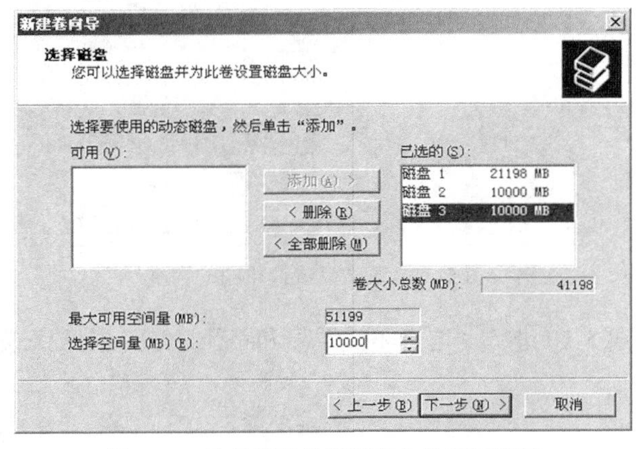

图 5-21　选择磁盘并设置盘上的空间容量

（3）参照图 5-9 和图 5-10 进行“选择驱动器号和路径”和“卷区格式化”操作，完成创建，结果如图 5-22 所示。

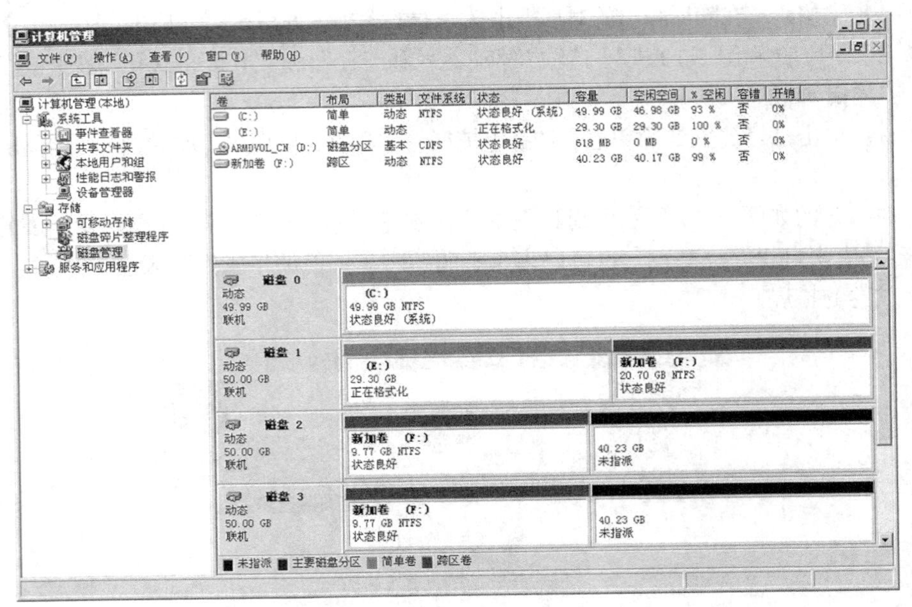

图 5-22　创建好的跨区卷

5. 创建带区卷

利用磁盘 1、磁盘 2、磁盘 3 上的未指派空间创建带区卷。

（1）右键单击 3 个磁盘上未指派空间的任意一个，选择【新建带区卷】命令，出现“新建带区卷向导”，单击【下一步】按钮。

（2）在打开的如图 5-23 所示的对话框中依次选择磁盘 1～磁盘 3，并设置每个盘上的空间容量，注意各磁盘选择的容量要相同。单击【下一步】按钮。

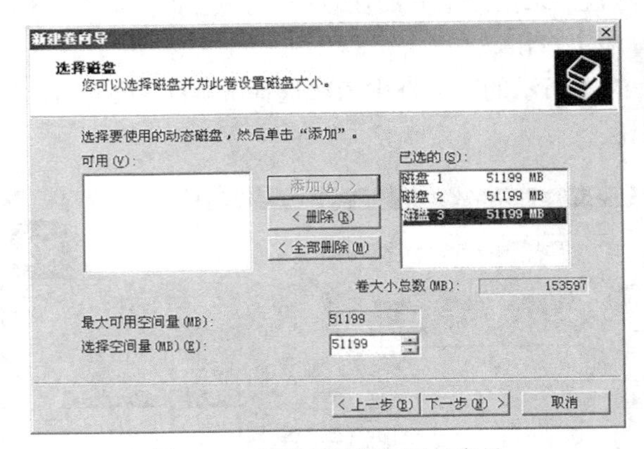

图 5-23　各磁盘选择相同的容量

（3）参照图 5-9 和图 5-10 进行“选择驱动器号和路径”和“卷区格式化”操作，完成创建，结果如图 5-24 所示。

6. 创建镜像卷

利用磁盘 1 和磁盘 2 创建镜像卷。

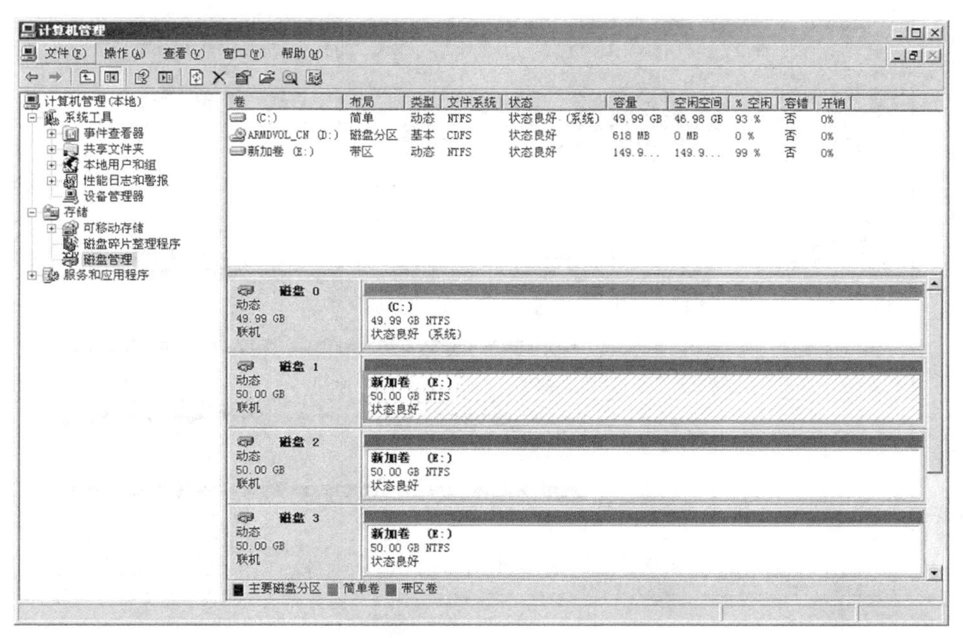

图 5-24　创建好的带区卷

（1）右键单击两个磁盘上未指派空间的任意一个，选择【新建镜像卷】命令，出现“新建镜像卷向导”，单击【下一步】按钮。

（2）在打开的如图 5-25 所示的对话框中依次选择磁盘 1～磁盘 2，并选择每个盘上的空间容量，注意各磁盘选择的容量要相同，单击【下一步】按钮。

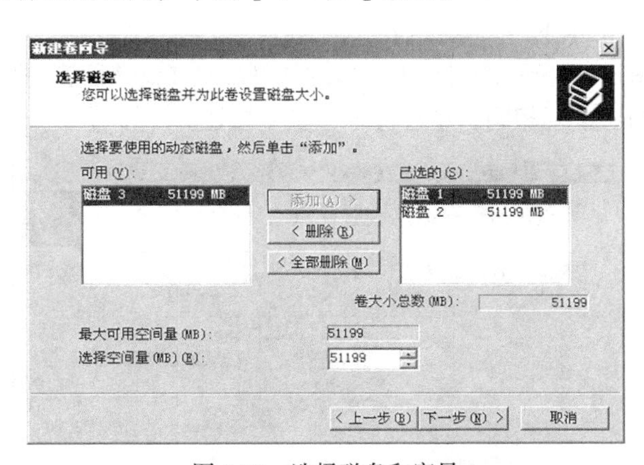

图 5-25　选择磁盘和容量

（3）参照图 5-9 和图 5-10 进行“选择驱动器号和路径”和“卷区格式化”操作，完成创建，结果如图 5-26 所示。

（4）中断镜像：右键单击“镜像卷”，选择【中断镜像】命令，则原来的两个成员都会独立成简单卷，一个沿用原来的驱动器号，另一个使用下一个可用的驱动器号，两个卷中的数据都会保留。

（5）添加镜像：右键单击一个已经存在的简单卷，选择【添加镜像】命令，出现【添加镜像】对话框，在对话框中选择一个磁盘，单击【添加镜像】按钮，系统会自动创建一个与已经存在的简单卷容量相同的简单卷，并将数据从原来的简单卷向新添加的简单卷复制。

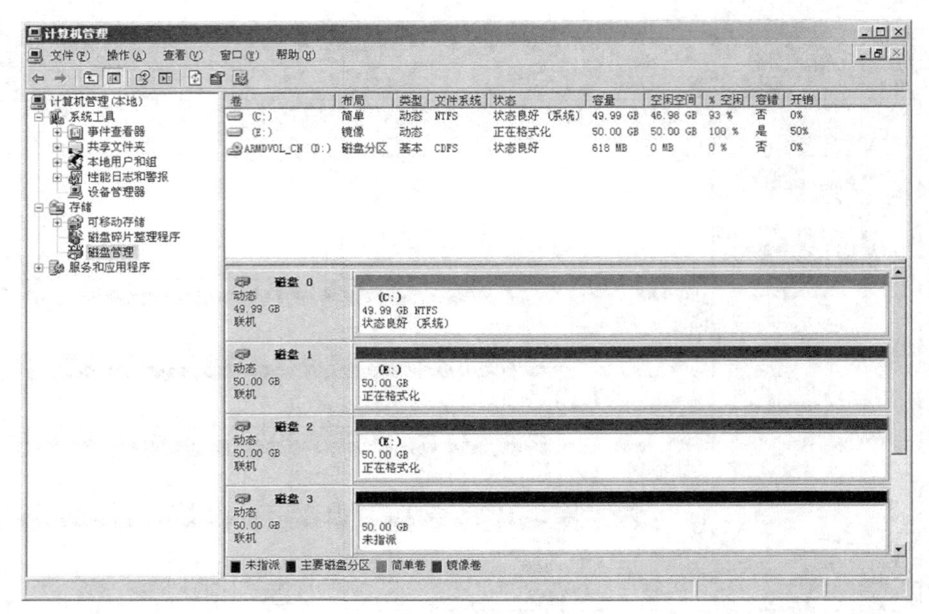

图 5-26　创建好的镜像卷

（6）删除镜像：右键单击镜像卷中的一个简单卷，选择【删除镜像】命令，则右键单击的那个简单卷被删除，其所占用的空间被改为“未分配空间”。

7. 创建 RAID-5 卷

利用磁盘 1、磁盘 2、磁盘 3 创建 RAID-5 卷。

（1）右键单击 3 个磁盘上未指派空间的任意一个，选择【新建 RAID-5 卷】命令，出现“新建 RAID-5 卷向导”，单击【下一步】按钮。

（2）在打开的如图 5-27 所示的对话框中依次选择磁盘 1～磁盘 3，并选择每个盘上的空间容量，注意各磁盘选择的容量要相同，单击【下一步】按钮。

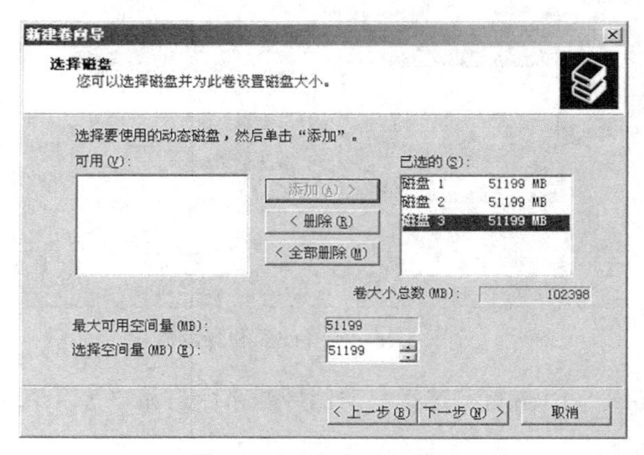

图 5-27　选择磁盘和容量

（3）参照图 5-9 和图 5-10 进行“选择驱动器号和路径”和“卷区格式化”操作，完成创建，结果如图 5-28 所示。

8. 删除卷

右键单击一个要删除的卷，选择【删除】命令，该卷被删除，其所占用的磁盘空间被改为“未分配”空间。

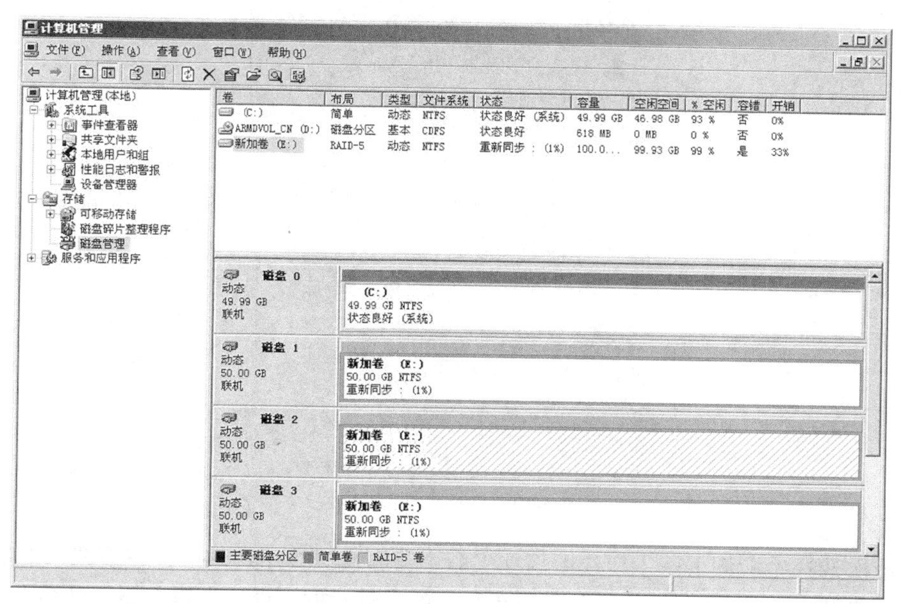

图 5-28　创建好的 RAID-5 卷

5.2.3　磁盘配额管理

1. 为新用户建立磁盘配额

（1）依次选择【开始】→【计算机】，打开【计算机窗口】，如图 5-29 所示。

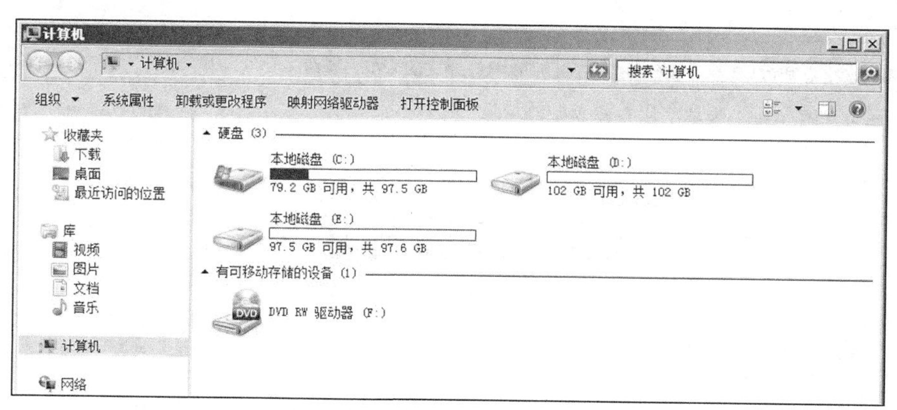

图 5-29 【计算机】窗口

（2）右键单击要创建配额的磁盘，如 E 盘，选择【属性】命令，单击【配额】标签，如图 5-30 所示。

（3）选中【启用配额管理】复选框，同时选中【拒绝将磁盘空间给超过配额限制的用户】复选框，选中【将磁盘空间限制为】单选钮并输入磁盘空间大小，如图 5-30 所示，单击【确定】按钮，该配额只对以后加入的新用户有效。

2. 为每个用户单独建立磁盘配额

（1）在图 5-30 中单击【配额项】按钮，出现【(E:)的配额项】窗口，如图 5-31 所示。

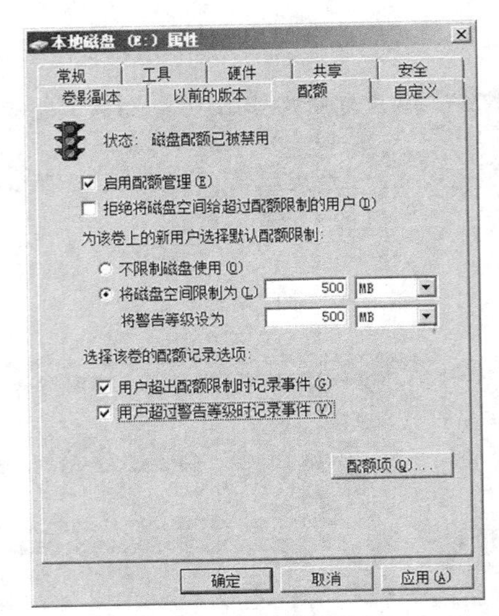

图 5-30　磁盘【配额】标签

（2）依次选择【配额】→【新建配额项】命令，出现选择用户窗口，在该窗口中选择一个用户，然后在打开的如图 5-32 所示的【添加新配额项】对话框中设置配额数量，然后单击【确定】按钮。

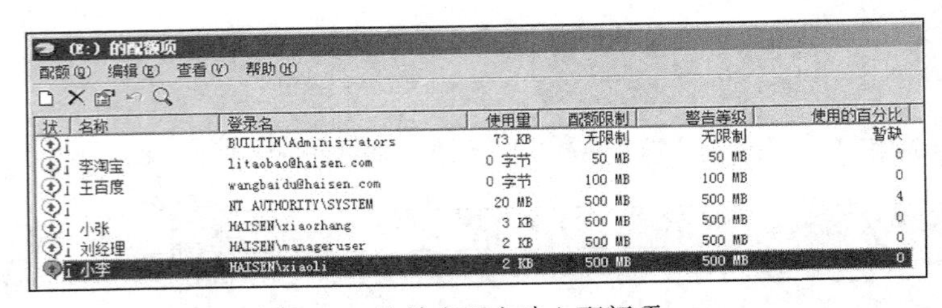

图 5-31　为单个用户建立配额项

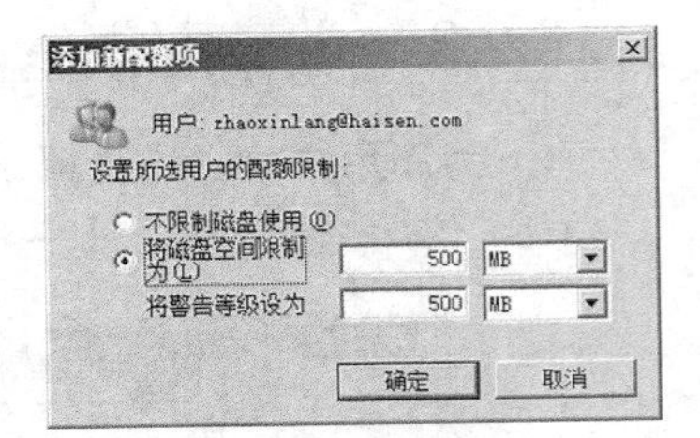

图 5-32　输入配额大小

5.3　实训与思考

5.3.1　实训题

本实训建议用虚拟机实现，在虚拟机上至少要安装 3 块物理硬盘。

1. 基本磁盘管理

（1）在磁盘 1 上创建一个主分区（卷），一个扩展分区。

（2）在扩展分区上创建 2 个逻辑盘。

（3）删除创建的逻辑盘、主分区和扩展分区。

2. 转换磁盘类型

（1）将 MBR 磁盘转换为 GPT 磁盘。

（2）将基本磁盘转换为动态磁盘。

3. 管理简单卷

（1）在磁盘 1 上创建一个简单卷，并留有部分“未分配空间”。

（2）扩展简单卷，将“未分配空间”的部分或全部加入到简单卷。

（3）删除简单卷。

4. 管理跨区卷

（1）利用磁盘 1、磁盘 2、磁盘 3 创建一个跨区卷。

（2）删除跨区卷。

5. 管理带区卷

（1）利用磁盘 1、磁盘 2、磁盘 3 创建一个带区卷。

（2）删除带区卷。

6. 管理镜像卷

（1）利用磁盘 1 和磁盘 2 创建一个镜像卷。

（2）删除镜像。

（3）添加镜像。

（4）中断镜像。

（5）删除镜像卷。

7. 管理 RAID-5 卷

（1）利用磁盘 1、磁盘 2、磁盘 3 创建一个 RAID-5 卷。

（2）删除 RAID-5 卷。

5.3.2 思考题

（1）MBR 磁盘和 GPT 磁盘有何区别?

（2）基本磁盘和动态磁盘有何区别?

（3）基本磁盘管理包括哪些内容?

（4）简单卷与基本磁盘相比有哪些优势?

（5）跨区卷、带区卷、镜像卷、RAID-5 卷各有什么特点?

（6）简述镜像卷、带区卷、跨区卷、RAID-5 卷是如何存/取数据的。

第6章 容错与备份

现在，人们的工作越来越依赖网络，大量的重要数据都保存在网络服务器中。计算机网络也是由硬件和软件组成的，在使用过程中，这些硬件软件也要损坏，更何况还可能受到自然灾害破坏，以及受到病毒攻击、人为攻击等。这些因素都将使服务器中的数据丢失，这对于用户来说，是难以接受的，必须采取必要的措施，避免出现灾难，尽量减少灾难带来的损失。

减少灾难带来的损失，最重要的方法是在服务器正常运转时将数据及时备份出来，以便在灾难发生后能够将数据还原。

本章介绍服务器灾难现象和常用容错技术，重点介绍备份还原的概念和操作方法。

6.1 服务器灾难与容错

6.1.1 服务器灾难

服务器灾难是指服务器由于硬件或存储媒体软件的突发故障而导致发生灾难性的数据丢失，一般来说有以下几种情况。

（1）由于引导区损坏或操作系统文件被删除等原因导致的操作系统无法启动。

（2）用户数据文件丢失或已被破坏。

（3）在安装新的应用程序之后，系统不稳定或应用程序运行不正常。

（4）在更新硬件设备驱动程序或安装新硬件后导致系统工作不稳定。

（5）计算机的物理设备发生故障。

（6）由于外部环境原因（如火灾、水灾等）导致的计算机设备物理损坏。

一旦上述情况发生，用户长期积累的重要数据将全部丢失，为了尽量减少甚至消除损失，可以采用容错技术、备份/还原技术和灾难恢复技术。

备份和容错从概念上来讲是完全不同的，备份是灾难发生之后实施的补救手段，而容错技术旨在避免灾难的发生，降低灾难发生的几率。容错就像是在悬崖上搭建一个防护网，而备份就像是在悬崖下面建造一座医院，它们是完全不同的两项技术。

6.1.2 容错技术

1. 容错的概念

容错就是当由于种种原因在系统中出现了数据、文件损坏或丢失时，系统能够自动将这些损坏或丢失的文件和数据恢复到发生事故以前的状态，避免系统发生灾难，使系统能够连续正常运行的一种技术。

网络中的核心设备是服务器。用户在服务器中大量存/取数据，如果服务器或服务器的硬盘出现故障，数据就会丢失，所以，容错技术主要是针对服务器、服务器硬盘和供电系统的。

服务器容错技术的出现极大地减少了企业业务在各种不可预料的灾难发生时的损失，保证业务系统的 7 × 24 h 不间断运转。

2. 主要容错技术

（1）双重文件分配表和目录表技术。

硬盘上的文件分配表和目录表存放着文件在硬盘上的位置和文件大小等信息，如果它们出现故障，数据就会丢失或误存到其他文件中。通过提供两份同样的文件分配表和目录表，把它们存放在不同的位置，一旦某份出现故障，系统将做出提示，从而达到容错的目的。

（2）快速磁盘检修技术。

这种方法是在把数据写入硬盘后，马上从硬盘中把刚写入的数据读出来，然后与内存中的原始数据进行比较。如果出现错误，则利用在硬盘内开设的一个被称为“热定位重定区”的区，将硬盘坏区记录下来，并将已确定的在坏区中的数据用原始数据写入到热定位重定区上。

（3）磁盘镜像技术。

磁盘镜像是在同一存储通道上装有成对的两个磁盘驱动器，分别是驱动原盘和副盘，两个盘串行交替工作，当原盘发生故障时，副盘仍旧正常工作，从而保证了数据的正确性。

（4）磁盘双工技术。

它是在网络系统上建立两套同样的且同步工作的文件服务器，如果其中一个出现故障，另一个将立即自动投入系统，接替发生故障的文件服务器的全部工作。

（5）服务器集群技术。

计算机群集技术是指两台或以上服务器通过网络连接组成的服务器集合。这些服务器不一定是高档产品，但可提供相当高性能的不停机服务。从用户角度看，群集系统是单一系统，数台服务器共同为用户提供服务，用户无需关心资源具体存放在哪里，就像使用一台计算机一样。在此结构中，每台服务器都分担一部分计算和处理任务，由于集合了多台服务器的性能，整体的计算及处理能力就被增强了。

群集技术具有容错能力。当某台服务器出现故障时，系统会在软件的支持下将这台服务器从系统中隔离出去。通过各服务器之间的负载转嫁机制完成新的负载分担，其他服务器会立即接管相应工作，这个过程称为故障过渡。群集系统就是通过功能整合和故障过渡实现系统的高可用性和可靠性。

（6）廉价冗余磁盘阵列技术。

廉价冗余磁盘阵列（RAID）是一种将多个廉价硬盘组合成快速、有容错功能的硬盘子系统的技术，该技术分为 RAID0 ~ RAID10。

（7）事务跟踪技术。

它是针对数据库和多用户软件的需要而设计的，用以保证数据库和多用户应用软件在全部处理工作还没有结束时或者工作站或服务器发生突然损坏的情况下，能够保持数据的一致。其工作方式是对指定的事务（操作）要么一次完成，要么什么操作也不进行。一项任务如果没有完成（保存），服务器或者工作站就发生了故障或损坏，不管该任务进行到什么程度，都一律恢复到任务执行前的状态。

（8）UPS 监控系统。

UPS 监控系统用于监控网络设备的供电系统，以防止供电系统电压波动或中断。

3. 主要的 RAID 技术

在诸多的容错技术中，RAID 技术得到广泛的应用。主要的 RAID 技术有以下几种。

（1）RAID1。

RAID1（1 级盘阵列）又称镜像（Mirror）盘，采用镜像容错来提高可靠性，即每一个工作盘都有一个镜像盘，每次写数据时必须同时写入镜像盘，读数据时只从工作盘读出。一旦工作盘发生故障，立即转入镜像盘，从镜像盘中读出数据，然后由系统再恢复工作盘中的正确数据。因此这种方式数据可以重构，但工作盘和镜像盘必须保持一一对应关系。这种盘阵列可靠性很高，但其有效容量减小到总容量一半以下。因此 RAID1 常用于对出错率要求极严的应用场合，如财政、金融等领域。

（2）RAID5。

RAID5（5 级盘阵列）是一种旋转奇偶校验独立存/取的阵列。它和 RAID1、RAID2、RAID3、RAID4 各盘阵列的不同点是它没有固定的校验盘，而是按某种规则把其冗余的奇偶校验信息均匀地分布在阵列所属的所有磁盘上。于是在同一台磁盘机上既有数据信息，也有校验信息，这一改变解决了争用校验盘的问题，因此 RAID5 允许在同一组内并发进行多个写操作。所以 RAID5 既适用于大数据量的操作，也适用于各种事务处理。它是一种快速、大容量和容错分布合理的磁盘阵列。

（3）RAID6。

RAID6（6 级盘阵列）是一种双维奇偶校验独立存/取的磁盘阵列。RAID6 与 RAID5 非常相似，它的冗余的检、纠错信息均匀分布在所有磁盘上，但它的每个条带使用两个校验块，而数据仍以大小可变的块以交叉方式存于各盘。RAID 可以承受阵列中任意两个驱动器的故障，同时防止数据丢失。但是为了配合额外的冗余度，RAID6 阵列需要牺牲阵列中相当于两个驱动器的容量，并要求阵列中最少有四个驱动器。

（4）RAID10。

把 RAID0 和 RAID1 技术结合起来，数据除分布在多个盘上外，每个盘都有其物理镜像盘，提供全冗余能力。它允许一个以下磁盘故障，而不影响数据可用性，并具有快速读/写能力。RAID10 要在磁盘镜像中建立带区集，至少需要 4 个硬盘。

6.2 数据备份与还原技术

6.2.1 备份与还原简介

1. 备份与还原的概念

数据备份是指为防止系统由于操作失误或系统故障导致数据丢失，而将全部或部分数据集合从应用主机的硬盘或阵列复制到其他的存储介质的过程。经常备份可以防止由硬盘故障、电源故障、病毒感染和其他事故引起的数据丢失。如果用户按计划进行常规的备份作业，即使发生了数据丢失，也可以将丢失的数据还原。备份与还原技术是系统出现灾难后，将灾难的影响减少到最小的技术。

2. Windows Server 2008的备份/还原功能

Windows Server 2008系统中的Backup功能是一种全新的、与众不同的备份/还原功能，该功能组件是Windows Server 2008系统中一个可选功能特性，在默认状态下该功能并没有被自动安装。与传统的数据备份/还原功能相比，Windows Server 2008系统中的Backup功能有以下特点。

（1）备份速度更快。

传统的数据备份/还原功能是以普通的数据文件作为操作对象的，在传输数据的时候也是一个文件一个文件地进行传输，这种备份数据的方式速度慢。而Windows Server 2008系统中的Backup功能的操作对象是数据块或磁盘卷，该功能会自动将待备份的内容处理成数据卷集，而每一个数据卷集又会被服务器系统当作一个独立的磁盘块，因此这种传输数据方式的速度也是非常快的。

（2）备份方式更为灵活。

Windows Server 2008系统中的Backup功能为我们提供了更为灵活的备份方式，它既允许进行完整备份，又允许采用增量备份，既可以将整个服务器系统中的所有磁盘设置为相同的备份方式，也可以根据某个特定磁盘卷自定义选用合适的备份方式。Windows Server 2008系统中的Backup功能还会根据待备份数据内容的性质，自动选用合适的备份方式，而传统的数据备份/还原功能虽然也支持这些备份方式，但是需要用户进行手动设置。

（3）备份类型更为多样。

Windows Server 2008系统中的Backup功能也为备份用户提供了更为多样的备份存储类型，我们既可以将数据内容直接备份并保存到本地硬盘的其他分区中，也可以通过网络传输通道将数据内容直接备份并保存到网络文件夹，理论上甚至还能将其备份并保存在Internet中的任何一个位置。

此外，Windows Server 2008系统中的Backup功能也增加了对DVD光盘备份的支持，允许用户直接将数据内容刻录备份到DVD光盘中。

（4）还原效率更加高效。

Windows Server 2008系统中的Backup功能在还原先前备份好的数据内容时，往往可以对目标备份内容进行智能识别，判断它是采用了完全备份方式还是增量备份方式。如果发现使用了完全备份方式，那么Backup功能会自动对所有的数据内容执行还原操作。如果发现使用了增量备份方式，那么Backup功能会自动对增量备份内容进行还原操作。而传统的数据备份功能在执行数据还原操作时，不具有智能识别备份方式的目的，因此在还原采用增量备份方式备份的数据信息时，只能逐步地手动还原。

6.2.2　数据备份的类型

1. 完全备份

对选定的文件和文件夹进行完全备份，完全备份后将清除文档属性中的存档标记。在默认状态下，Windows Server 2008的Backup功能会选用完全备份方式，这种方式适合对整个服务器操作系统进行备份存储，可以确保服务器系统在日后遇到问题时能够在很短暂的时间内恢复正常工作状态，而且它不会影响整个系统的运行性能，不过该备份方式会降低数据备份/还原的速度。

2. 增量备份

每天备份当天新增的或修改过的数据，增量备份后将清除文档属性中的存档标记。如果待备份的重要数据信息频繁发生变化，我们可以考虑选用增量备份方式，因为该方式会智能地对前一次备份后发生变化的数据内容进行备份，因此就能有效减少多个完整备份所带来的硬盘空间容量过度消耗的现象。

3. 差异备份

每天备份当天与上一次完全备份期间新增或修改过的数据，差异备份后不清除文档属性中的存档标记（Windows Server 2008 不再支持）。

4. 每日备份

每天备份一天中有改变的数据，每日备份后不清除文档属性中的存档标记（Windows Server 2008 不再支持）。

5. 副本备份

对选定的文件和文件夹进行完全备份，但不清除文档属性中的存档标记。

在实际应用中，备份策略通常是以上几种方式的结合，例如，每周日进行完全备份，每周一至周六进行一次增量备份，每周、每月底或每年进行一次副本备份。

6.2.3 数据备份的选项

1. 备份内容

Windows Server 2008 支持备份以下内容。

（1）备份整个服务器。除了"备份"程序默认不包括的文件外（如电源管理文件等），备份计算机上的所有文件。

（2）自定义。备份选定的驱动器、文件夹和文件。

（3）备份系统状态数据。备份注册表、Active Directory 存储、Sysvol 文件夹、"组件服务"类注册数据库、系统启动文件和"认证服务"（如果安装了"认证服务"）。

2. 备份文件存储位置

（1）本地驱动器，包括本地计算机的磁盘、DVD 驱动器等。

（2）远程共享文件夹，备份到网络上其他计算机的共享文件夹中。

3. 备份者

要在运行 Windows Server 2008 的计算机上进行备份/还原操作，必须拥有相应的权限，用户权限与其备份内容的关系如下。

（1）所有用户都可以备份自己的文件和文件夹，也可以备份拥有"读取"权限的文件和文件夹。

（2）所有用户都可以还原拥有"写入"权限的文件和文件夹。

（3）Administrators、Backup Operators 和 Server Operators 组的成员拥有"备份文件和目录"和"还原文件和目录"的权限，可以备份和还原所有文件（无论权限如何）。

4. 备份方法

（1）手动备份。

利用 Windows Server 2008 提供的专门的 Backup 工具，可以方便地备份数据和还原数据。

（2）自动备份。

自动备份就是将 Windows 系统的"计划任务"功能和备份还原工具结合起来，通过制定计划任务，在定制的日期、时间完成备份操作。

6.3　数据备份与还原操作

6.3.1　安装 Backup 功能组件

（1）依次选择【开始】→【管理工具】→【服务器管理器】，在打开的【服务器管理器】窗口中单击【功能】，在右侧窗格中单击【添加功能】图标，如图 6-1 所示。

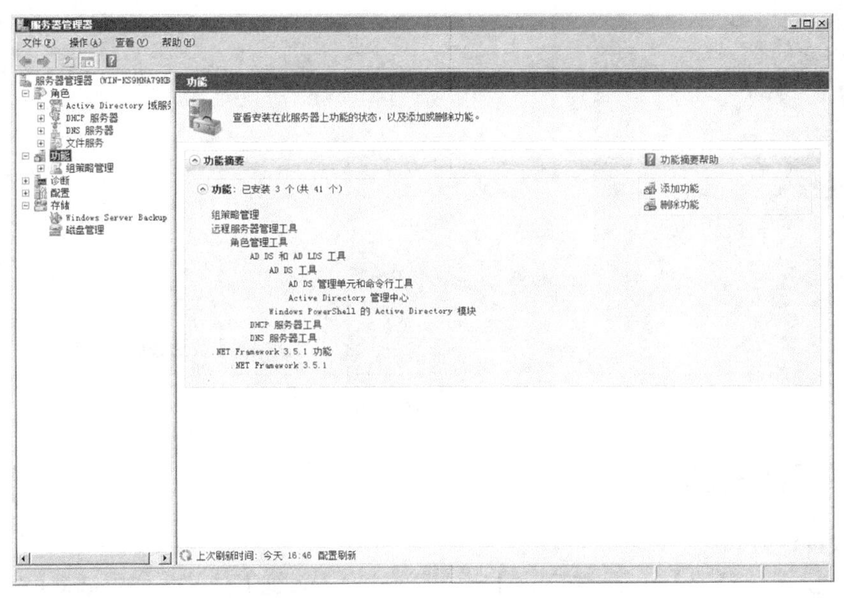

图 6-1　【服务器管理器】窗口

（2）在【选择功能】对话框中选择【Windows Server Backup 功能】，然后单击【下一步】按钮，如图 6-2 所示。

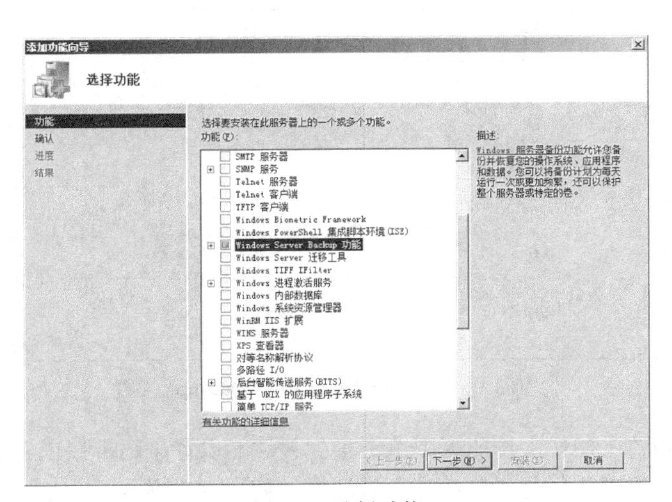

图 6-2　选择功能

（3）在【确认安装选择】对话框中单击【安装】按钮，如图 6-3 所示，系统自动安装成功后单击【关闭】按钮。

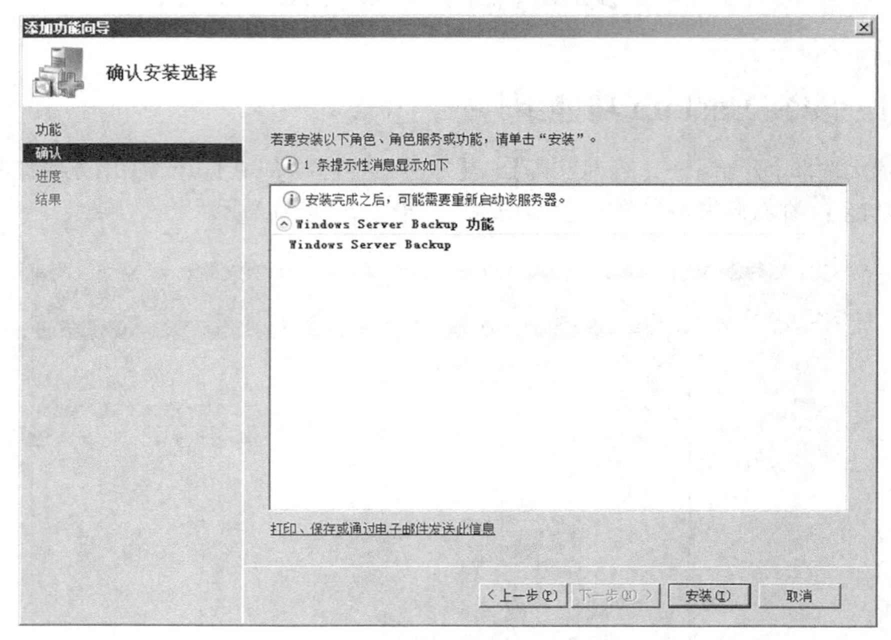

图 6-3　确认安装选择

6.3.2　备份数据

1. 设置备份方式

（1）依次选择【开始】→【所有程序】→【附件】→【系统工具】→【Windows Server Backup】，打开如图 6-4 所示的窗口。

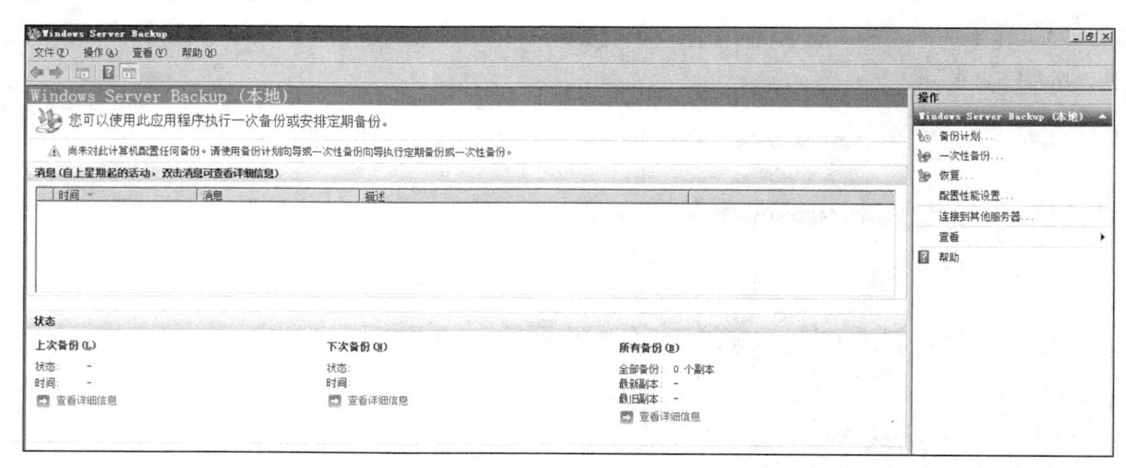

图 6-4　Windows Server Backup

（2）在窗口右侧的【操作】功能区中单击【配置性能设置】超链接或者选择【操作】→【配置性能设置】命令，出现【优化备份性能】对话框，如图 6-5 所示。

（3）选择【普通备份性能】，则默认各磁盘备份方式为“完全备份”；选择【快速备份性能】，则默认各磁盘备份方式为“增量备份”；选择【自定义】，则可以分别设置每个磁盘的默认备份方式。

2. 备份选定的数据文件

（1）依次选择【开始】→【所有程序】→【附件】→【系统工具】→【Windows Server Backup】，如图 6-4 所示。

（2）在窗口右侧的【操作】功能区中单击【一次性备份】超链接或者选择【操作】→【一次性备份】命令，出现【一次性备份向导】对话框，如图 6-6 所示。

（3）在【一次性备份向导】对话框中选中【其他选项】单选钮，单击【下一步】按钮，如图 6-7 所示。

（4）在【选择备份配置】对话框中选中【自定义】单选钮，自己选择要备份的文件夹或文件，然后单击【下一步】按钮，如图 6-8 所示。

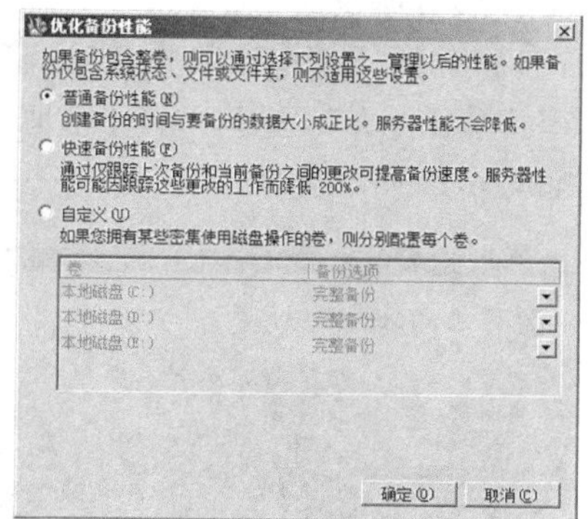

图 6-5 【优化备份性能】对话框

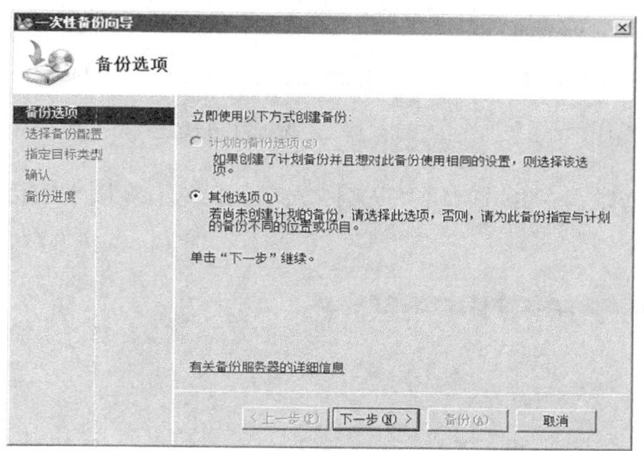

图 6-6 【一次性备份向导】对话框

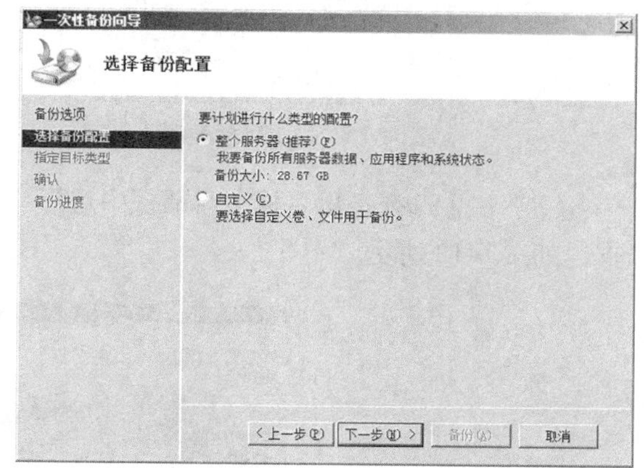

图 6-7　选择备份配置

（5）在【选择要备份的项】对话框中单击【添加项】按钮，在随后出现的对话框中选择要备份的文件所在的磁盘和文件夹，然后单击【确定】按钮，如图 6-9 所示。

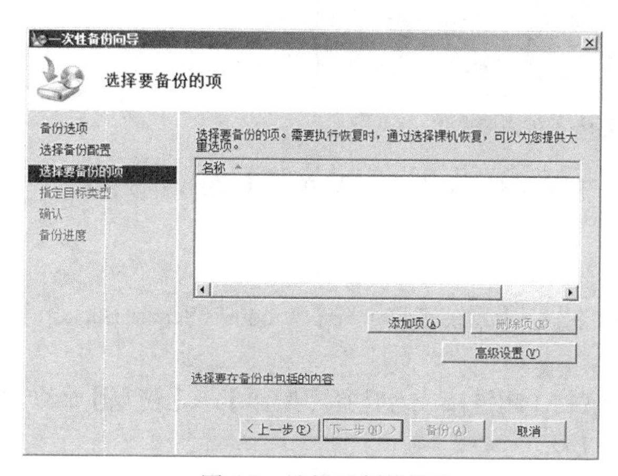

图 6-8　选择要备份的项

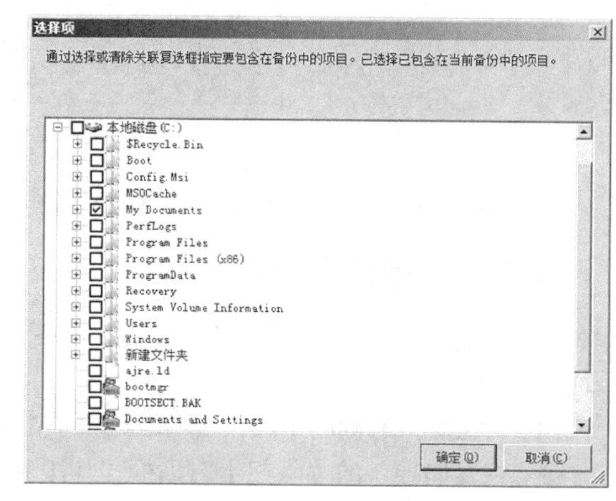

图 6-9　添加要备份的项

（6）返回【选择要备份的项】对话框后单击【下一步】按钮，出现【指定目标类型】对话框，如图 6-10 所示。

（7）在【指定目标类型】对话框中选择备份文件保存的位置，可以是“本地驱动器”或“远程共享文件夹”，这里选择【本地驱动器】，单击【下一步】按钮，出现【选择备份目标】对话框，如图 6-11 所示。

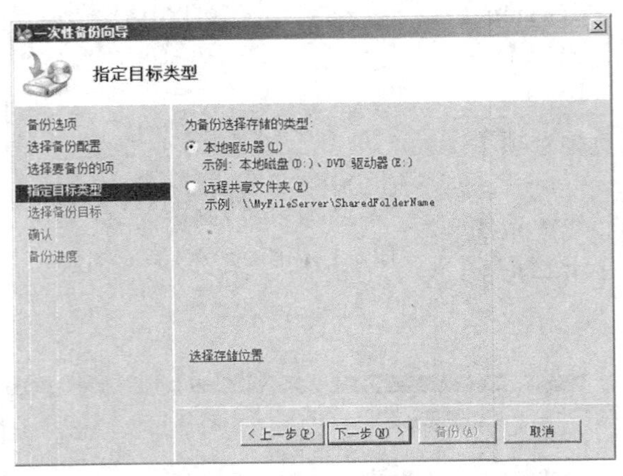

图 6-10　指定目标类型

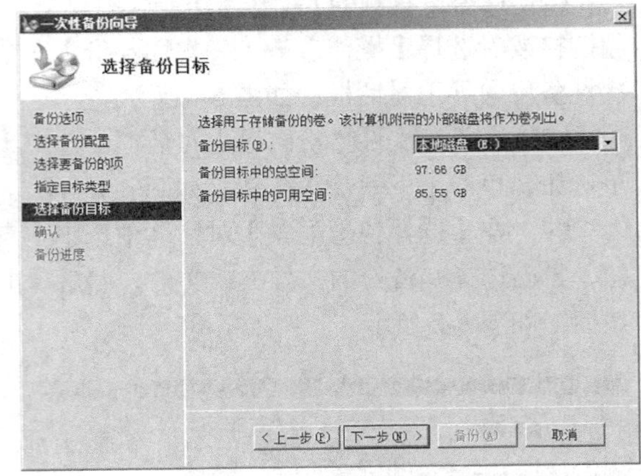

图 6-11　选择备份目标

（8）在【选择备份目标】对话框中选择一个磁盘，单击【下一步】按钮，出现【确认】对话框，如图 6-12 所示。

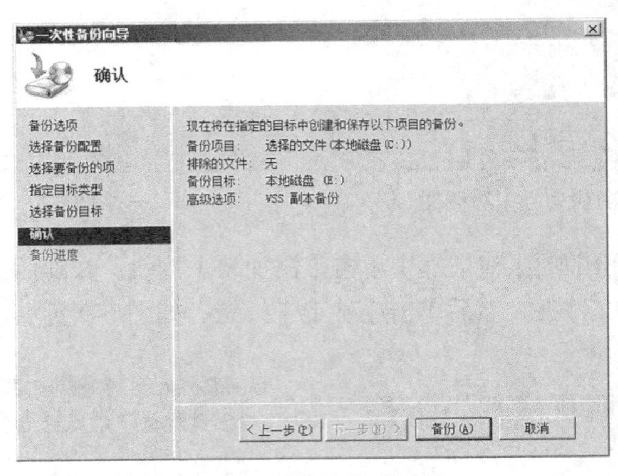

图 6-12 【确认】对话框

（9）在【确认】对话框中单击【备份】按钮开始备份，备份完成后单击【关闭】按钮。

6.3.3　还原数据

（1）依次选择【开始】→【所有程序】→【附件】→【系统工具】→【Windows Server Backup】，如图 6-4 所示。

（2）在窗口右侧的【操作】功能区中单击【恢复】超链接或者选择【操作】→【恢复】命令，出现“恢复向导”的【入门】对话框，如图 6-13 所示。

（3）在【入门】对话框中选择备份文件的保存位置，这里选中【此服务器】单选钮，单击【下一步】按钮，如图 6-14 所示。

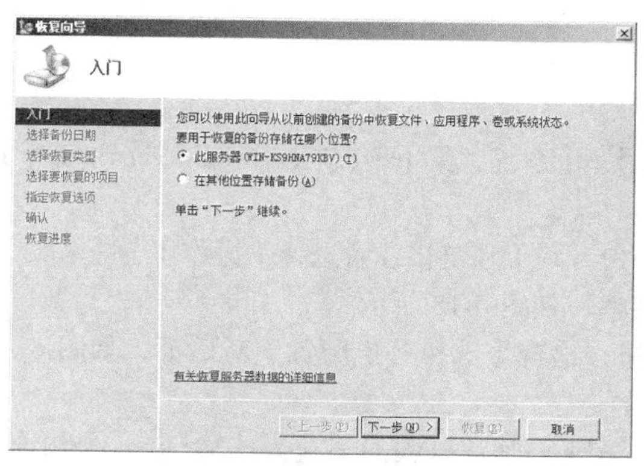

图 6-13 【入门】对话框

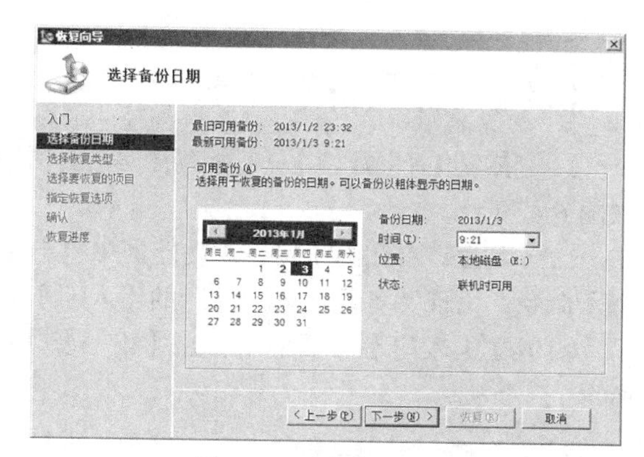

图 6-14　选择备份日期

（4）在【选择备份日期】对话框中选择在哪天、什么时间备份的文件，然后单击【下一步】按钮，如图 6-15 所示。

（5）在【选择恢复类型】对话框中选择恢复【文件和文件夹】还是【卷】，这里选中【文件和文件夹】单选钮，然后单击【下一步】按钮，如图 6-16 所示。

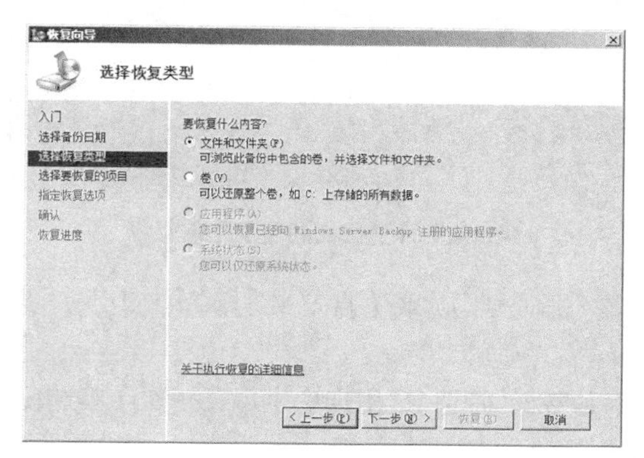

图 6-15　选择恢复类型

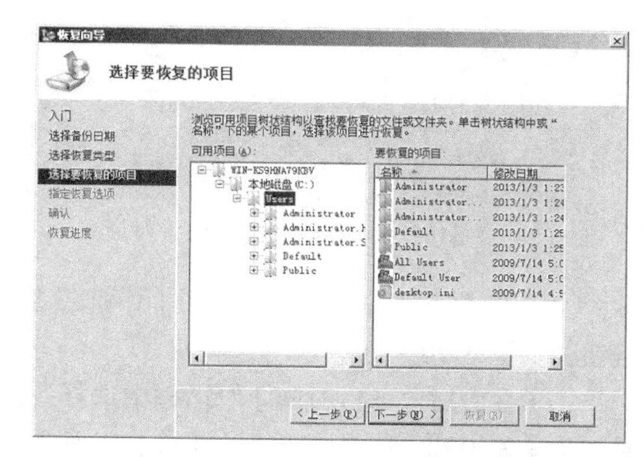

图 6-16　选择要恢复的项目

（6）在【指定恢复选项】对话框中可以选择数据文件要恢复到什么位置，是原始位置还是一个全新位置，以及恢复的版本是否覆盖现在的版本等，选择【原始位置】，然后单击【下一步】按钮，如图 6-17 所示。

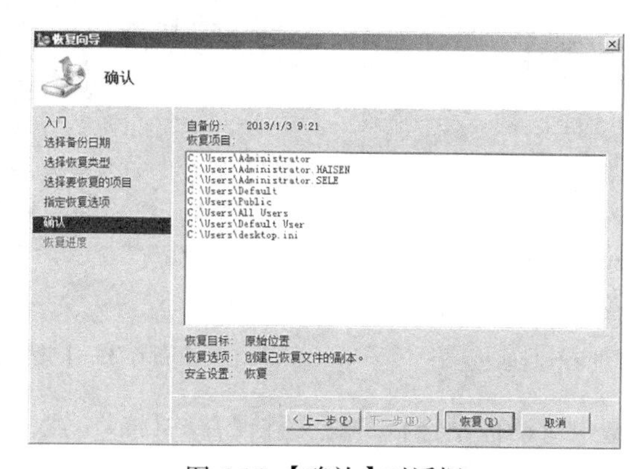

图 6-17 【确认】对话框

（7）在【确认】对话框中单击【恢复】按钮，系统自动开始还原操作，完成后单击【关闭】按钮。

6.3.4 定制备份计划

（1）依次选择【开始】→【所有程序】→【附件】→【系统工具】→【Windows Server Backup】，如图 6-4 所示。

（2）在窗口右侧的【操作】功能区中单击【备份计划】超链接或者选择【操作】→【备份计划】命令，出现“备份计划向导”的【入门】对话框，如图 6-18 所示。

（3）在【入门】对话框中单击【下一步】按钮，出现【选择备份配置】对话框，如图 6-19 所示。

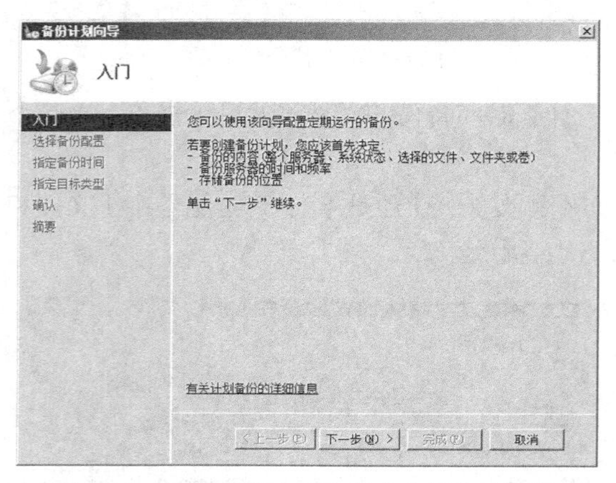

图 6-18 “备份计划向导”的【入门】对话框

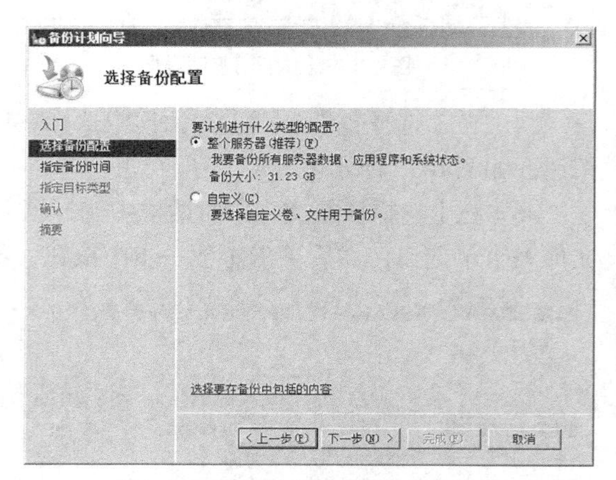

图 6-19 【选择备份配置】对话框

（4）在【选择备份配置】对话框中选择备份【整个服务器】（或【自定义】），单击【下一步】按钮，如图 6-20 所示。

（5）在【指定备份时间】对话框中选择备份频率和备份时间，这里选中【每日一次】单选钮，时间为【21:00】，单击【下一步】按钮，如图 6-21 所示。

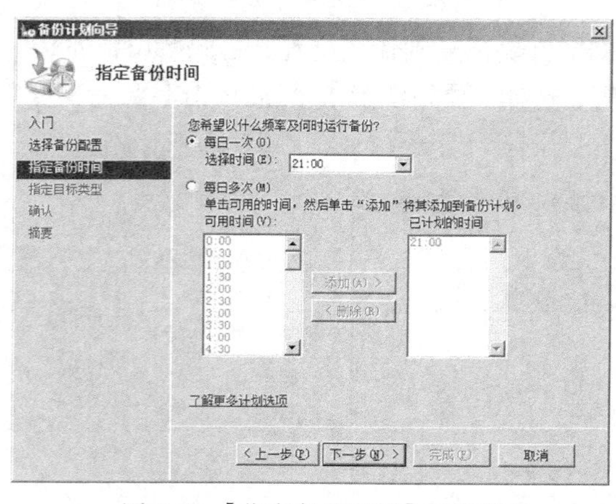

图 6-20 【指定备份时间】对话框

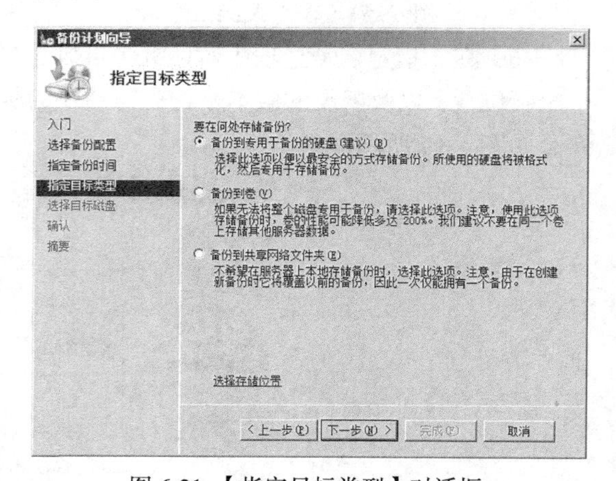

图 6-21 【指定目标类型】对话框

（6）在【指定目标类型】对话框中选择备份文件保存的目标位置，这里选中【备份到卷】单选钮，单击【下一步】按钮，如图 6-22 所示。

（7）在【选择目标卷】对话框中单击【添加】按钮，选中目标卷，如图 6-23 所示，然后单击【确定】按钮，再单击【下一步】按钮。

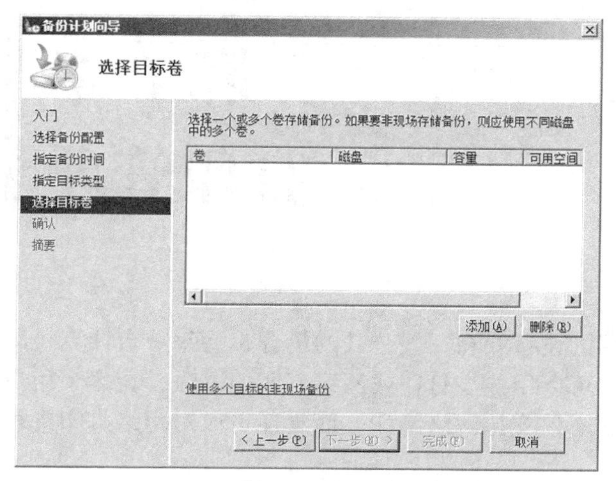

图 6-22 【选择目标卷】对话框

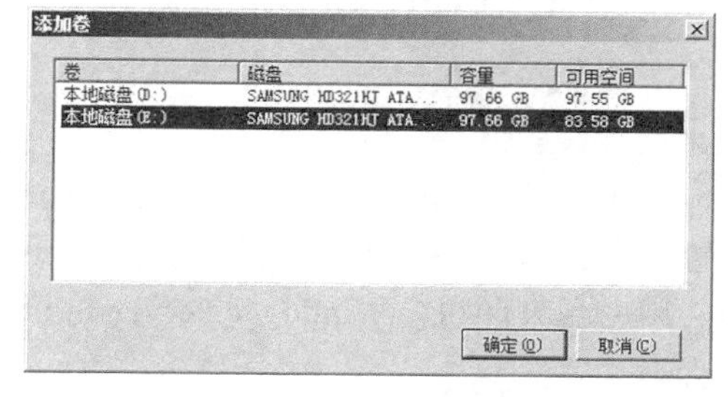

图 6-23 “添加卷”对话框

（8）在打开的【确认】对话框中单击【完成】按钮，完成计划任务的定制。

6.4　实训与思考

6.4.1　实训题

（1）安装 Backup 组件。

（2）设置备份方式。

（3）备份数据，将自己计算机上的一个文件夹进行备份。

（4）还原数据，用实训 3 中备份的数据进行还原操作。

（5）制定一个备份计划。

6.4.2　思考题

（1）什么是服务器灾难？

（2）什么是容错，有哪些容错方案？

（3）Windows Server 2008 系统中的 Backup 功能有哪些特点？

（4）Windows Server 2008 系统中的备份有哪些类型？

第7章 打印管理

相对计算机而言，打印机不是一个常用的设备，在一些公共的场合，为每一台计算机配置一台打印机是非常奢侈的。在网络环境中可以用共享打印或网络打印的方法，让多个用户共用一台打印机。Windows Server 2008 R2不仅支持网络打印，而且还可以对网络打印进行管理。

本章介绍共享打印和网络打印的相关概念，重点介绍网络打印的安装、设置与管理。

7.1 打印的相关概念

7.1.1 网络打印的概念

物理打印机在Windows Server 2008中被称为打印设备，是通常说的打印机，是产生实际效果的物理设备。

在Windows Server 2008中，“打印机是”一词指的是逻辑上的打印机，它实际上是应用程序和打印设备之间的软件接口，用户打印文件时通过它传送给物理打印机。可能出现多台打印机对应于一个打印设备的情况。

将打印机分为物理打印机和逻辑打印机的目的是使用户的管理和使用更为方便。例如，两个用户使用同一台物理打印机，但需要不同的输出效果，或者控制不同用户使用打印机的优先级别、时段和权限等。

打印服务器用于连接物理打印设备，并将此打印设备共享给网络用户。打印服务器负责接收用户发来的文件，然后将它发往打印设备。打印服务器可以由一台计算机承担，也可以是一台专用的设备。

7.1.2 共享打印与网络打印

1. 共享打印

共享打印是把直接连接打印机的一台计算机配置成打印服务器，打印机设置成共享设备，这样网络上的用户就可以通过与计算机的连接，共享该计算机的打印设备。这种打印服务器就是由直接连接打印机的计算机来担当的。

2. 网络打印

网络打印不需要另外配置一台计算机作为打印服务器，只需将具有网络连接功能的打印机连接到需要打印文件的计算机所处的局域网内，就可以在该网络内的任何一台计算机上进行打印。

共享打印与网络打印都支持一台打印机为多台计算机提供打印服务，都需要有打印服务器。其区别在于，共享打印需要有一台计算机作为打印服务器，以随时为其他客户端准备打印服务；而网络打印则不需要另外配置一台计算机作为打印服务器，只需将具有网络连接功能的打印机连接到需要打印文件的计算机所处的局域网内，就可以在该网络内的任何一台计算机上进行打印。

3. 网络打印的实现

（1）外置打印服务器的网络打印机。最先出现的是外置打印服务器，这种打印服务器是一台专门的设备，兼容性较强，因为其接口属于通用型，所以一种打印服务器基本上适用于所有品牌的网络打印机。

（2）内置打印服务器的网络打印机。这种打印机是将打印服务器的功能制作在一块板卡上，然后直接插在打印机的主板 I/O 插槽上，通过这块接口卡上的网络接口，可把打印机直接连接在网络节点上，网络上的用户可直接访问网络打印机，而不用再通过计算机。这种网络打印的数据传输速度很快，可与网络一致，达到 10Mbit/s 甚至 100Mbit/s，一般高速网络打印机都采用这种方式实现网络打印。

（3）无线网络打印机。随着无线技术的发展，又出现了无线网络打印机。这种打印机只需要与需要打印的计算机连接到同一个无线局域网内，就可进行打印，从而摆脱了线缆的束缚。

7.1.3　打印设置

1. 打印优先级

一台打印机共享给多个用户，但是若希望在同时发出打印任务，不同的用户有不同的优先权，这时就可以建立多个打印机，多个打印机对应的打印设备是同一台设备。然后，为每个打印机设置不同的优先级，并将不同优先级的打印机分配给不同的用户使用。

2. 打印时间

同样，若希望不同的用户在不同的时间段使用打印机，可以为一个打印设备建立多个打印机，每个打印机设置不同的允许打印的时间，然后将不同打印时间设置的打印机分配给不同的用户使用。

3. 打印机池

打印机池是将多台物理打印设备集合起来，创建一个打印机与多个打印设备相对应，通过一个打印机同时使用多个打印设备打印文件。当用户将打印任务发送给打印机时，打印机会根据当前打印设备的忙闲状态来决定将此打印任务发送到打印机池中的哪台打印设备打印。

7.2　安装与配置打印机

7.2.1　在本地计算机上创建打印服务器

（1）添加打印服务器角色。依次选择【开始】→【管理工具】→【服务器管理器】，如图 7-1 所示。

（2）在左侧窗格中单击【角色】，在右侧窗格中单击【添加角色】图标，然后单击【下一步】按钮，在【选择服务器角色】对话框中选中【打印和文件服务】复选框，单击【下一步】按钮，如图 7-2 所示。

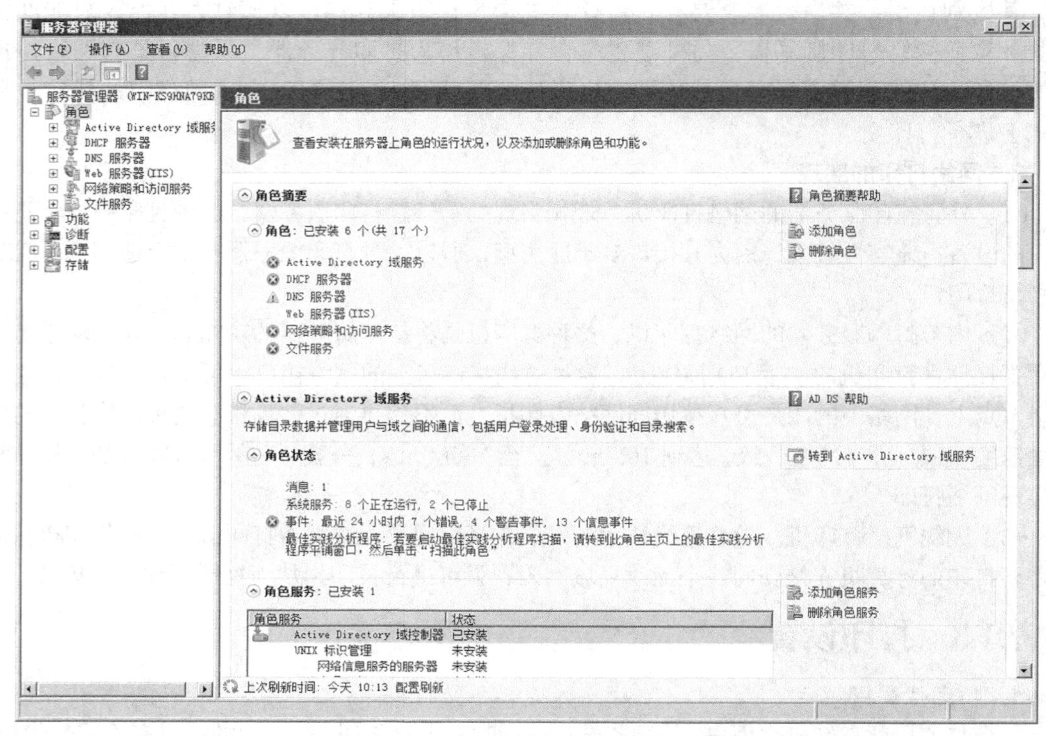

图 7-1 【服务器管理器】窗口

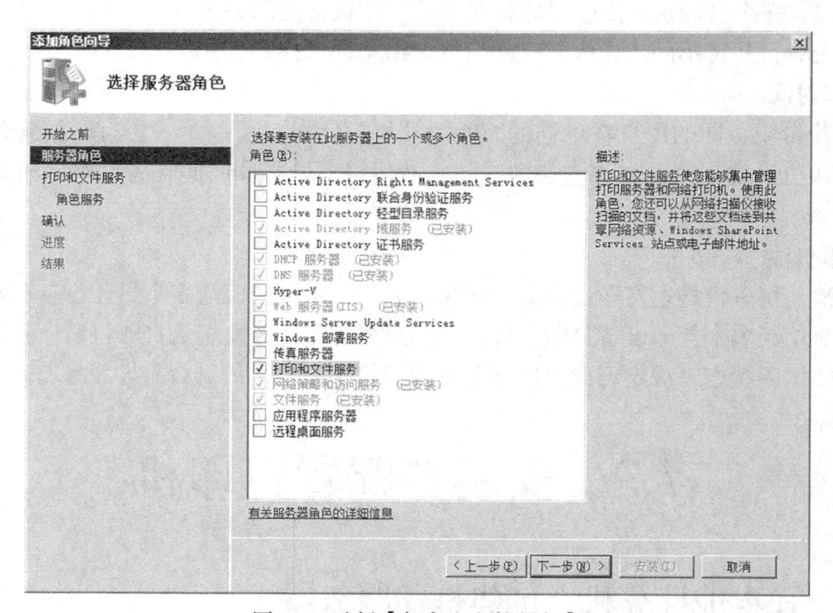

图 7-2 选择【打印和文件服务】

（3）出现“打印和文件服务”介绍，单击【下一步】按钮，在【选择角色服务】对话框中选中需要的角色，然后单击【下一步】按钮，如图 7-3 所示。

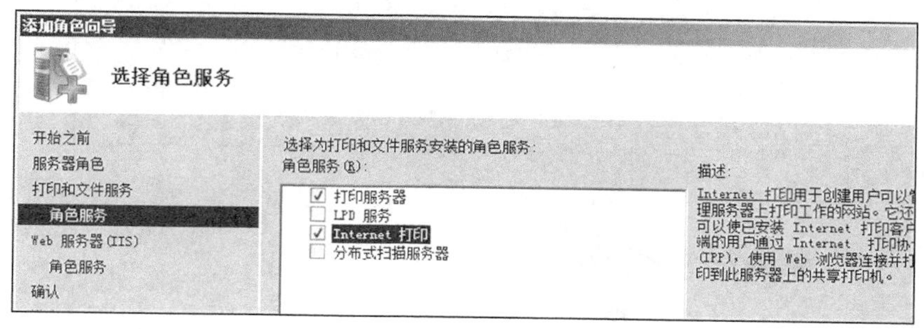

图 7-3 选择打印角色服务

（4）在随后出现的【Web 服务器（IIS）】对话框中单击【下一步】按钮，选择 Web 服务器的角色服务，单击【下一步】按钮，如图 7-4 所示，在随后出现的对话框中单击【安装】按钮。

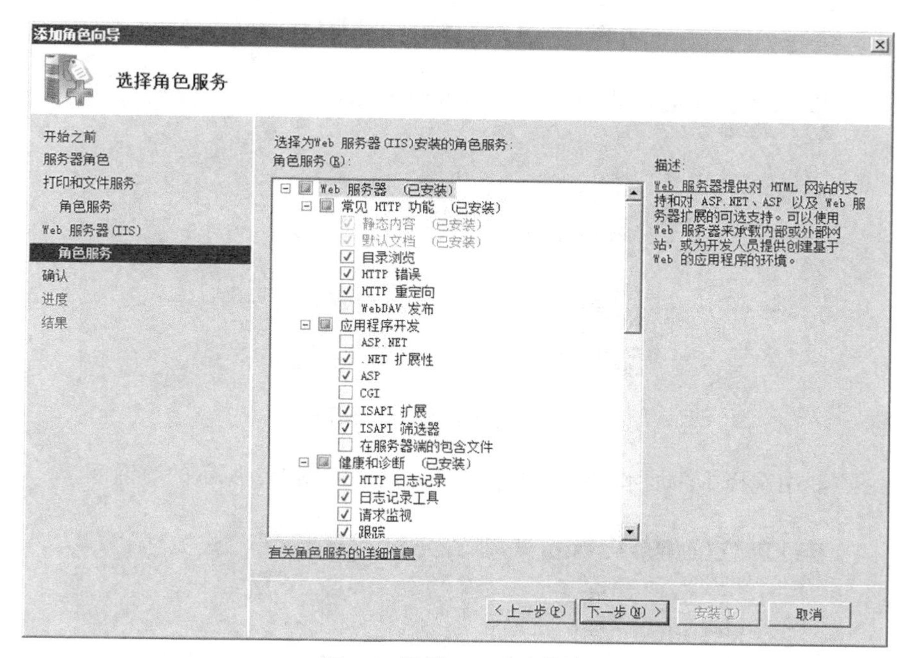

图 7-4 选择 Web 角色服务

7.2.2 安装打印机

1. 在本地计算机上安装 USB 接口或 IEEE1394 接口等即插即用打印机

将打印机连接到计算机的 USB 或 IEEE1394 接口，打开打印机电源，若系统支持此打印机的驱动程序，就会自动安装此打印机。若安装打印机时找不到所需的驱动程序，就自行准备驱动程序，一般是在打印机厂商提供的光盘内。

2. 安装 IEEE1284 并口打印机

（1）依次选择【开始】→【设备和打印机】，如图 7-5 所示。

（2）在图 7-5 中单击【添加打印机】按钮，出现【添加打印机】对话框，如图 7-6 所示。

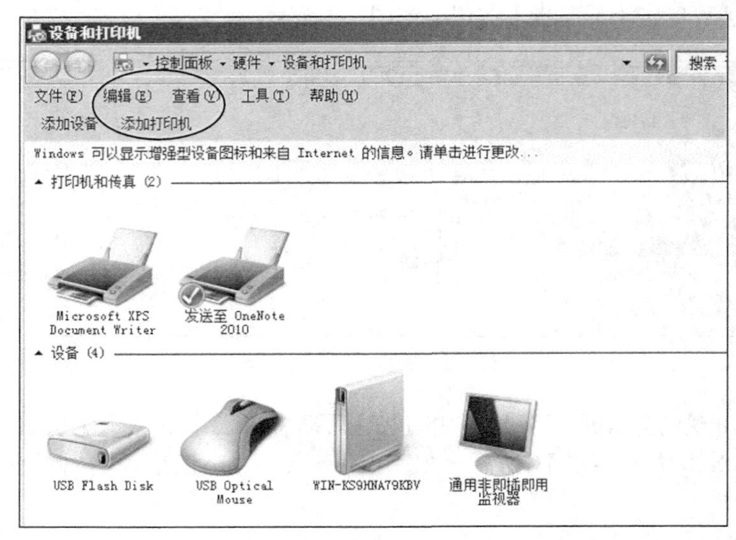

图 7-5 【设备和打印机】窗口

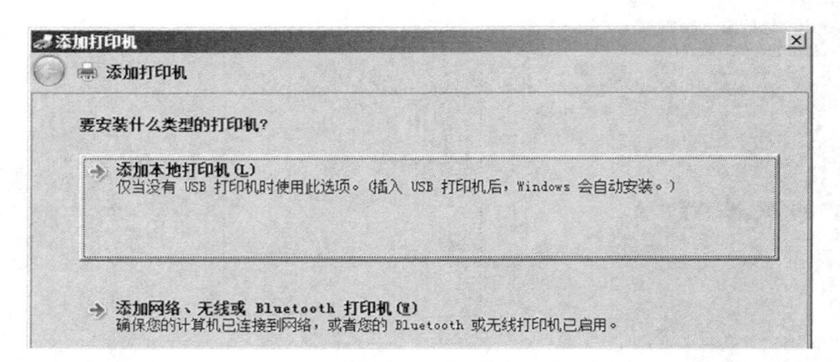

图 7-6 【添加打印机】对话框

（3）在图 7-6 中选择【添加本地打印机】选项，出现如图 7-7 所示的对话框。

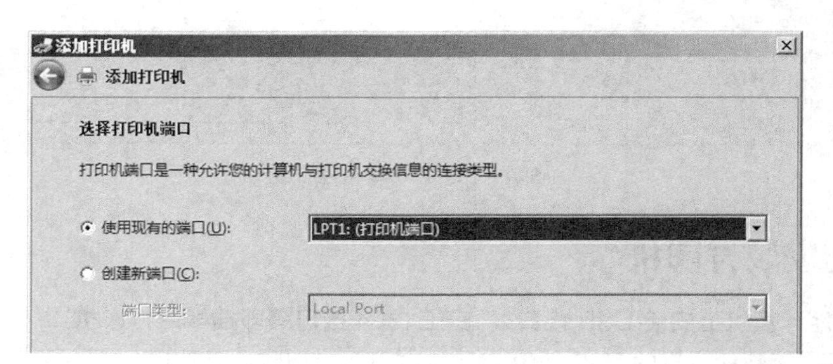

图 7-7 选择打印端口

（4）在图 7-7 中选择端口，单击【下一步】按钮，出现如图 7-8 所示的对话框。

（5）在图 7-8 中选择驱动程序，单击【下一步】按钮，出现如图 7-9 所示的对话框。

（6）在图 7-9 中输入打印机名称，单击【下一步】按钮，出现如图 7-10 所示的对话框。

（7）在图 7-10 中选择是否共享打印机，单击【下一步】按钮，然后单击【完成】按钮。

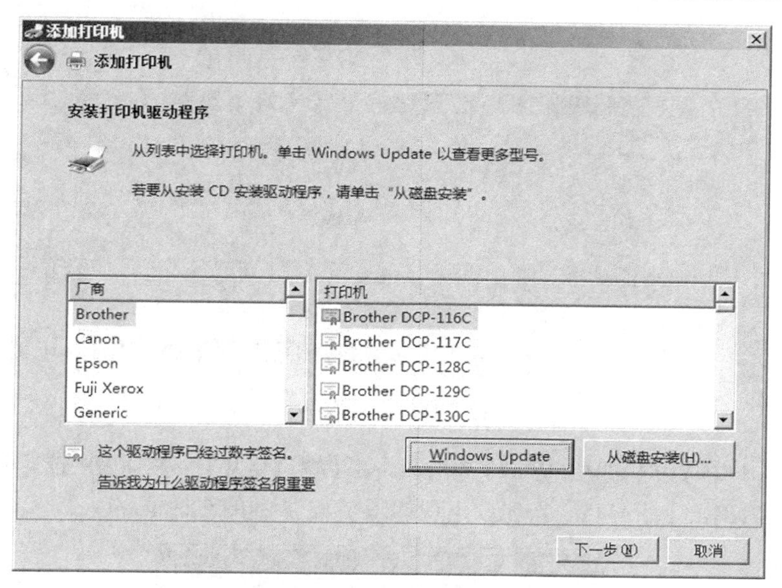

图 7-8　选择打印机驱动程序

图 7-9　输入打印机名称

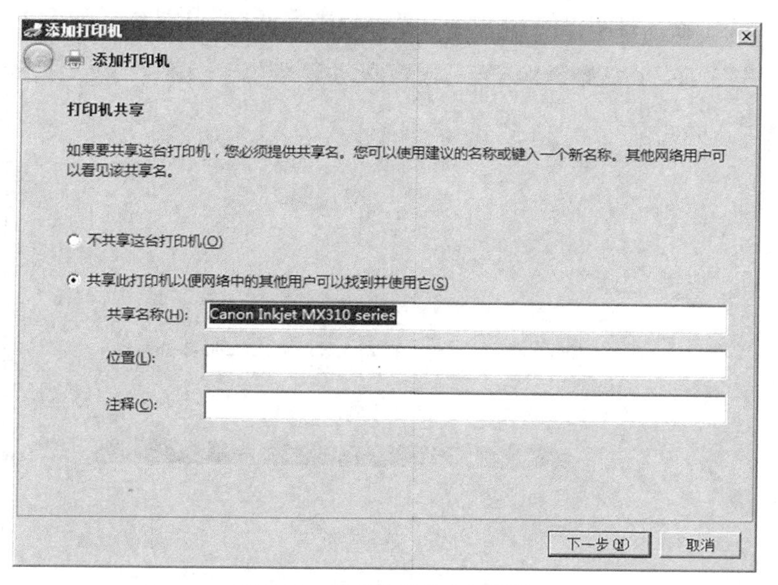

图 7-10　选择是否共享打印机

3. 安装网络接口打印机

（1）依次选择【开始】→【设备和打印机】→【添加打印机】→【添加本地打印机】，如

图 7-11 所示。

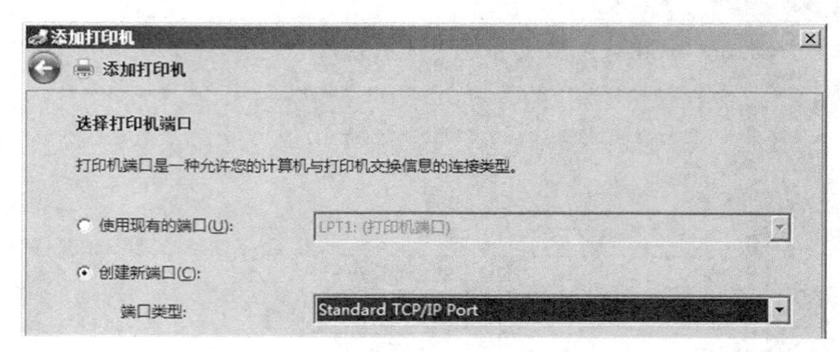

图 7-11　创建新端口

（2）在图 7-11 中选中【创建新端口】单选钮，在【端口类型】下拉列表中选择【Standard TCP/IP Port】选项，然后单击【下一步】按钮，出现如图 7-12 所示的对话框。

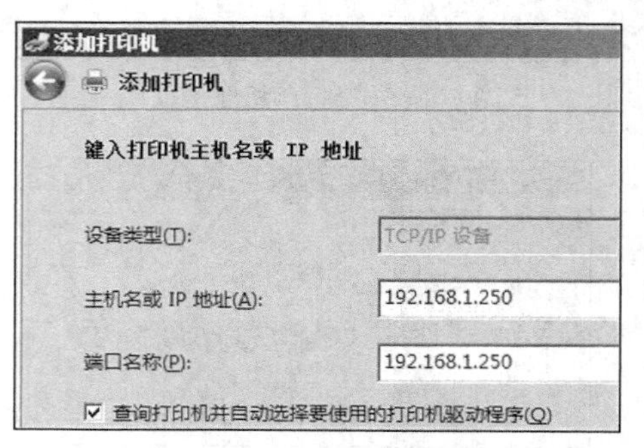

图 7-12　输入打印机的 IP 地址

（3）在图 7-12 中输入打印机的 IP 地址，然后单击【下一步】按钮，如图 7-13 所示。

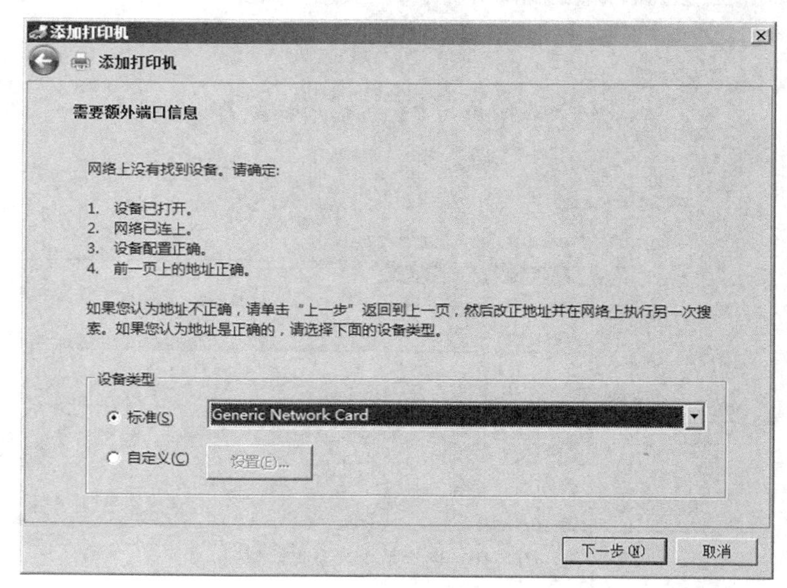

图 7-13　选择设备类型

（4）在图 7-13 中单击【下一步】按钮，接下来的步骤同安装本地打印机。

4. 将打印机设置为共享打印机

依次选择【开始】→【设备和打印机】，如图 7-5 所示，右键单击要共享的打印机，选择【打印机属性】命令，如图 7-14 所示，选中【共享这台打印机】复选框，单击【确定】按钮。

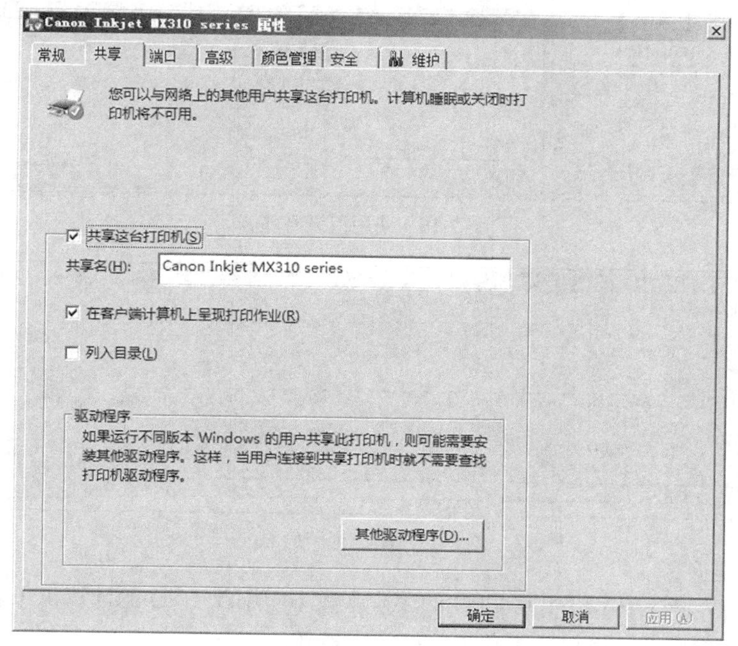

图 7-14　共享打印机

7.2.3　连接共享打印机

1. 使用组策略将共享打印机部署给用户或计算机

（1）安装打印服务器角色后，依次选择【开始】→【管理工具】→【打印管理】，然后单击【打印服务器】→【打印机】，可以看到已经安装的打印机，如图 7-15 所示。

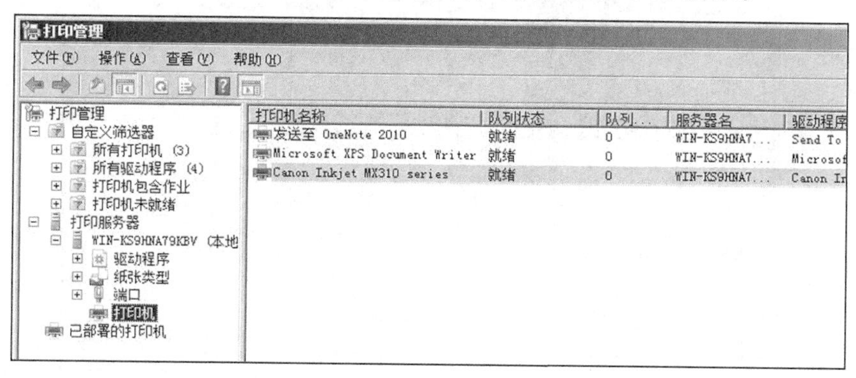

图 7-15　打印管理控制台

（2）在图 7-15 右侧窗格中右键单击要部署的打印机，选择【使用组策略部署】命令，如图 7-16 所示。

（3）在随后弹出的对话框中单击【浏览】按钮，浏览已经存在的 GPO，然后选择用于部署打印机的 GPO，如图 7-17 所示。

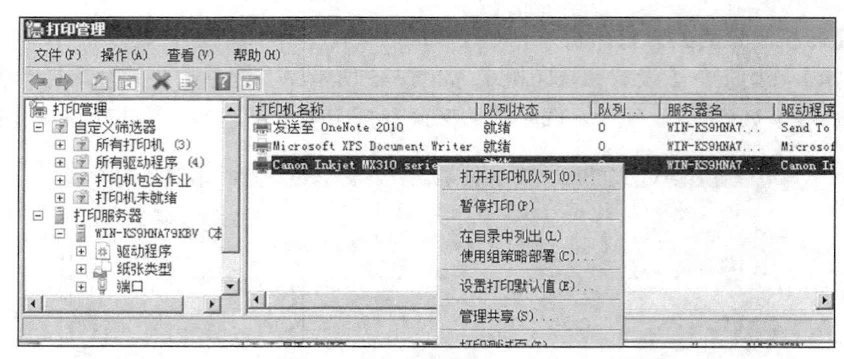

图 7-16　使用组策略部署

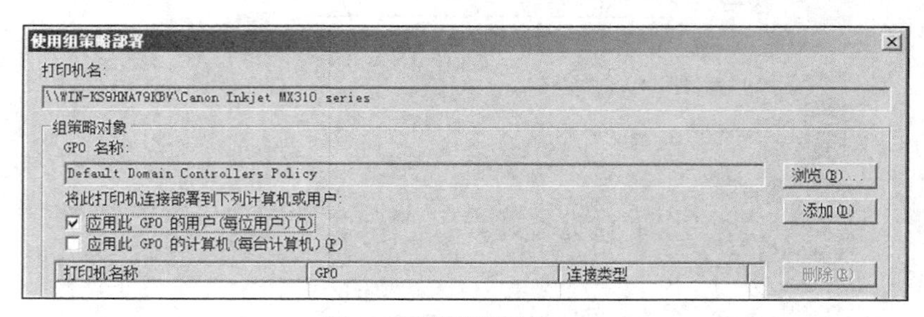

图 7-17　浏览可用的 GPO

（4）在图 7-17 中选中【应用此 GPO 的用户】或【应用此 GPO 的计算机】复选框，然后单击【添加】按钮添加用户或计算机，再单击【确定】按钮。

2. 使用添加打印机向导连接共享打印机

（1）依次选择【开始】→【设备和打印机】→【添加打印机】，如图 7-18 所示。

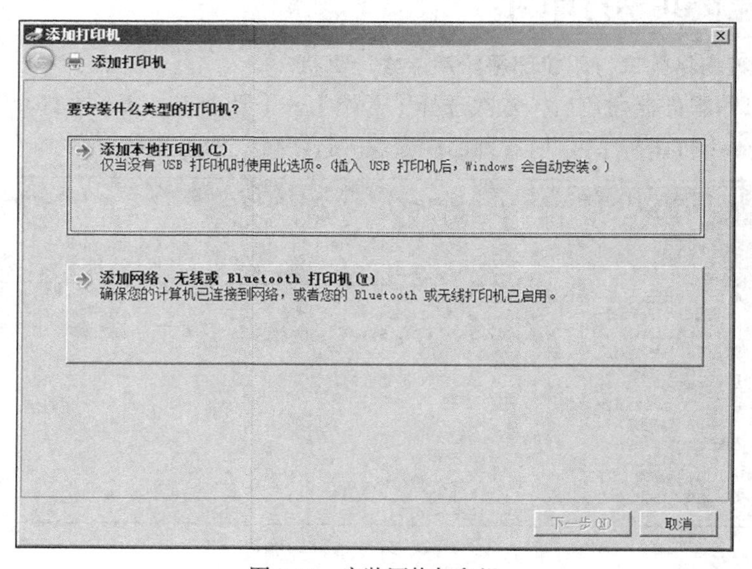

图 7-18　安装网络打印机

（2）在图 7-18 中选择【添加网络、无线或 Bluetooth 打印机】选项，单击【下一步】按钮。

（3）如果有打印机发布到活动目录中，就选择这台打印机，如果没有，则可以在如图 7-19 所示的对话框中用输入 UNC 路径的方法或单击【浏览】按钮浏览到已经共享的打印机，然后单击【下一步】按钮。接下来的步骤与前面相同。

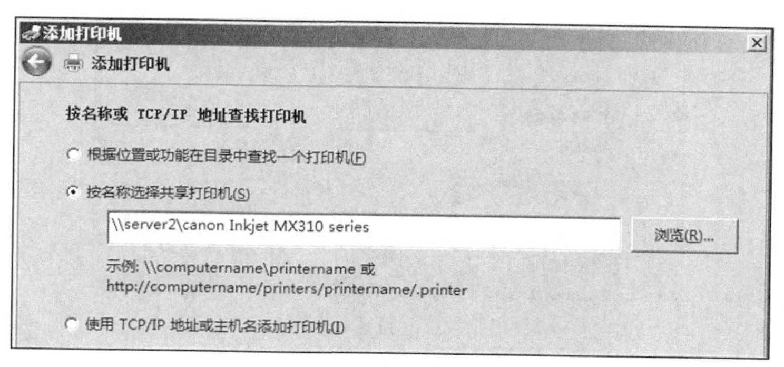

图 7-19　浏览共享打印机

3. 使用网络浏览器连接共享打印机

若共享打印机所在的打印服务器本身也是 IIS 网站，用户可以通过网址来连接打印服务器与共享打印机。具体操作如下。

在浏览器中输入"http://主机域名/ printers"或"http://计算机名/printers"，在弹出的如图 7-20 所示的对话框中输入用户名和密码，服务器上的共享打印机就会出现在窗口中，如图 7-21 所示。用户单击一个共享打印机，在之后出现的窗口的左侧窗格中单击【连接】，即可为用户安装这台打印机。

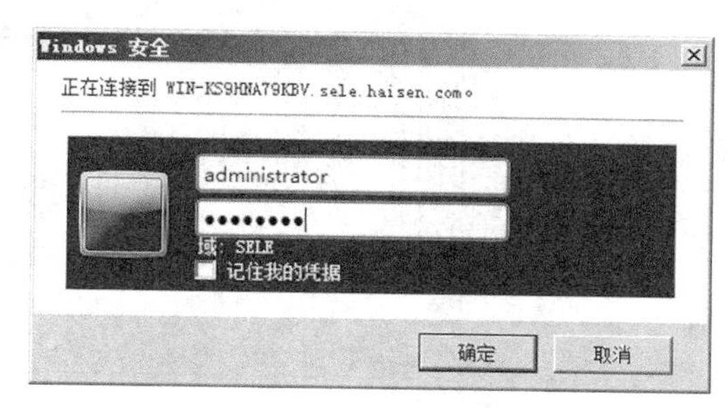

图 7-20　输入用户名和密码

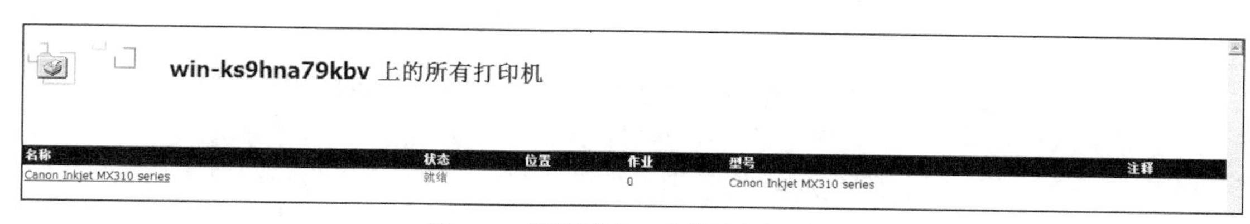

图 7-21　浏览器窗口中的共享打印机

7.2.4　共享打印机的设置

1. 设置打印优先级

（1）依次选择【开始】→【设备和打印机】，右键单击要设置的打印机，选择【打印机属性】命令，出现打印机属性对话框，如图 7-22 所示。单击【高级】标签，在【优先级】数值框中设置优先级，"1"代表最低优先级，"99"代表最高优先级，然后单击【确定】按钮。

（2）单击【安全】标签，将允许使用这台打印机的用户添加进来，并设置【允许】打印权限，如图 7-23 所示。将不允许使用这台打印机的用户删除，然后单击【确定】按钮。

2. 设置打印时间

（1）在图 7-22 中选中【使用时间从】单选钮，并输入运行打印的时间段，如从 8:00 到 16:00。

（2）同样，在【安全】选项卡中设置用户的安全权限，如图 7-23 所示。

3. 设置打印机池

在图 7-22 中单击【端口】标签，如图 7-24 所示，先选中左下角的【启用打印机池】复选框，然后选择实际连接打印设备的端口，单击【确定】按钮。

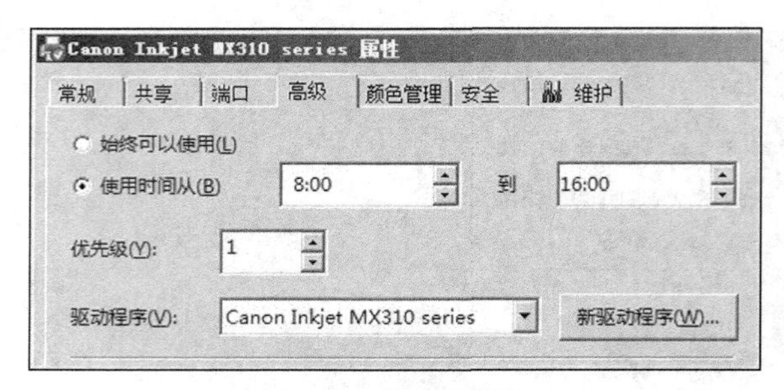

图 7-22　打印机属性

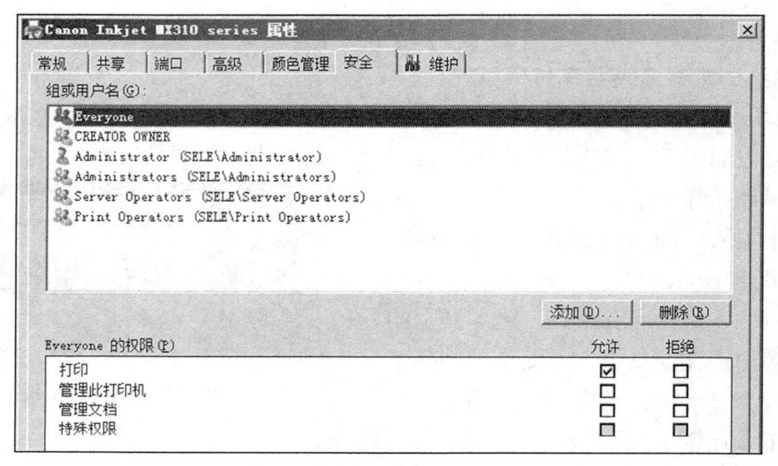

图 7-23　设置用户安全权限

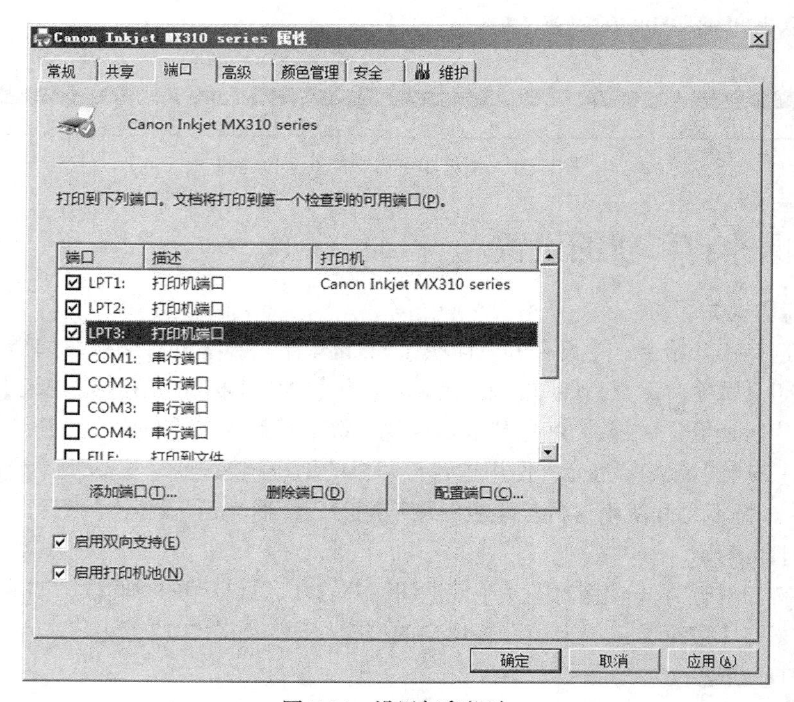

图 7-24　设置打印机池

7.3　实训与思考

7.3.1　实训题

（1）安装打印机角色。

（2）安装一台本地打印机。

（3）安装一台网络接口打印机。

（4）连接网络打印机。

（5）设置本地打印优先级为 99，打印时间为 10:00 到 22:00。

7.3.2　思考题

（1）解释网络打印中“打印机”、“打印设备”、“打印机池”、“打印服务器”等概念。

（2）共享打印与网络打印有何区别？

（3）连接共享打印机有哪几种方法？

（4）解释打印优先级、打印时间设置的意义。

（5）什么场合下需要给一个打印设备设置多个打印机？

（6）什么场合下需要一个打印机连接多个打印设备？

第二篇

Internet 服务器实现

第 8 章 DHCP 服务器的配置

在使用 TCP/IP 协议的网络中，每台计算机都需要配置 IP 地址等参数，但是在以下情况下，会让人感到很不方便：①并不是每个人都会配置 IP 地址等参数；②在一个公共机房中，有众多的计算机，如果为每台计算机都配置 TCP/IP 参数，工作量很大；③如果一台计算机经常被移动位置，而每次移动都需要重新配置 TCP/IP 参数，很繁琐。在上述情况下，就可以考虑配置一台 DHCP 服务器了。

本章介绍介绍 DHCP 服务器的原理和安装设置。

8.1 DHCP 服务器的基础知识

8.1.1 DHCP 的作用与原理

DHCP（Dynamic Host Configuration Protocol，动态主机配置协议）是 IETF 为实现 IP 的自动配置而设计的协议，可以使用 DHCP 服务器为网络上启用了 DHCP 的客户端管理动态 IP 地址分配和其他相关配置细节。DHCP 避免了由于需要手动在每个计算机上键入值而引起的配置错误，还有助于防止由于在网络上配置新的计算机时重新使用以前已分配的 IP 地址而引起的地址冲突。使用 DHCP 服务器可以大大缩短用于配置和重新配置网上计算机的时间，可以配置服务器以在分配地址租约时提供全部的其他配置值。另外，DHCP 租约续订过程还有助于确保客户端计算机配置需要经常更新的情况（如使用移动或便携式计算机频繁更改位置的用户），通过客户端计算机直接与 DHCP 服务器通信可以高效、自动地进行这些更改。

DHCP 是基于 UDP 层之上的应用，其实现原理如下。

（1）客户发出 IP 租用请求报文。

当 DHCP 客户端设置使用 DHCP 自动获取 IP 地址，客户端会通过 UDP 端口 67 向网络中发送一个 DHCP DISCOVER 广播包，请求租用 IP 地址。该广播包中的源地址 IP 地址为 0.0.0.0，目标 IP 地址为 255.255.255.255，包中还包含客户端的 MAC 地址和计算机名。如果在 1 s 之内没有得到回应，客户端就会进行第二次广播。在得不到回应的情况下，客户端总共有 4 次 DHCP DISCOVER 广播，其余 3 次的等待时间分别是 9 s、13 s 和 16 s。如果都没有得到 DHCP 服务器的回应，客户端则会宣告 DHCP DISCOVER 的失败。

（2）DHCP 回应的 IP 租用提供报文。

任何接收到 DHCP DISCOVER 广播包并且能够提供 IP 地址的 DHCP 服务器，都会通过 UDP

端口 68 给客户端回应一个 DHCP OFFER 广播包，并提供一个 IP 地址。该广播包的源 IP 地址为 DHCP 服务器 IP，目标 IP 地址为 255.255.255.255。包中还包含提供的 IP 地址、子网掩码及租约期等信息。

（3）客户选择 IP 租用报文。

客户端从不止一台 DHCP 服务器接收到提供之后，会选择第一个收到的 DHCP OFFER 包，并向网络中广播一个 DHCP REQUEST 消息包，表明自己已经接收了一个 DHCP 服务器提供的 IP 地址。该广播包中包含所接收的 IP 地址和服务器的 IP 地址。所有其他的 DHCP 服务器撤销它们的提供，以便将 IP 地址提供给下一次 IP 租用请求。

（4）DHCP 服务器发出 IP 租用确认报文。

被客户端选择的 DHCP 服务器在收到 DHCP REQUEST 广播后，广播会返回给客户端一个 DHCP ACK 消息包，表明已经接收客户端的选择，并将这一 IP 地址的合法租用以及其他的配置信息都放入该广播包发给客户机。

（5）客户配置成功后发出的公告报文。

客户端收到 DHCP ACK 包，会使用该广播包中的信息来配置自己的 TCP/IP，则租用过程完成，客户端可以在网络中通信。

至此一个客户获取 IP 的 DHCP 服务过程基本结束，不过客户获取的 IP 一般是用租约期，到期前需要更新租约期，这个过程是通过租用更新数据包来完成的。

（6）客户 IP 租用更新报文。

在当前租约期已过去 50%时，DHCP 客户端直接向为其提供 IP 地址的 DHCP 服务器发送 DHCP REQUEST 消息包。如果客户端接收到该服务器回应的 DHCP ACK 消息包，客户端就根据包中所提供的新的租约期以及其他已经更新的 TCP/IP 参数，更新自己的配置，IP 租用更新完成。如果没收到该服务器的回复，则客户端继续使用现有的 IP 地址，因为当前租约期还有 50%。如果在租约期过去 50%时未能成功更新，则客户端将在当前租约期过去 87.5%时再次与为其提供 IP 地址的 DHCP 联系。如果联系不成功，则重新开始 IP 租用过程。

当 DHCP 客户端重新启动时，它将尝试更新上次关机时拥有的 IP 租用。如果更新未能成功，客户端将尝试联系现有 IP 租用中列出的默认网关。如果联系成功且租用尚未到期，客户端则认为自己仍然位于与它获得现有 IP 租用时相同的子网上（没有被移走）继续使用现有 IP 地址。 如果未能与默认网关联系成功，客户端则认为自己已经被移到不同的子网上，将会开始新一轮的 IP 租用过程。

8.1.2 作用域与租约

作用域是网络上可能分配的 IP 地址的完整连续范围。作用域通常定义为接受 DHCP 服务的网络上的单个物理子网。服务器用“作用域”向网络上的客户端提供 IP 地址及相关配置参数的分发和指派进行管理的主要方法。

每一个作用域具有以下属性。

- 可以租用给 DHCP 客户端的 IP 地址范围，可在其中设置排除选项，设置为排除的 IP 地址将不分配给 DHCP 客户端使用。
- 子网掩码，用于确定给定 IP 地址的子网，此选项创建作用域后无法修改。
- 创建作用域时指定的名称。
- 租约期限值，分配给 DHCP 客户端。

- DHCP 作用域选项，如 DNS 服务器、路由器 IP 地址和 WINS 服务器地址等。
- 保留（可选），用于确保某个确定 MAC 地址的 DHCP 客户端总是能从此 DHCP 服务器获得相同的 IP 地址。

租约是由 DHCP 服务器指定的一段时间，在此时间内 DHCP 客户端可使用分配的 IP 地址。当向客户端提供租约时，租约是“活动”的。在租约过期之前，客户端通常需要向服务器更新指派给它的地址租约。当租约过期或在服务器上被删除时，它将变成“非活动”的。租约期限决定租约何时期满以及客户端需要向服务器对它进行更新的频率。

8.1.3　排除范围和保留地址

排除范围是从作用域内可供分配的 IP 地址中排除的有限 IP 地址序列，从而使服务器不会将排除范围内的地址提供给网络上的 DHCP 客户端。

DHCP 服务器可使用“保留”创建 DHCP 服务器指派的永久地址租约。保留可确保子网上指定的硬件设备始终可使用相同的 IP 地址，这些地址就称为保留地址，可以用于基于 IP 地址的身份验证事例。要为一个客户端保留一个 IP 地址，就需要利用客户端的网卡的物理地址（即 MAC 地址）。保留可以确保 DHCP 客户端可以永远得到同一个 IP 地址。有些网络服务需要固定的 IP 地址才能运行，但如果又希望这些主机的网络设置信息由 DHCP 服务器获取，这时可以设置保留地址。

8.1.4　DHCP 中继代理

若 DHCP 服务器与 DHCP 客户机不在同一网段，由于 DHCP 客户机是用广播的方式申请 IP 地址，而多数路由器不会将广播转发到另一个网段，这时可以在一台 Windows Server 2008 的计算机上运行 DHCP 中继代理程序，充当 DHCP 中继代理，当它收到 DHCP 客户端的请求时，将请求发送给位于其他网络的 DHCP 服务器，当 DHCP 服务器分配 IP 地址时，再由中继代理转发给 DHCP 客户端，如图 8-1 所示。

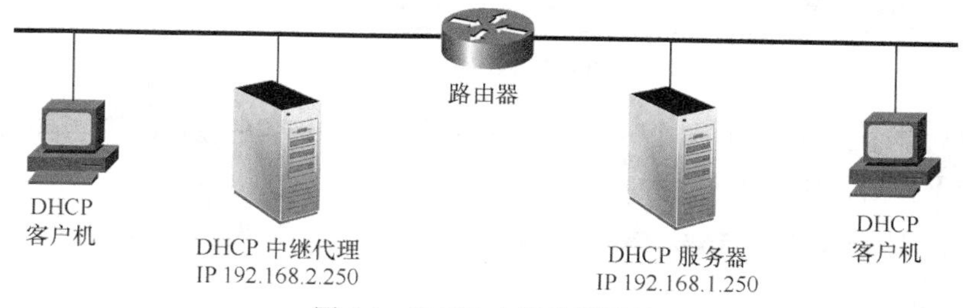

图 8-1　DHCP 中继代理原理

8.2　DHCP 服务器的安装配置

模拟场景：

一个局域网内有多台计算机，为了免除用户自己配置 IP 地址之劳，也为了保证局域网的 IP 地址不出现冲突，管理员需要配置一台 DHCP 服务器，为客户机自动分配 IP 地址。

实验环境：

已安装 Windows Server 2008 R2 的计算机一台，安装其他 Windows 操作系统的计算机至少一台，交换机一台，按照如图 8-2 所示的样子接线。

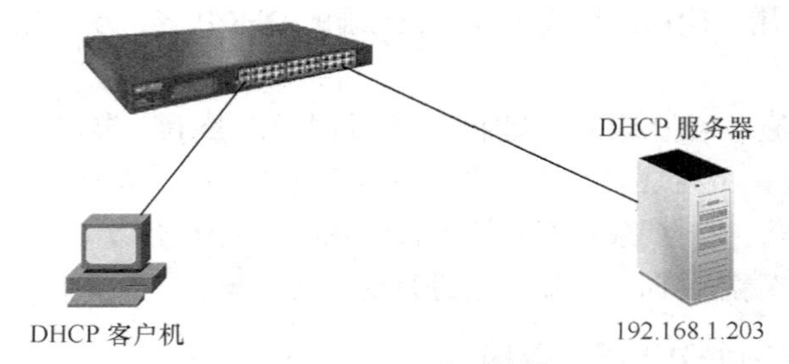

图 8-2　DHCP 实验接线

8.2.1　添加 DHCP 服务器角色

（1）依次选择【开始】→【管理工具】→【服务器管理器】，打开【服务器管理器】窗口，如图 8-3 所示。

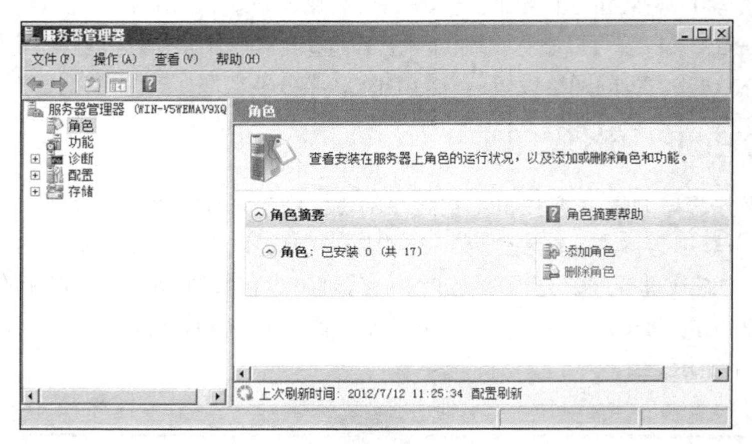

图 8-3　服务器管理器

（2）在左侧窗格中选择【角色】，在右侧窗格中单击【添加角色】超链接，进入添加角色向导之【开始之前】页面，如图 8-4 所示。

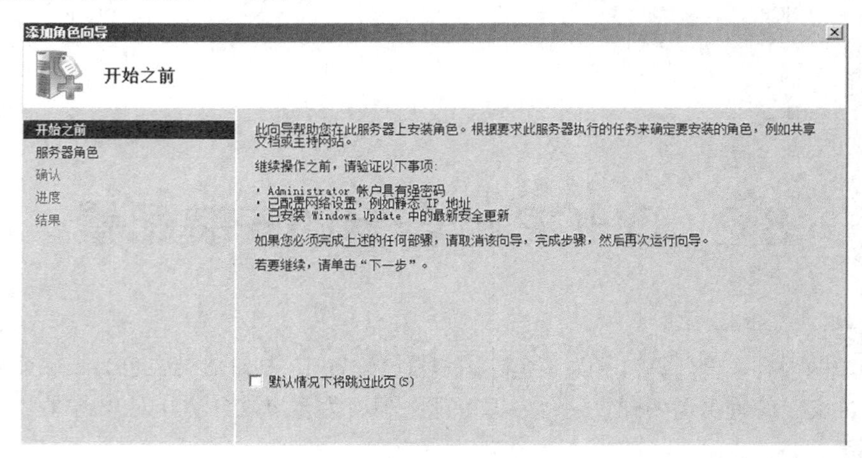

图 8-4　开始之前

（3）在【开始之前】对话框中单击【下一步】按钮。

（4）在【选择服务器角色】界面中选中【DHCP 服务器】复选框，单击【下一步】按钮，如图 8-5 所示。

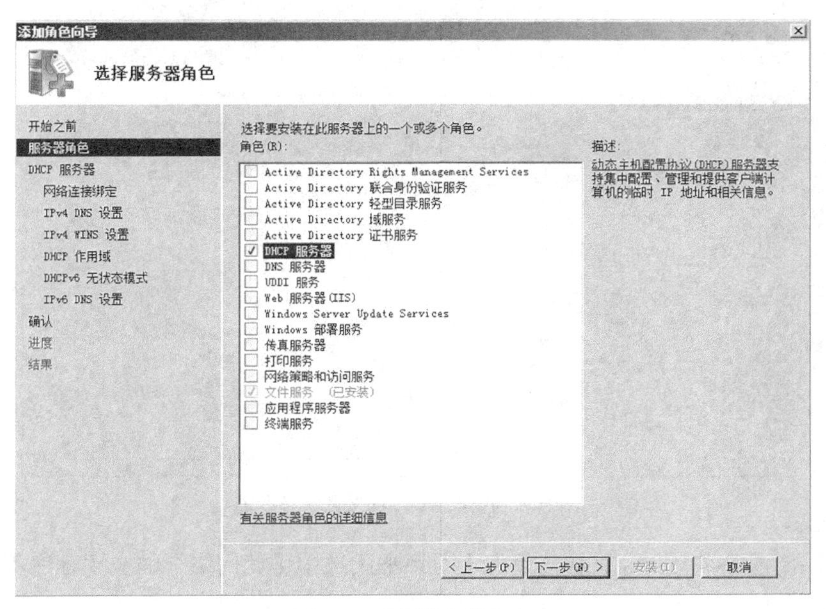

图 8-5 选择服务器角色

（5）在【选择网络连接绑定】对话框中选择网络所用的 IPv4 的 IP 地址进行绑定，如图 8-6 所示。

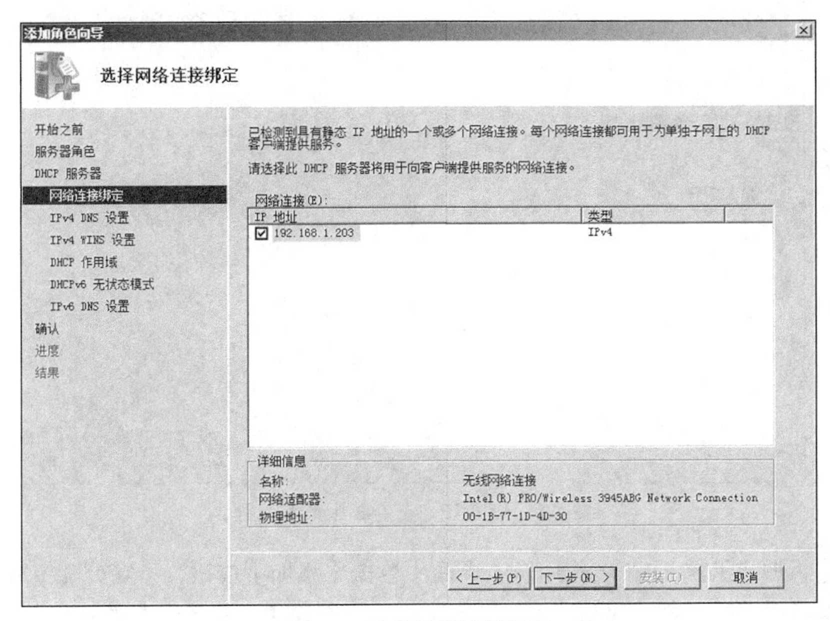

图 8-6 选择网络连接绑定

（6）DHCP 服务器除了分配给客户机 IP 地址外，还可以分配其他选项给客户机，例如，域名和 DNS 服务器的 IP 地址，可以通过如图 8-7 所示的对话框设置这两个选项。

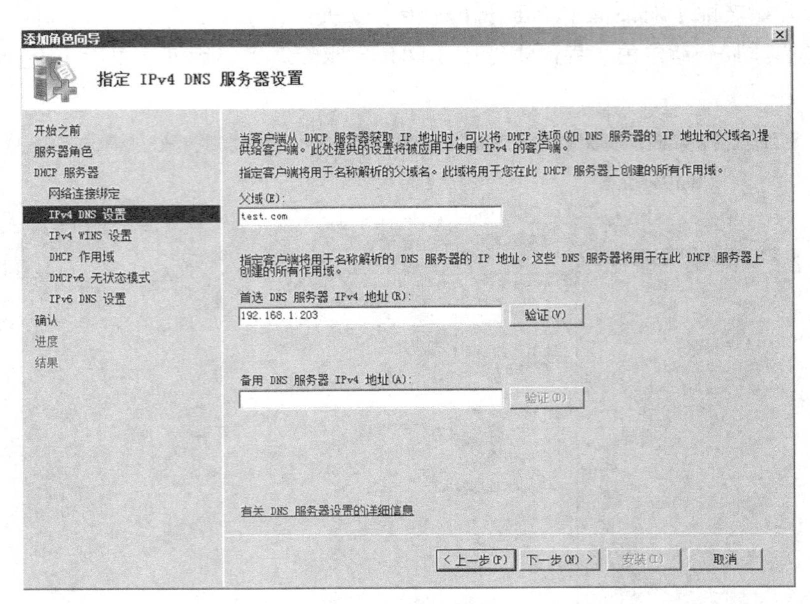

图 8-7　指定 IPv4 DNS 服务器设置

（7）在【指定 IPv4 WINS 服务器设置】对话框中选中【此网络上的应用程序不需要 WINS】单选按钮，单击【下一步】按钮，如图 8-8 所示。

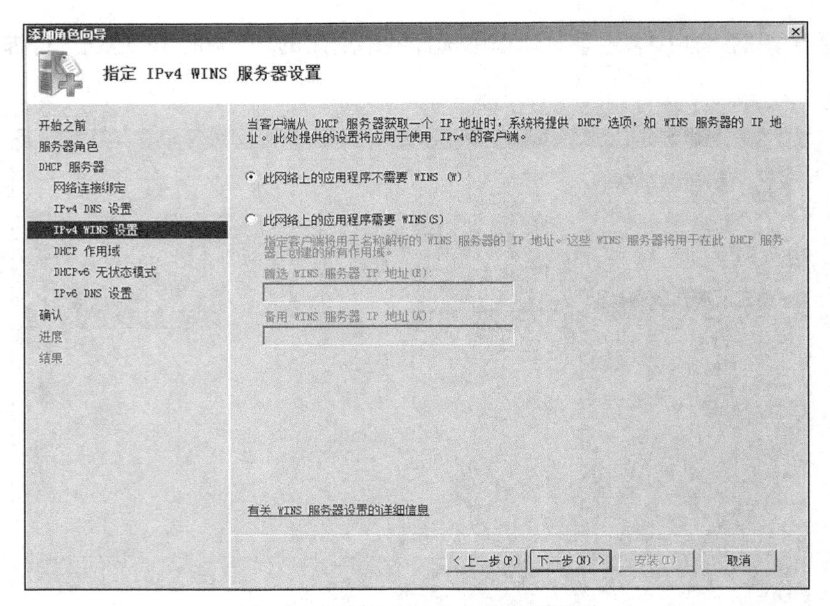

图 8-8　指定 IPv4 WINS 服务器设置

（8）在【添加或编辑 DHCP 作用域】界面中单击【添加】按钮，指定分配给客户端的 IP 地址范围，输入作用域的名称、起始地址、结束地址、子网掩码，并选中【激活此作用域】复选框，如图 8-9 所示，单击【确定】按钮。

（9）添加完作用域后，【添加或编辑 DHCP 作用域】对话框中会显示该作用域，如图 8-10 所示，单击【下一步】按钮。

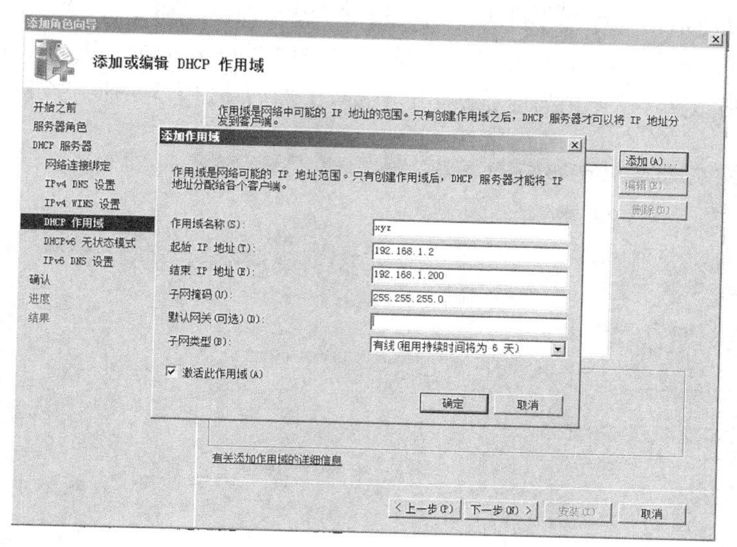

图 8-9　添加 DHCP 作用域

（10）选中【对此服务器禁用 DHCPv6 无状态模式】单选按钮，单击【下一步】按钮，如图 8-11 所示。

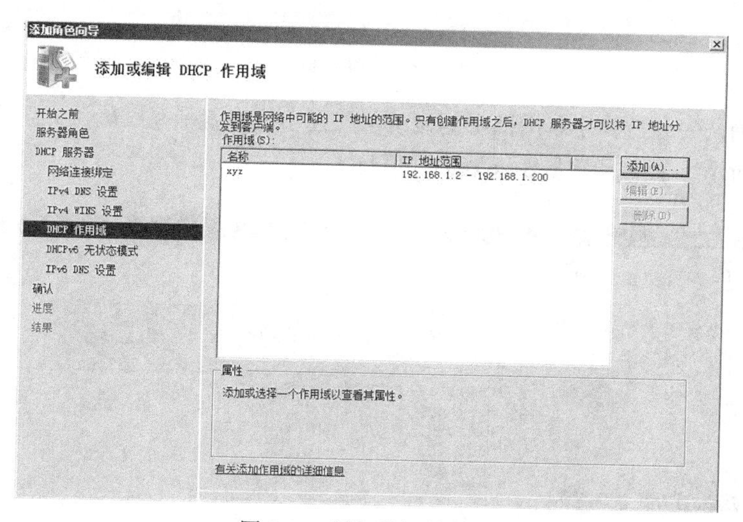

图 8-10　添加作用域完毕

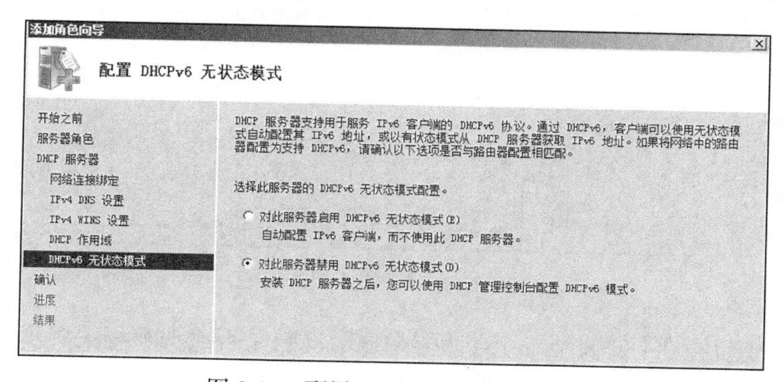

图 8-11　配置 DHCPv6 无状态模式

（11）在【授权 DHCP 服务器】对话框中选择给这台服务器授权的账户，这个账户必须是 Enterprise Admins 组的成员，才有权执行授权操作，我们登录时用 Administrator 登录，而 Administrator 就是该组的成员，所以选中【使用当前凭据】单选按钮，然后单击【下一步】按钮，如图 8-12 所示。

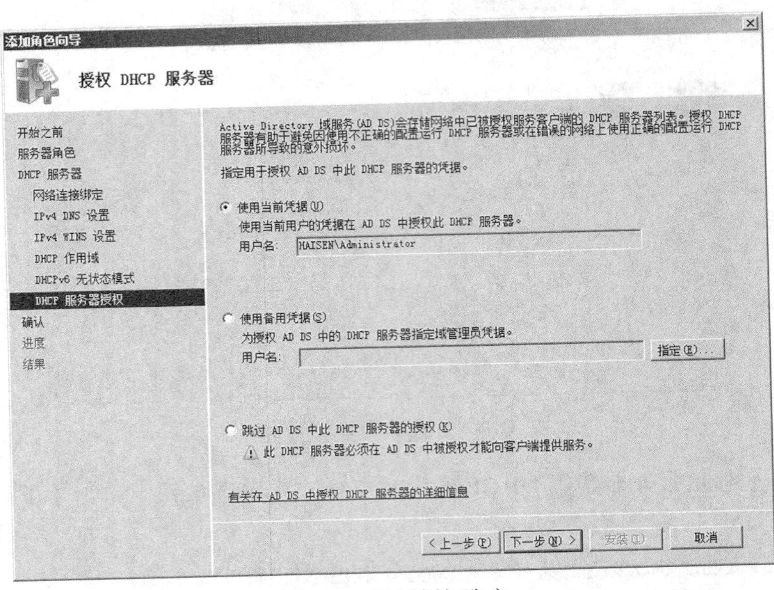

图 8-12　选择授权账户

（12）在【确认安装选择】对话框中会显示前面几步的配置信息，确认无误后单击【安装】按钮，如图 8-13 所示，然后开始显示安装进度信息。

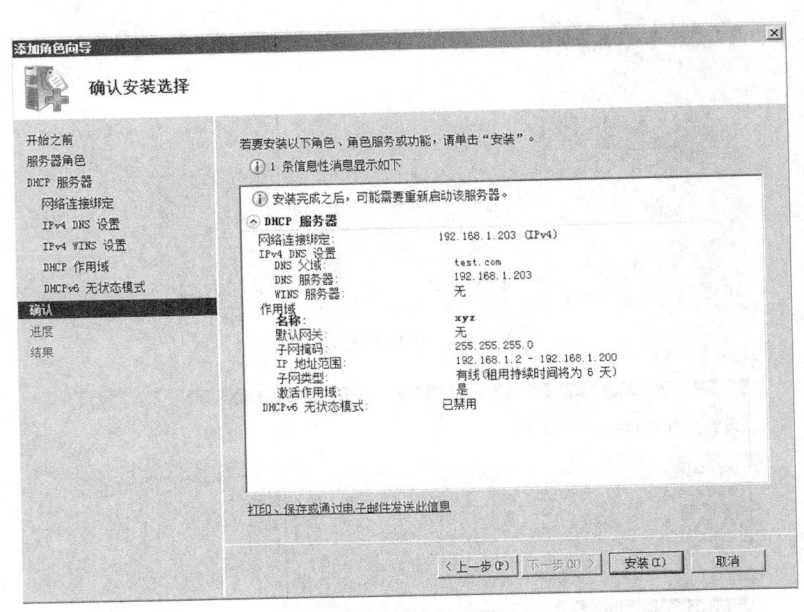

图 8-13　确认安装

（13）安装完成后会在【安装结果】对话框中显示安装是否成功及相关提示信息，单击【关闭】按钮完成整个安装配置过程。

8.2.2　使用 DHCP 服务器管理器

1. 管理 DHCP 服务器

（1）在 Windows Server 2008 R2 中提供了 DHCP 服务器管理器，成功安装 DHCP 服务器后，依次选择【开始】→【管理工具】→【DHCP】，出现 DHCP 服务器管理器界面，如图 8-14 所示。

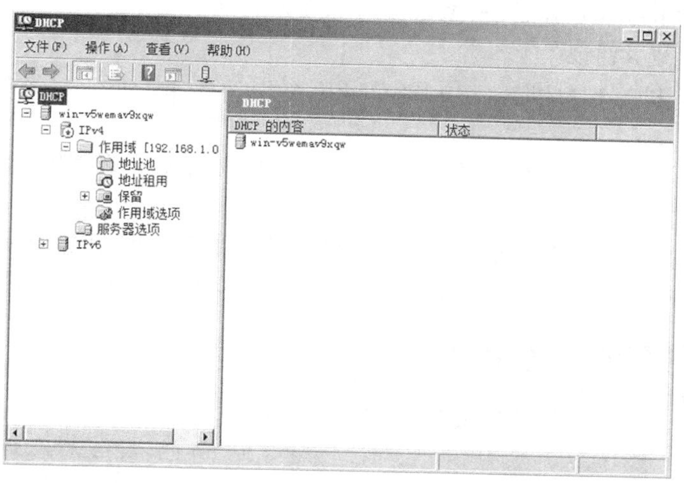

图 8-14　DHCP 服务器管理界面

（2）在 DHCP 服务器管理器的 IPv4 下面有已经创建的作用域，如果希望创建新的作用域，只需右键单击【IPv4】，然后选择【新建作用域】命令即可。

（3）如果希望修改现有作用域的参数，在图 8-14 中选中相应的作用域后，单击鼠标右键，从菜单中选择【属性】命令，然后就可以对该作用域的详细参数进行修改，如图 8-15 所示。

（4）如果不希望将地址池中某些范围的 IP 地址分配给客户机，可以建立保留。在图 8-14 中右键单击【地址池】，选择【新建排除范围】命令，在随后弹出的【添加排除】对话框中输入要排除的 IP 地址范围，单击【添加】按钮，如图 8-16 所示。

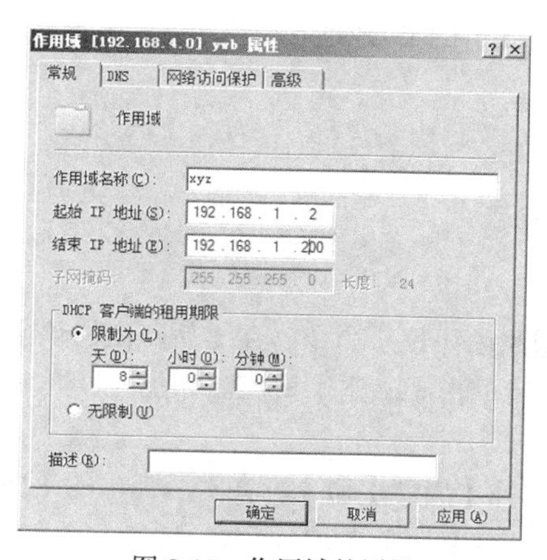

图 8-15　作用域的属性

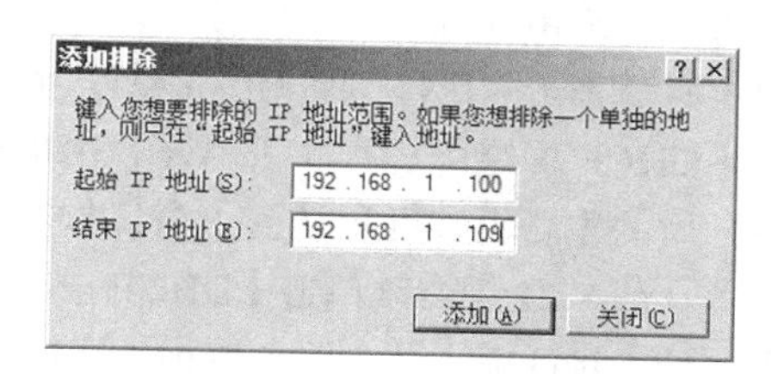

图 8-16　添加排除范围

2. 配置 DHCP 客户端并验证

（1）在客户机的【TCP/IP 属性】对话框中将 IPv4 的地址设置为【自动获取】，DNS 服务器地址设置为【自动获取】即可。

（2）用 IPCONFIG /ALL 命令查看已经获取的 IP 地址和相关信息。

（3）用 IPCONFIG /RELEASE 命令释放已经获取的 IP 地址。

（4）用 IPCONFIG /ALL 验证 IP 地址已经释放。

（5）用 IPCONFIG /RENEW 重新获取 IP 地址。

（6）用 IPCONFIG /ALL 验证 IP 地址已经重新获取。

3. 设置保留地址并验证

（1）读取某计算机的 MAC 地址，用 IPCONFIG /ALL 命令查看并记录要为其设置保留的计算机的物理地址。

（2）在如图 8-17 所示的 DHCP 控制器窗口中右键单击【保留】，在弹出的快捷菜单中选择【新建保留】命令。

（3）出现如图 8-18 所示的对话框，在【保留名称】文本框中输入保留名称，在【IP 地址】文本框中输入要保留的 IP 地址，在【MAC 地址】文本框中输入被保留地址的计算机的 MAC 地址。

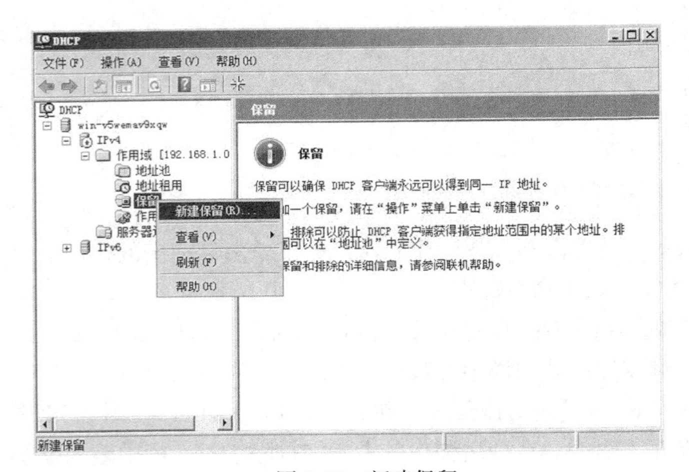

图 8-17　新建保留

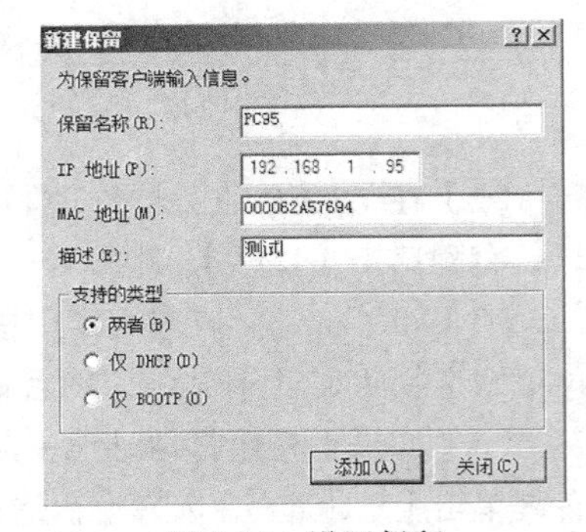

图 8-18　设置保留

（4）在客户机上重新获取 IP 地址，结果是获得了保留的 IP 地址。

8.2.3　DHCP 中继代理设置

实验接线如图 8-1 所示。

（1）安装“网络策略和访问服务”，参见第 17 章。

（2）启用路由和远程访问服务，如图 8-19 所示。

（3）右键单击“IPv4”下的【常规】，选择【新增路由协议】命令，在【新路由协议】对话框中选择【DHCP 中继代理程序】，如图 8-20 所示，然后单击【确定】按钮。添加“DHCP 中继代理程序”后的【路由和远程访问】窗口如图 8-21 所示。

（4）在图 8-21 中右键单击【DHCP 中继代理】，选择【属性】命令，在随后弹出的【DHCP 中继代理属性】对话框中的【服务器地址】区域中输入 DHCP 服务器地址，如“192.168.1.250”，然后单击【添加】按钮，再单击【确定】按钮，如图 8-22 所示。

（5）在图 8-21 中右键单击【DHCP 中继代理】，选择【新增接口】命令，在随后弹出的对话框中选择【本地连接】，然后单击【确定】按钮，如图 8-23 所示，在接下来出现的【DHCP 中继站属性-本地连接属性】对话框中单击【确定】按钮，如图 8-24 所示。

图 8-19　【路由和远程访问】窗口

图 8-20　选择“DHCP 中继代理程序”

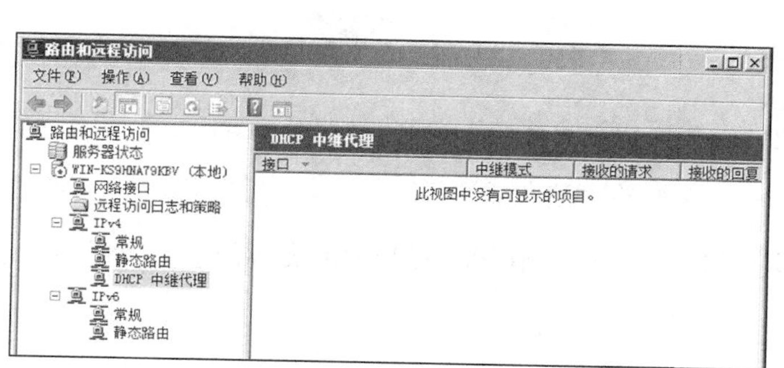

图 8-21　添加 DHCP 中继代理程序后的【路由和远程访问】窗口

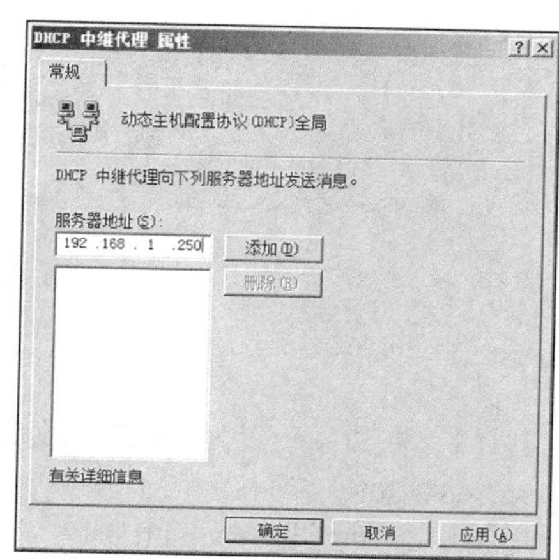

图 8-22　输入 DHCP 服务器地址

图 8-23　新增接口

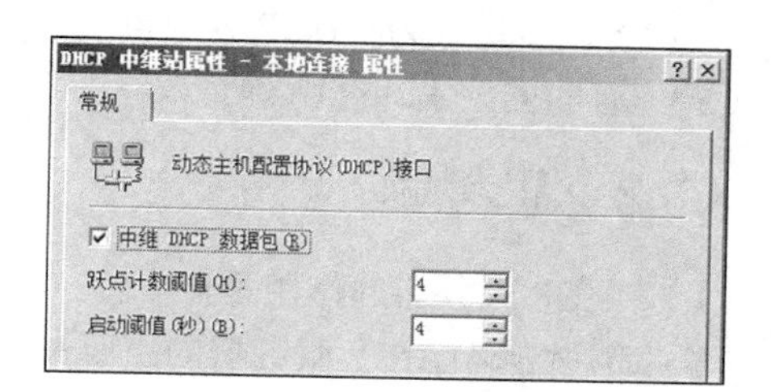

图 8-24　设置本地连接属性

8.3　实训与思考

8.3.1　实训题

1. 添加服务器角色并配置 DHCP 服务器

各组选一台计算机为 DHCP 服务器，其余作客户机。

（1）在 DHCP 服务器上添加 DHCP 服务器角色，并参考 8.2.1 节配置 DHCP 服务器。

（2）每组在配置好客户端后，在客户端查看已经获取的 IP 地址和相关信息。

（3）在客户机上使用 IPCONFIG /RELEASE、IPCONFIG /RENEW、IPCONFIG /ALL 命令查

看 IP 地址的变化。

2. 设置保留

（1）在客户机上读取物理地址。

（2）在服务器上为客户机设置保留地址。

（3）在客户机上验证得到了保留地址。

3. 设置中继代理

参照如图 8-25 所示的样子接线并配置 IP 地址。

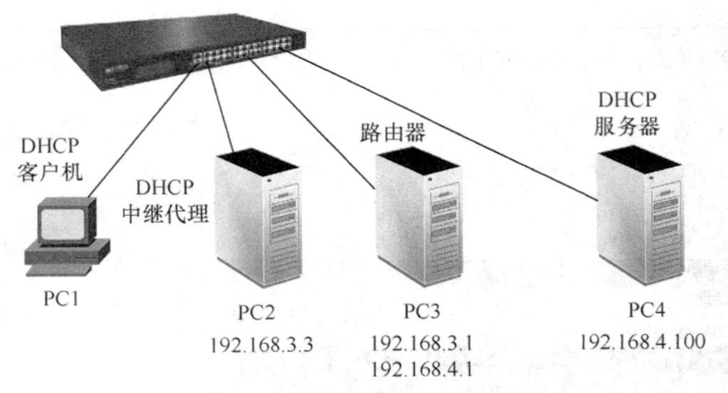

图 8-25 设置中继代理的接线

（1）将 PC4 设置为 DHCP 服务器，并建立作用域，作用域的 IP 地址范围为 192.168.3.100～192.168.3.200。

（2）将 PC3 设置为路由器。

（3）将 PC2 设置为 DHCP 中继代理。

（4）将 PC1 设置为 DHCP 客户机。

（5）验证 PC1 得到的 IP 地址。

8.3.2 思考题

（1）DHCP 服务器的作用是什么？

（2）简述配置 DHCP 服务器的主要过程。

（3）什么是保留地址？

（4）什么是排除地址？

（5）什么是地址租约？

（6）什么时候需要设置 DHCP 中继代理？

第9章 架设WWW和FTP服务器

WWW服务和FTP都是Internet上最重要、应用最为广泛的服务之一。Windows Server 2008 R2提供的互联网信息服务（Internet Information Server，IIS）可以帮助我们轻松架设WWW服务器和FTP服务器，并且可以对服务器进行各种配置和管理。

本章介绍与WWW服务器有关的一些名词术语，重点介绍如何利用IIS实现WWW服务器和FTP服务器。

9.1 WWW服务器

9.1.1 IIS介绍

IIS是一种Web服务组件，其中包括Web服务器、FTP服务器、NNTP服务器和SMTP服务器，分别用于网页浏览、文件传输、新闻服务和邮件发送等方面，它使得在网络（包括互联网和局域网）上发布信息成了一件很简单的事情。

IIS 7.0是Windows Server 2008中的Web服务器（IIS）角色和Windows Vista中的Web服务器，IIS 7.5是Windows Server 2008 R2中的Web服务器（IIS）角色和Windows 7中的Web服务器。

9.1.2 主目录与虚拟目录

1. 主目录

主目录是一个网站用于保存网页文件的文件夹。所有的网站都必须要有主目录。默认的Web网站主目录是LocalDrive:\inetpub\wwwroot，默认FTP站点主目录是LocalDrive:\inetpub\ftproot。用户可以使用IIS管理器或通过直接编辑MetaBase.xml文件来更改网站的主目录。

2. 虚拟目录

虚拟目录又叫"别名"，是为了便于用户访问而引入的，它指向本计算机上的一个物理目录或者其他计算机上的共享目录。因为虚拟目录名通常比物理目录的路径短，所以它更便于用户输入。同时，使用别名还更加安全，因为用户不知道文件在服务器上的物理位置，所以无法使用该信息来修改文件。通过使用别名还可以更轻松地移动站点中的目录，无需更改目录的URL，而只需更改别名与目录物理位置之间的映射。

如果网站包含的文件位于并非主目录的目录中或在其他计算机上，就必须创建虚拟目录，以便将这些文件包含到网站中。要使用另一台计算机上的目录，必须指定该目录的通用命名约定（\\目录路径）名称，并为访问权限提供用户名和密码。

3. 默认文档

即网站主页，当用户访问网站，但又没有指定访问哪一个文档时，网站会将默认文档返回给用户。在 Windows Server 2008 R2 中，默认文档为 Default.htm。

9.1.3 在一个服务器上架设多个网站

IIS 在单个服务器上支持多个网站。例如，用户可以在相同服务器上安装所有三个网站，而不使用三个不同的服务器宿主三个不同的网站。合并网站可以节约硬件资源、节省空间和降低能源成本。

要确保用户的请求能到达正确的网站，必须为服务器上的每个站点配置唯一的标识。为此，必须至少使用三种唯一标识符之一来区分每个网站：主机头名、IP 地址或唯一的 TCP 端口号。

同一服务器上主控的网站可以使用以下的唯一标识符进行区分：主机标题名称、IP 地址和 TCP 端口号。

1. 多个域名对应同一个 Web 站点

用户只需先将某个 IP 地址绑定到 Web 站点上，再在 DNS 服务器中将所需域名全部映射到这个 IP 地址上，则用户在浏览器中输入任何一个域名，都会直接得到所设置好的那个网站的内容。

2. 多个 IP 对应多个 Web 站点

如果本机已绑定了多个 IP 地址，想利用不同的 IP 地址得到不同的 Web 页面，则只需给不同的网站绑定不同的 IP 地址。

3. 一个 IP 地址对应多个 Web 站点

用户可以通过给各 Web 站点设置不同的端口号来实现，比如给一个 Web 站点设为 80，一个设为 81，一个设为 82，则对于端口号是 80 的 Web 站点，访问格式仍然直接是 IP 地址就可以了，而对于绑定其他端口号的 Web 站点，访问时必须在 IP 地址后面加上相应的端口号，即使用如“http://192.168.0.1:81”的格式。

9.2 安装与配置 WWW 服务器

模拟场景：

一个企业为了内部办公和为客户服务的需要，决定架设 Web 服务器和 FTP 服务器。企业的一个下属公司因业务需求，也需要一个独立域名的网站，出于经济上的考虑，将两个网站架设在同一台服务器上。另外，企业业务部和财务部需要单独维护自己在网站上发布的信息和提供的资源，因此，也分别需要一个供内部使用的网站。

实验环境：

已安装 Windows Server 2008 R2 的计算机一台，其他 Windows 系统计算机至少一台，交换机一台，互连成网。实验接线如图 9-1 所示。

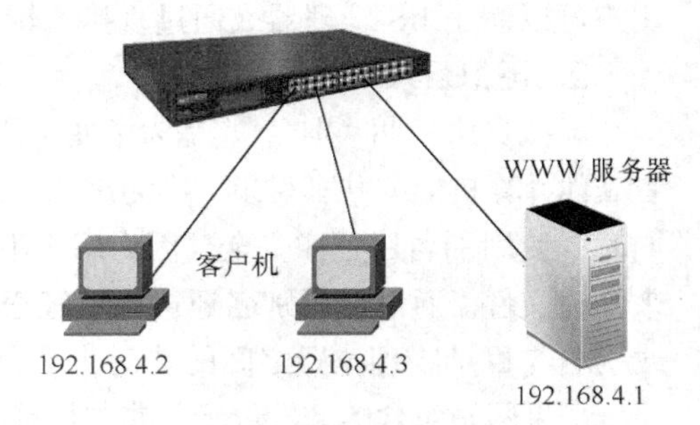

图 9-1 实验接线

9.2.1　在 WWW 服务器上安装 IIS

1. 在充当 WWW 服务器的计算机上安装 IIS

（1）打开服务器管理器，右键单击【角色】，选择【添加角色】命令，弹出【添加角色向导】。

（2）在【开始之前】对话框中单击【下一步】按钮。

（3）在【选择服务器角色】对话框中选择【角色】列表框中的【Web 服务器（IIS）】和【应用程序服务器】，单击【下一步】按钮，弹出如图 9-2 所示的界面，询问"是否添加 Web 服务器（IIS）所需的功能"。

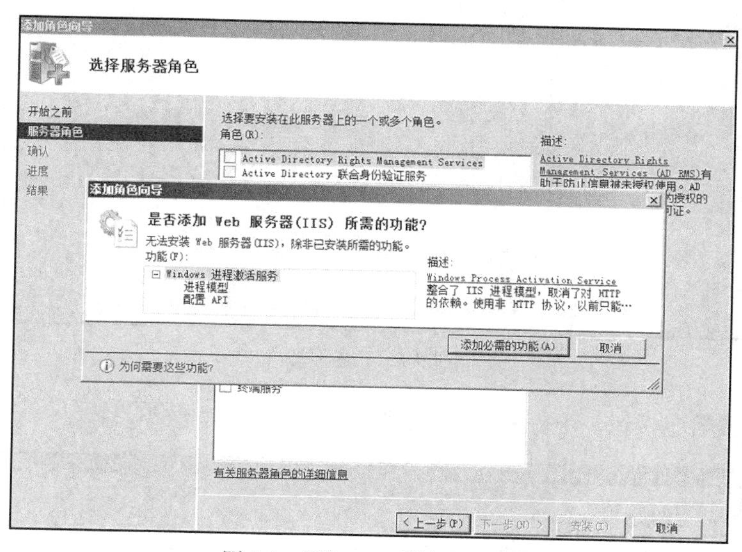

图 9-2　添加 Web 服务器角色

（4）单击【添加必需的功能】按钮后，单击【下一步】按钮，出现"Web 服务器简介（IIS）"，如图 9-3 所示，单击【下一步】按钮。

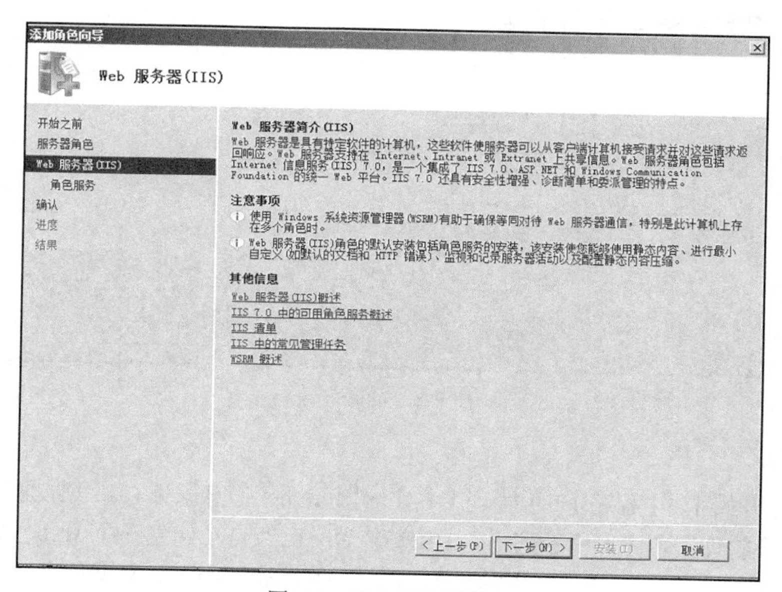

图 9-3　Web 服务器简介

（5）在【角色服务】列表框中选择【Web 服务器】，如图 9-4 所示，单击【下一步】按钮。

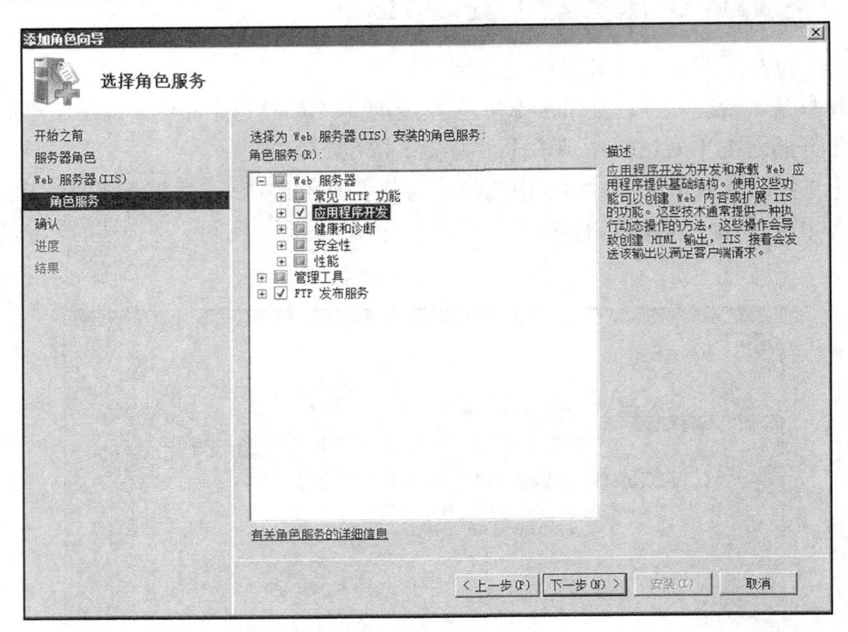

图 9-4　角色服务

（6）单击【安装】按钮，等待 IIS 安装完毕即可，如图 9-5 所示。

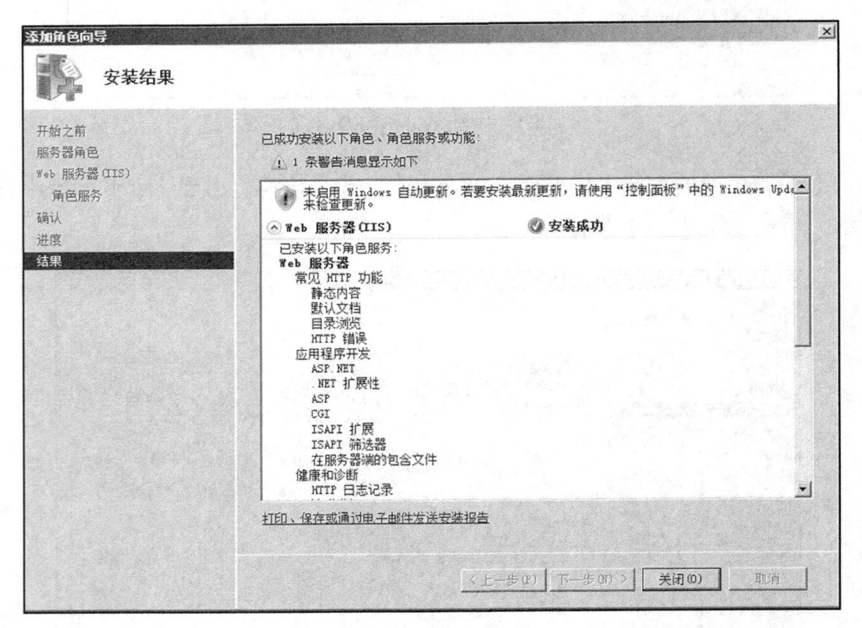

图 9-5　安装完毕

2. 启动 IIS

依次选择【开始】→【程序】→【管理工具】→【Internet 信息服务（IIS）管理器】，在【Internet 信息服务（IIS）管理器】窗口中看到，在 IIS 安装后，已经自动建立一个 Web，如图 9-6 所示。同时在 C 盘建立了一个 Inetpub 的文件夹，在该文件夹下面有 wwwroot 文件夹，如图 9-7 所示。

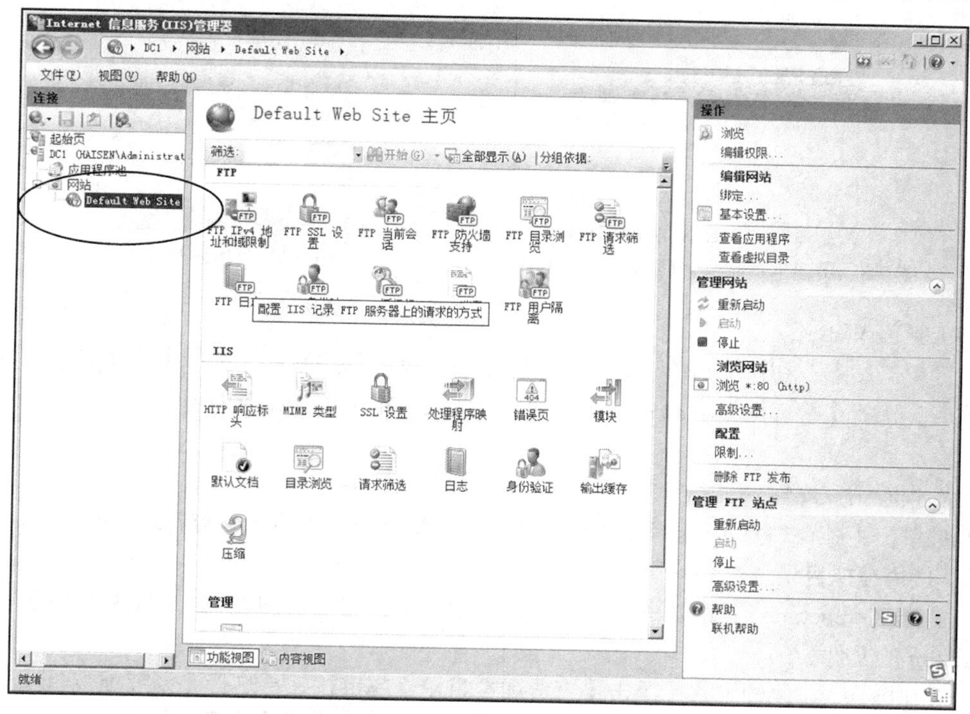

图 9-6　Internet 服务管理器

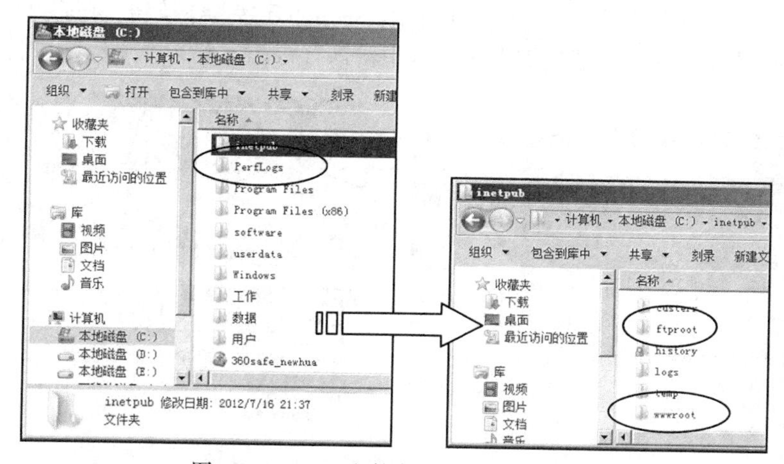

图 9-7　Inetpub 文件夹及其下面的文件夹

9.2.2　发布网站

1. 利用 IIS 的默认 Web 站点发布网站

（1）将网页放置到默认文件夹。

在服务器上将制作好的网页文件复制到 C:\inetpub\wwwroot 目录下，将网页的名字改为 default.htm。例如，用记事本创建一个文件，并将其保存为网页类型的文件，名为 default.htm，如图 9-8 所示。

（2）访问默认 Web 站点。

在客户机的浏览器的 URL 栏中键入 http://192.168.4.1，浏览默认站点，如图 9-9 所示。

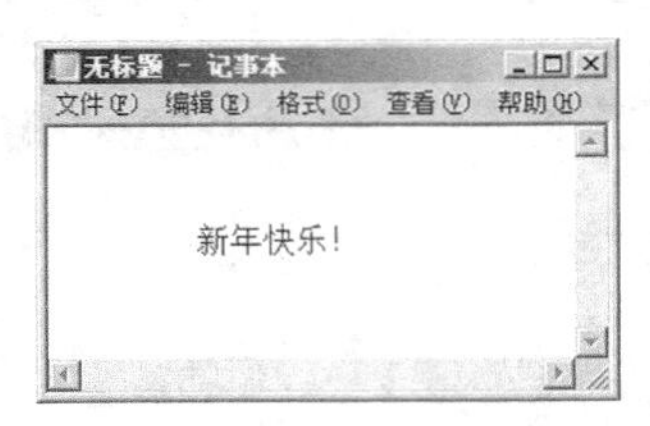

图 9-8 用记事本做一个简单的网页文件

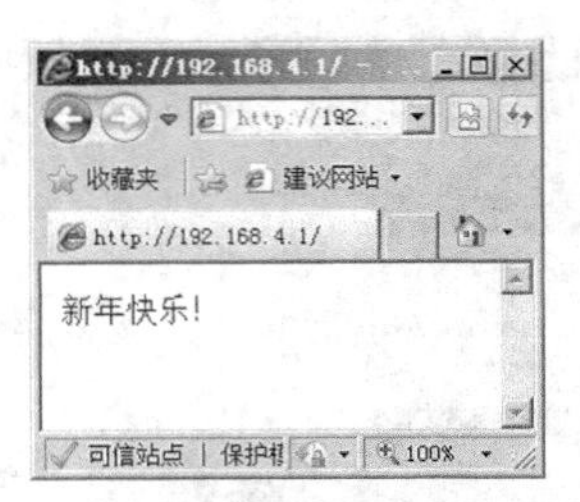

图 9-9 浏览默认站点

（3）管理 Web 站点。

右键单击站点，在快捷菜单中选择【删除】命令可以删除站点，选择【重命名】命令可以给站点改名，选择【管理网站】命令或在图 9-6 右侧的窗格中单击相应的超链接，可以停止站点或启动站点。

（4）查看站点属性。

右键单击【默认站点】，选择【管理网站】→【高级设置】命令，查看站点的基本信息。

2. 使用虚拟目录

（1）在 C:\\inetpub 下建立一个文件夹，名为“虚拟目录练习”，在文件夹中创建一个名为 default.htm 的文件。

（2）在图 9-6 右侧的窗格中单击【查看虚拟目录】超链接，再选择【添加虚拟目录】。

（3）在弹出的对话框中输入虚拟目录的别名，如 myalias，在【物理路径】组合框中输入或浏览到“C:\inetpub\虚拟目录练习”，如图 9-10 所示。单击【连接为】按钮，在打开的对话框中选中【特定用户】单选按钮，在【设置凭据】对话框中输入有权访问此文件夹的用户名和密码。

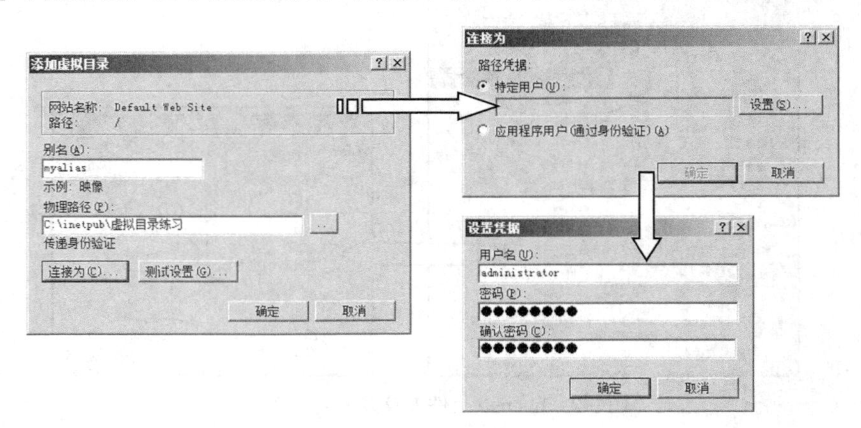

图 9-10 添加虚拟目录

（4）在浏览器中键入 http://192.168.4.1/myalias，显示结果如图 9-11 所示。

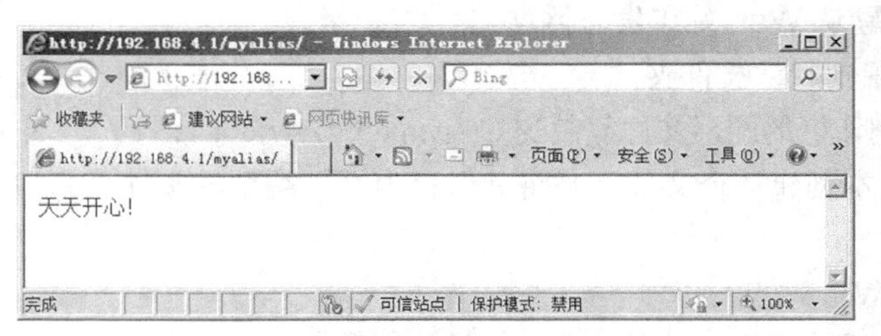

图 9-11 浏览虚拟目录中的网页

（5）若将该网页保存在其他文件夹下，只需要修改图 9-10 中的映射物理路径即可。

9.2.3　在一个服务器上新建 Web 站点

1. 利用不同的 IP 地址架设 Web 站点

（1）为计算机添加多个 IP 地址。在【TCP/IP 属性】对话框中单击【高级】按钮，为服务器添加 IP 地址，如 192.168.4.100。

（2）在 C 盘建立一个文件夹，名为 webfile1，在文件夹下创建一个网页，名为 default.htm。

（3）在 Internet 信息服务（IIS）管理器中右键单击【网站】，选择【添加网站】命令，在打开的对话框中输入站点名为 Web1，选择物理路径（C:\webfile1），设置站点 IP 地址，（为本机新添加的 IP 地址，如 192.168.4.100）和使用的 TCP 端口号（为 80），如图 9-12 所示。

（4）单击【确定】按钮，则网站添加完毕，如图 9-13 所示。

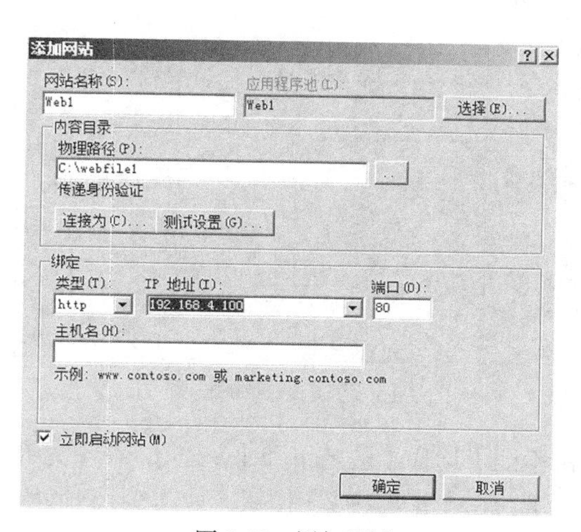

图 9-12　添加网站

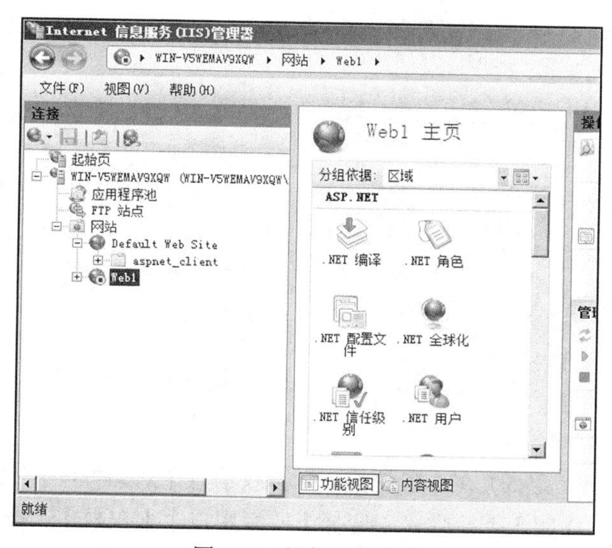

图 9-13　添加网站完毕

（5）在客户机的浏览器的 URL 栏中分别键入 http://192.168.4.100 和 http://192.168.4.1，显示不同的网站内容。

2. 利用新的端口架设新的 Web 站点

（1）在 C 盘建立一个文件夹，名为 webfile2，在文件夹下创建一个网页，名为 default.htm。

（2）在 Internet 信息服务（IIS）管理器中右键单击【网站】，选择【添加网站】命令，在打开的对话框中输入站点名为 Web2，选择物理路径（C:\webfile2），选择站点 IP 地址（192.168.4.1）和使用的 TCP 端口号（为 8000），完成站点创建，如图 9-12 所示。

（3）在客户机的浏览器的 URL 栏中键入 http://192.168.4.1:8000，浏览此站点。

3. 利用主机名架设新的 Web 站点

（1）在 C 盘建立一个文件夹，名为 webfile3，在文件夹下创建一个网页，名为 default.htm。

（2）在 Internet 信息服务（IIS）管理器中右键单击【网站】，选择【添加网站】命令，在打开的对话框中输入站点名为 Web3，选择物理路径（C:\webfile3），选择站点 IP 地址（192.168.4.1）和使用的 TCP 端口号（为 80），在主机名中输入“Web3”，完成站点创建，如图 9-12 所示。

说明：一旦指定主机名后，客户端必须用主机域名访问网站，其他网站也必须要指定主机名，而且主机域名要在 DNS 服务器中建立相应的记录。

（3）在客户机的浏览器的 URL 栏中键入 http://Web3.haisen.com，浏览此站点。

9.2.4 在 IIS 中架设 FTP 站点

1. 建立 FTP 站点

（1）将一些供下载的文件复制到系统自动创建的文件夹“C:\\inetpub\ftproot”中。

（2）在 Internet 服务管理器中右键单击【网站】，选择【添加 FTP 站点】命令。

（3）在【添加 FTP 站点】对话框的【FTP 站点名称】文本框中输入 FTP1，在【物理路径】组合框中输入“C:\inetpub\ftproot”，单击【下一步】按钮，如图 9-14 所示。

（4）在【绑定和 SSL 设置】对话框中选择【IP 地址】为“全部未分配”，【端口】选择默认值“21”，【SSL】选择“无”，其余选项保持默认，单击【下一步】按钮，如图 9-15 所示。

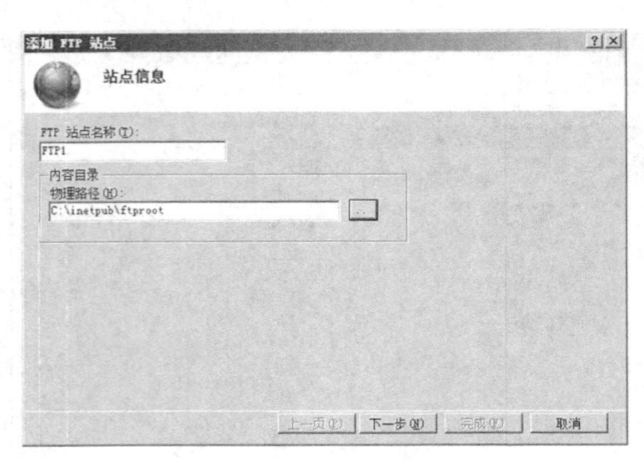

图 9-14 输入站点信息

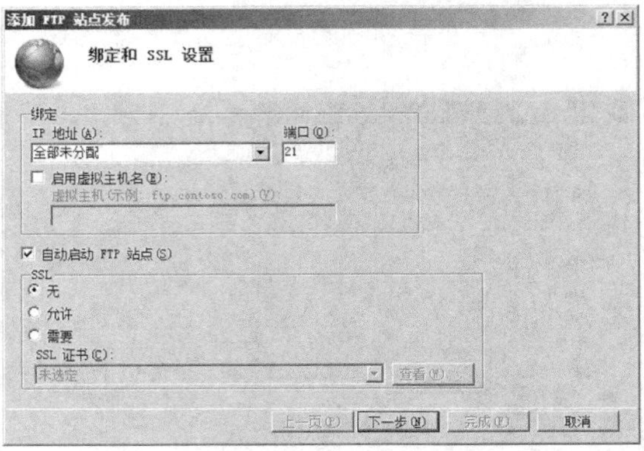

图 9-15 绑定站点参数

（5）在【身份验证和授权信息】对话框中，【身份验证】选择【匿名】和【基本】，在【允许访问】下拉列表中选择【所有用户】，【权限】选择【读取】。单击【完成】按钮，如图 9-16 所示。

（6）在客户机的浏览器 URL 栏中键入 ftp://192.168.4.1，即可下载文件，如图 9-17 所示。

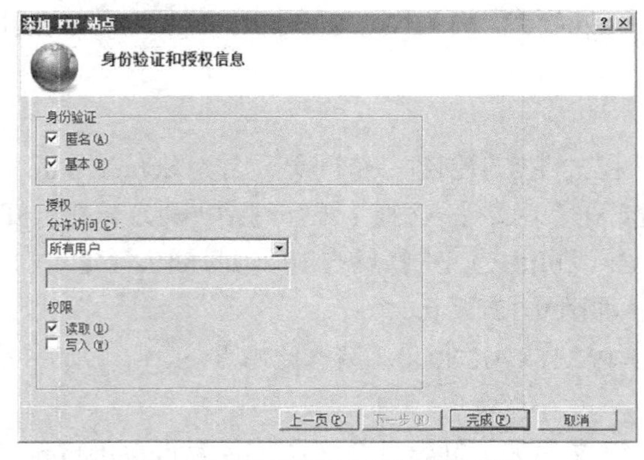

图 9-16 选择身份验证和授权信息

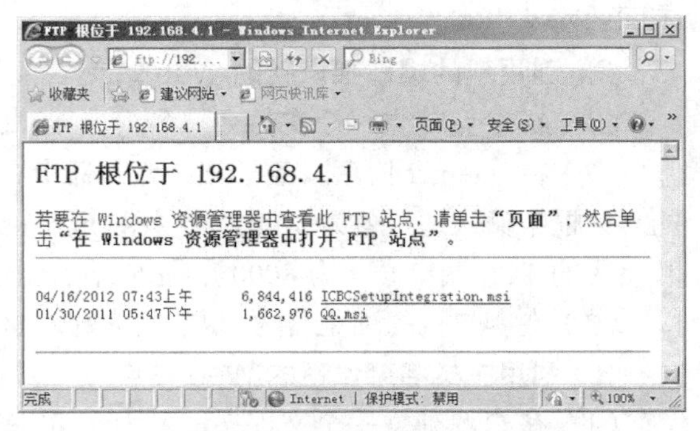

图 9-17 登录 FTP 站点

2. 实现多个 FTP 站点

架设多个 FTP 站点的方法与架设多个 Web 站点的方法相同，可以仿照架设多个 Web 站点的方法自行练习，这里不再赘述。

9.3　实训与思考

9.3.1　实训题

1. 添加服务器角色

（1）参照图 9-1 配置各计算机的 TCP/IP 属性。

（2）在 WWW 服务器上添加服务器角色（IIS）。

（3）启动 IIS。

2. 利用默认站点发布网站

（1）将名字为 default.htm 的自制网页文件复制到 C:\inetpub\wwwroot 下。

（2）在客户机上访问默认站点。

3. 查看默认站点属性，记录其站点名称、IP 地址、端口、默认文档、物理路径等信息

4. 建立多个 Web 站点

（1）利用不同的 IP 地址建立三个新站点。

（2）访问上述站点。

5. 建立 FTP 站点

（1）利用默认路径“C:\inetpub\ftproot”建立一个 FTP 站点，并进行下载文件练习。

（2）仿照建立多个 Web 站点的方法再建立三个 FTP 站点。

9.3.2　思考题

（1）建立 Web/FTP 站点要经过哪些步骤？

（2）有哪些方法可以在一个计算机上建立多个站点？

（3）一个 Web 或 FTP 站点的内容一定要放在一台计算机上吗？

（4）虚拟目录的作用是什么？

（5）WWW 站点的默认目录是什么？默认文档是什么？

第 10 章 DNS 服务器配置

为了便于用户访问网站，Internet 中引入了域名系统，允许用户用域名访问目的站点。但是，在 Internet 中，寻找一个站点的唯一依据是 IP 地址，用户键入的域名是不能作为通信的依据的。为了解决这个矛盾，在网络中设置 DNS 服务器，其任务是：根据用户键入的域名，找到该域名对应的 IP 地址，然后让客户机根据目的站点的 IP 地址访问目的站点。利用 Windows Server 2008 R2 提供的 DNS 角色，可以轻松架设 DNS 服务器。

本章介绍 DNS 服务器的简单原理、相关知识，重点介绍 DNS 服务器的架设与管理。

10.1 DNS 服务器的相关知识

10.1.1 DNS 的作用与原理

在 Internet 上用 IP 地址来标识一个主机，因此要访问一个主机，必须记住该主机的 IP 地址，由于 IP 地址不便于记忆，就引入了域名系统（Domain Name System，DNS）。DNS 是一种基于标识符号的名字管理机制，它允许用字符甚至汉字来命名一个主机。

域名采用层次结构，分成不同的级。第一级是根域名（root），在根域名的下面可以注册国家域名（如 cn）和行业机构域名（如 com）。在国家域名下可以注册行业机构域名和地区域名，如在 cn 下可以注册 bj（北京）、sh（上海）、tj（天津）等。在行业机构或地区域名下可以注册单位域名（如 pku）。在单位注册域名下可以注册主机域名（如 www）。

域名解析就是根据用户键入的域名找到该域名对应的 IP 地址，承担域名解析任务的计算机叫作域名服务器。

DNS 服务器具有以下功能。

（1）保存主机名称及其对应的 IP 地址的数据库。

（2）接收 DNS 客户机提出的查询请求。

（3）若在本 DNS 服务器上查询不到，能够自动地向其他 DNS 服务器查询。

（4）向 DNS 客户机提供查询的结果。

域名解析有两种方法。

（1）反复解析。反复解析是一次请求一个服务器，如果本服务器解析不了，就给客户机指定另一个域名服务器，直至解析成功。

（2）递归解析。递归解析是用户将域名解析请求发给最近（本域）的域名服务器，然后由该域名服务器负责完成解析任务。

10.1.2　DNS 区域

为了便于根据实际情况来分散 DNS 名称管理工作的负荷，将 DNS 名称空间划分为区域（Zone）来进行管理。区域是 DNS 服务器的管辖范围，是由 DNS 名称空间中的单个区域或由具有上下隶属关系的紧密相邻的多个子域组成的一个管理单位。因此，DNS 服务器是通过区域来管理名称空间的。

一台 DNS 服务器可以管理一个或多个区域，而一个区域也可以由多台 DNS 服务器来管理（例如，由一个主 DNS 服务器和多个辅助 DNS 服务器来管理）。在 DNS 服务器中必须先建立区域，然后再根据需要在区域中建立子域以及在区域或子域中添加资源记录，才能完成其解析工作。

DNS 服务器中有两种类型的搜索区域：正向搜索区域和反向搜索区域。正向搜索区域用来处理正向解析，即把主机名解析为 IP 地址；而反向搜索区域用来处理反向解析，即把 IP 地址解析为主机名。无论是正向搜索区域还是反向搜索区域，都有四种区域类型，分别为主要区域、辅助区域、Active Directory 集成的区域和存根区域。区域类型决定用哪种方法获取并保存区域信息。

（1）主要区域。

主要区域（Primary）包含相应 DNS 命名空间所有的资源记录，是区域中所包含的所有 DNS 域的权威 DNS 服务器。可以对区域中的所有资源记录进行读/写，即 DNS 服务器可以修改此区域中的数据，默认情况下区域数据以文本文件格式存放。

（2）辅助区域。

辅助区域（Secondary）是主要区域的备份，从主要区域直接复制而来，同样包含相应 DNS 命名空间所有的资源记录，是区域中所包含的所有 DNS 域的权威 DNS 服务器。和主要区域的不同之处是，DNS 服务器不能对辅助区域进行任何修改，即辅助区域是只读的。辅助区域的数据只能以文本文件格式存放。

（3）Active Directory 集成的区域。

可以将主要区域的数据存放在活动目录中，并且随着活动目录数据的复制而复制，此时，此区域称为活动目录集成主要区域。在这种情况下，每一个运行在域控制器上的 DNS 服务器都可以对此主要区域进行读/写，这样就避免了标准主要区域出现的单点故障。

（4）存根区域。

存根区域（Stub）包含了用于分辨主要区域权威 DNS 服务器的记录，有三种记录类型：SOA、NS 和 A glue（粘附 A 记录）。

10.1.3　资源记录

在管理域名的时候，需要用到 DNS 资源记录（Resource Record，RR）。DNS 资源记录是域名解析系统中基本的数据元素，每个记录都包含一个类型（Type）、一个生存时间（Time To Live，TTL）、一个类别（Class）以及一些跟类型相关的数据。在设定 DNS 域名解析、子域名管理、E-mail 服务器设定以及进行其他域名相关的管理时，需要使用不同类型的资源记录。

常用的资源记录类型有以下几种。

1. A 记录

A 记录（Address Record）又称主机记录（Host Record），它是一个 32 位的 IPv4 地址，通常用来将主机名映射到主机的 IP 地址。

2. AAAA 记录

它是一个 128 位的 IPv6 地址，通常用来将主机映射到对应的 IP 地址。

3. CNAME 记录

CNAME 记录（Canonical Name Record）又称别名（Alias）记录。CNAME 记录用来将一个子域名指向一个已经存在的 A 记录，从而使得子域名能够指向适当的 IP 地址。这样可以为同一个主机设定许多别名，从而使得同一个 IP 地址上能够运行多个服务（每个服务都运行在不同的端口）。

4. MX 记录

MX 记录（Mail Exchanger Record），邮件交换资源记录用于将电子邮件的后缀映射为电子邮件服务的主机名，邮件交换资源记录由电子邮件转发服务器使用，例如，SMTP 服务器需要将电子邮件地址为 user@bwu.edu.cn 的邮件发送或转发到用户邮箱时，必须先知道 bwu.edu.cn 域中的邮件服务器是谁，所以要先向 DNS 服务器查询 bwu.edu.cn 域中的 MX 记录。DNS 服务器会应答 bwu.edu.cn 域中邮件服务器的主机名，然后 SMTP 服务器就可以把邮件转发给该邮件服务器了。

5. NS 记录

NS 记录和 SOA 记录是任何一个 DNS 区域都不可或缺的两条记录。NS 记录也叫名称服务器记录，用于说明这个区域由哪些 DNS 服务器负责解析；SOA 记录用于说明负责解析的 DNS 服务器中哪一个是主服务器。因此，任何一个 DNS 区域都不可能缺少这两条记录。NS 记录说明了在这个区域里有多少个服务器来承担解析的任务。

6. SOA 记录

NS 记录说明了有多少台服务器在进行解析，但哪一个是主服务器，NS 并没有说明。SOA 叫作起始授权机构记录，SOA 记录说明了在众多 NS 记录里哪一台才是主要的服务器。

7. SRV 记录

SRV 记录是服务器资源记录的缩写，SRV 记录是 DNS 记录中的“新面孔”，在 RFC2052 中才对 SRV 记录进行了定义，SRV 记录的作用是说明一个服务器能够提供什么样的服务。

8. PTR 记录

PTR 记录也称为指针记录，PTR 记录是 A 记录的逆向记录，作用是把 IP 地址解析为域名。由于在前面提到过，DNS 的反向区域负责从 IP 地址到域名的解析，因此如果要创建 PTR 记录，必须在反向区域中创建。

10.1.4 动态更新

动态更新允许 DNS 客户端计算机在发生更改的任何时候使用 DNS 服务器注册和动态地更新其资源记录。它减少了对区域记录进行手动管理的麻烦，特别是对于频繁移动或改变位置并使用 DHCP 获得 IP 地址的客户端更是如此。

DNS 客户端和服务器服务支持使用动态更新，如 RFC 2136“Dynamic Updates in the Domain Name System”（域名系统中的动态更新）中所述。DNS 服务器服务允许在配置为加载标准主要区域或目录集成区域的每个服务器上，在每个区域上启用或禁用动态更新。默认情况下，DNS 客户端服务在配置用于 TCP/IP 时，将动态更新 DNS 中的主机资源记录。

10.1.5 DNS 的日常维护

1. 使用 DNScmd 维护 DNS 系统

Windows 的资源工具包提供了一个叫作 DNScmd 的命令行程序，它用来管理 DNS 服务器。

该工具可用于以下几个方面。

（1）创建脚本或批处理文件，使 DNS 中每日的管理进程自动化。它特别适合设置使用文本文件的标准 DNS 主要区域的情况。

（2）更新资源记录。

（3）建立并配置新的 DNS 服务器等服务。

2. 用 Ping 命令

对 Ping 命令的使用相信大家都不陌生，它使用 ICMP 检查网络上特定 IP 地址的存在，一个 DNS 域名也是对应一个 IP 地址的，因此可以使用 Ping 命令来检查一个 DNS 域名的连通性。

3. 用 ipconfig 设置 DNS

直接在命令提示符下执行 ipconfig 命令，可以查看 DNS 服务器的配置情况。使用命令 ipconfig registerDNS 可以更新或排除一个客户的 DNS 注册故障，因为该命令将刷新 DHCP 的租约并注册计算机的主机名。

4. 用 nslookup 诊断

nslookup 是诊断 DNS 的实用程序，它允许与 DNS 以对话方式工作并让用户检查资源记录。nslookup 可以指定查询的类型，可以查到 DNS 记录的生存时间，还可以指定使用哪个 DNS 服务器进行解释。在已安装 TCP/IP 的计算机上均可使用这个命令。

10.2　DNS 服务器的架设与管理

模拟场景：

一个企业建立了自己的企业内部网，架设了 WWW 网站和 FTP 站点，并注册了域名 haisen.com。为了让内部用户和外部用户都能够用域名访问到企业的网站，同时也为了使企业内部用户能够快速地访问到常用的外部网站，决定配置一台 DNS 服务器。

实验环境：

已安装 Windows Server 2008 的计算机两台，一台作为 WWW 服务器，一台作为 DNS 服务器，其他 Windows 计算机至少一台，作为用户计算机，交换机一台，互连成网。接线及 IP 地址配置如图 10-1 所示。

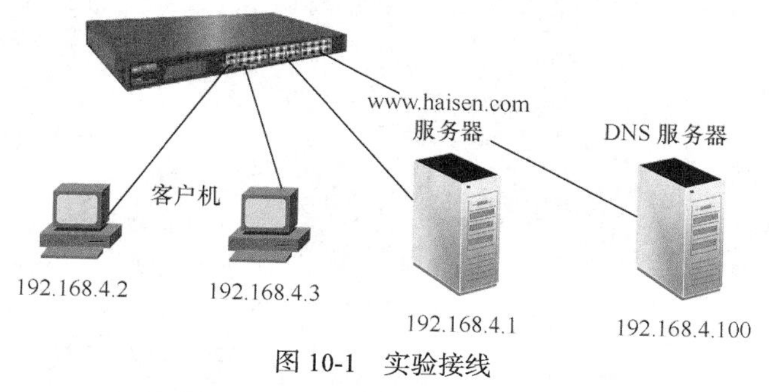

图 10-1　实验接线

10.2.1　安装 DNS 服务器角色

1. DNS 服务器角色的安装

（1）打开服务器管理器，右键单击【角色】，选择【添加角色】命令，弹出【添加角色向导】

对话框。

（2）在【开始之前】对话框中单击【下一步】按钮。

（3）在【选择服务器角色】对话框中选中【DNS 服务器】复选框，并单击【下一步】按钮，如图 10-2 所示。

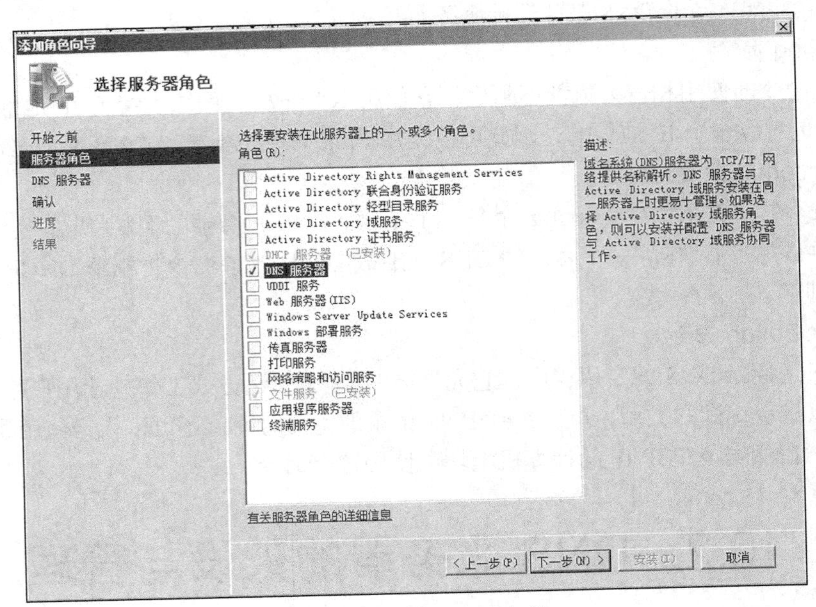

图 10-2　添加 DNS 服务器

（4）在【DNS 服务器】对话框中单击【下一步】按钮，如图 10-3 所示。

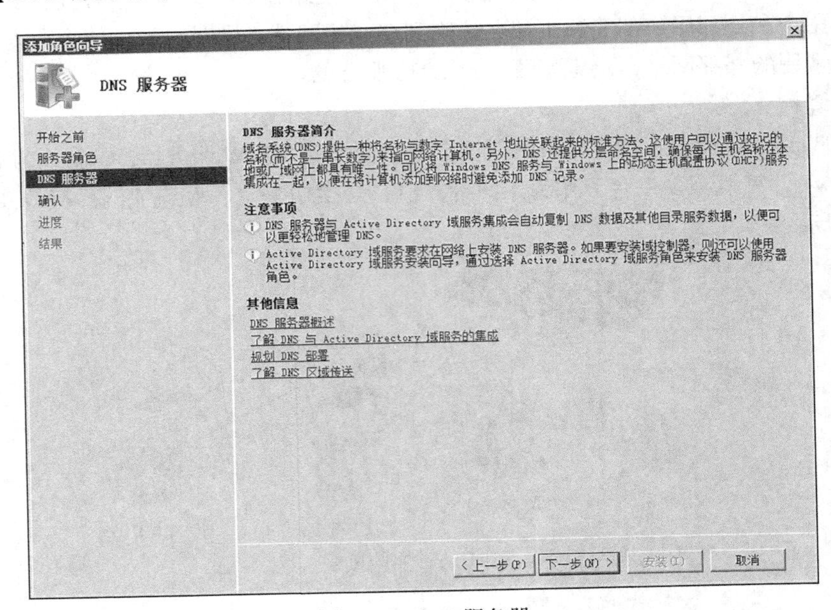

图 10-3　DNS 服务器

（5）在【确认安装选择】对话框中继续单击【下一步】按钮，如图 10-4 所示。

（6）DNS 服务器角色安装完毕，单击【关闭】按钮，如图 10-5 所示。

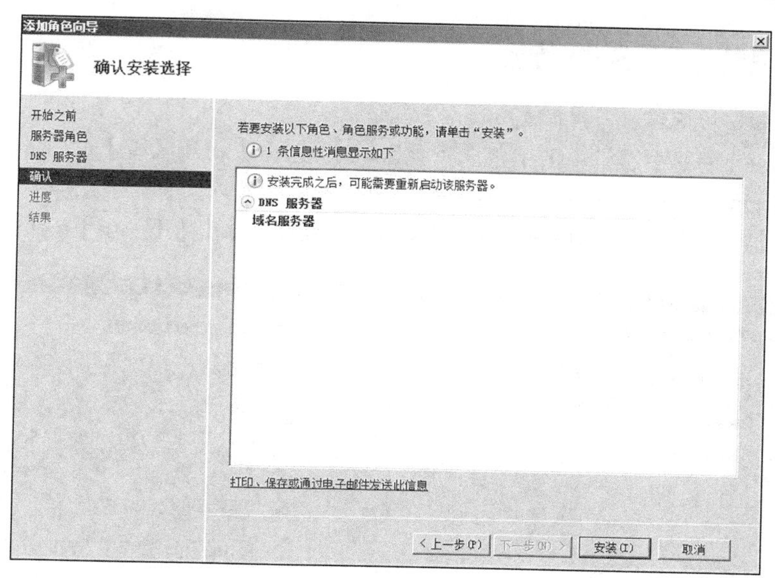

图 10-4　确认安装选择

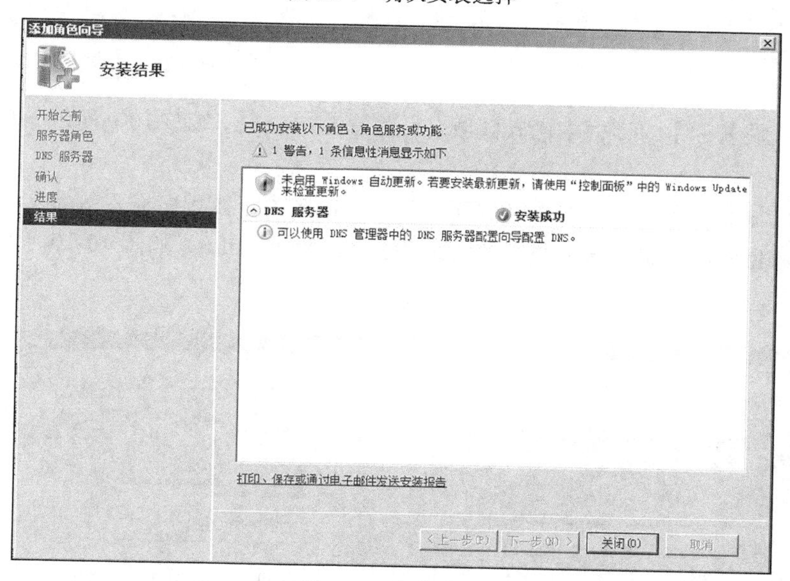

图 10-5　安装完毕

2. 启动 DNS 管理器

添加完 DNS 角色后，在【开始】→【程序】→【管理工具】中会出现【DNS】，利用它可以启动 DNS 管理器，并对 DNS 服务器进行设置，如图 10-6 所示。

图 10-6　DNS 管理器

10.2.2 配置 DNS 服务器

1. 建立正向查找区域

（1）在 DNS 管理器中右键单击【正向查找区域】，选择【新建区域】命令，弹出新建区域向导，如图 10-7 所示，单击【下一步】按钮。

（2）在【区域类型】对话框中选择【主要区域】单选按钮，单击【下一步】按钮，如图 10-8 所示。

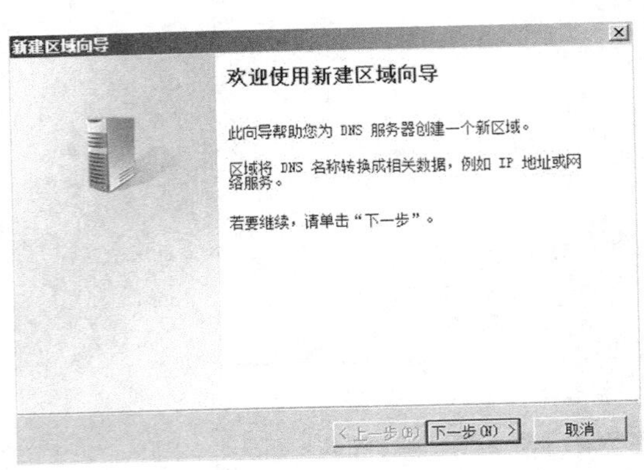

图 10-7　新建区域向导

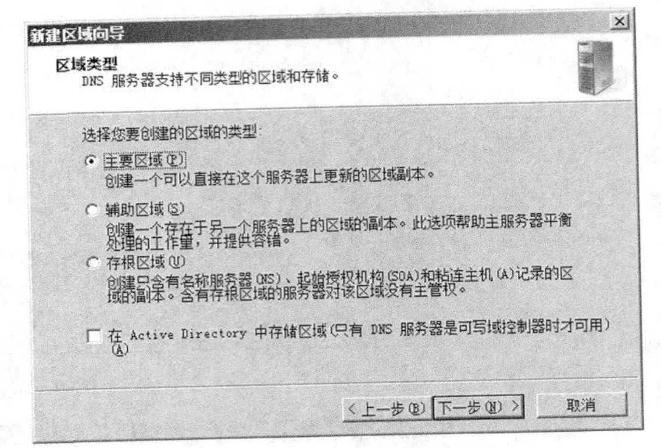

图 10-8　选择区域类型

（3）在【区域名称】对话框中输入区域名，如 haisen.com，如图 10-9 所示，单击【下一步】按钮。

（4）在【区域文件】对话框的【创建新文件，文件名为】区域中输入区域文件名，区域文件用于保存区域数据库的信息，这里使用默认文件名 haisen.com.dns，如图 10-10 所示，单击【下一步】按钮。

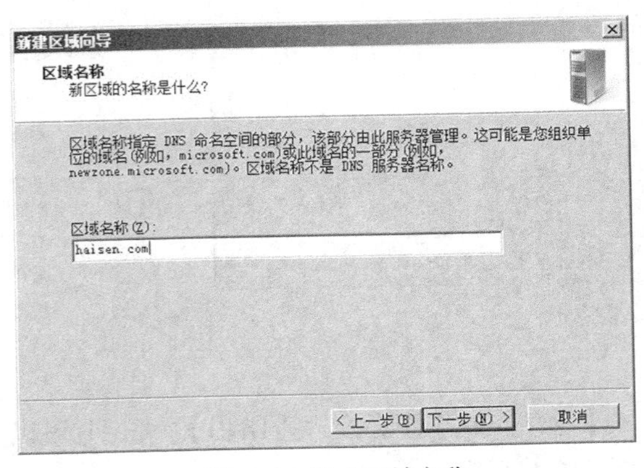

图 10-9　输入区域名称

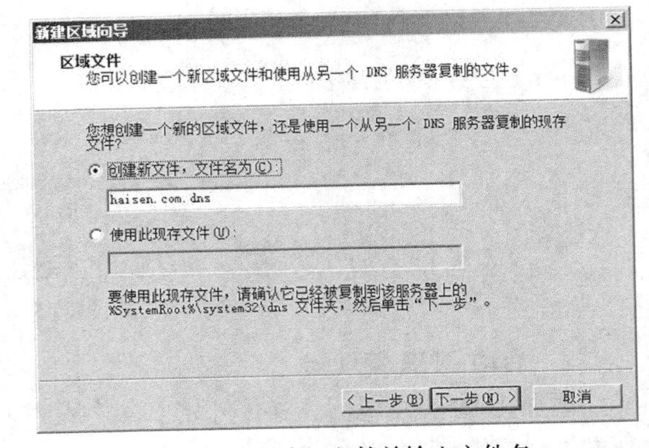

图 10-10　创建新文件并输入文件名

（5）【动态更新】对话框用于设置当 DNS 客户机发生更改时，DNS 服务器是否动态更新，这里选择【不允许动态更新】单选按钮，如图 10-11 所示。单击【下一步】按钮，完成新建区域向导。

2. 创建主机记录

（1）右键单击新建的区域，选择【新建主机】命令，在弹出的对话框中输入主机名称和对应的 IP 地址，再单击【添加主机】按钮，如图 10-12 所示，若添加其他主机记录，可重复上述操作。

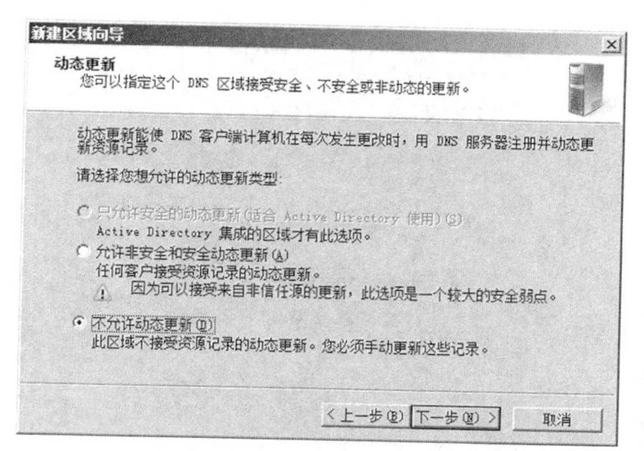

图 10-11　选择是否动态更新

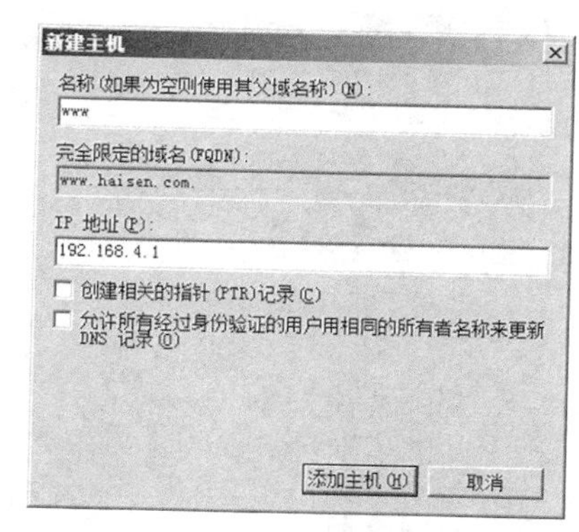

图 10-12　添加主机记录

（2）添加主机后的区域信息如图 10-13 所示。

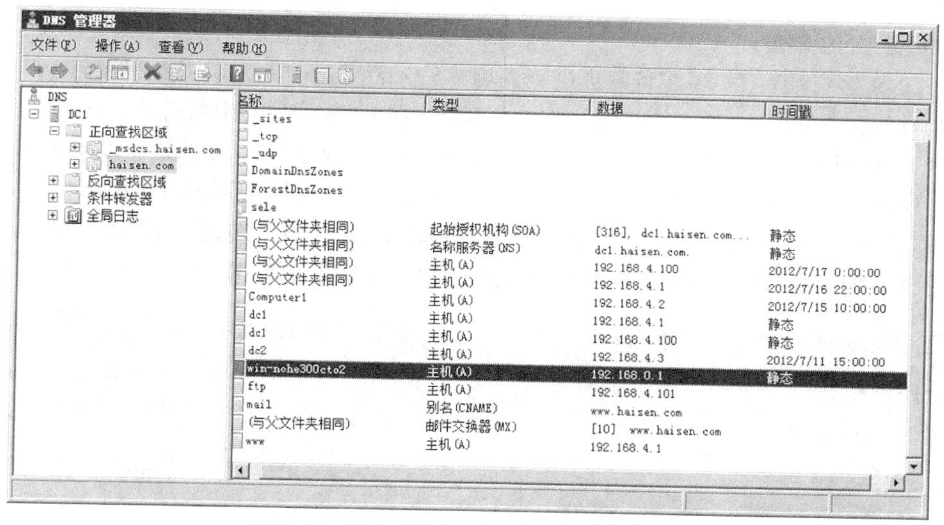

图 10-13　添加主机记录后的 haisen.com 区域

3. 配置别名记录

在 DNS 控制台中右键单击【正向查找区域】中的区域，如 haisen.com，选择【新建别名】命令，在【新建资源记录】对话框的【别名】文本框中输入别名，如 mail，在【目标主机的完全合格的域名】文本框中输入该别名指向的主机域名，如 www.haisen.com，如图 10-14 所示。

4. 配置邮件交换记录

（1）在区域中要有邮件服务器的主机记录，假设 Web 服务器同时兼作邮件服务器。

（2）在 DNS 管理器中右键单击【正向查找区域】中的区域，如 haisen.com，选择【新建邮件交换器】命令。

（3）在【新建资源记录】对话框的【邮件服务器的完全限定的域名】文本框中输入邮件服务器主机的 DNS 名称，如 www.haisen.com，也可以使用【浏览】按钮来代替手动输入，如图 10-15 所示，然后单击【确定】按钮。

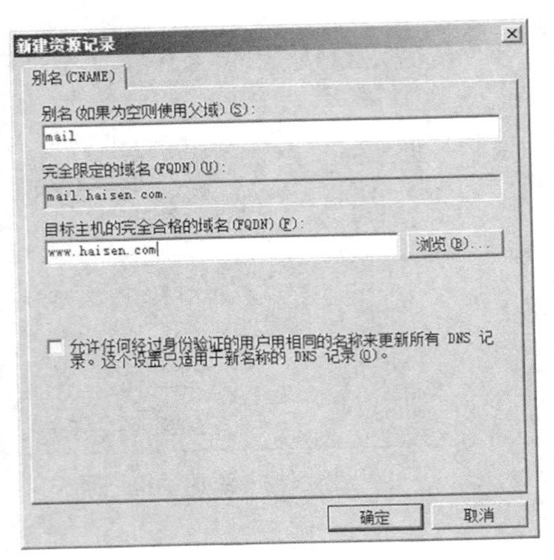

图 10-14　添加别名记录

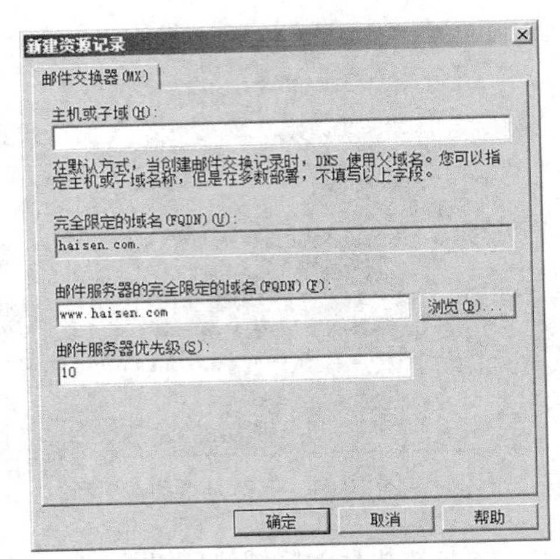

图 10-15　配置邮件交换记录

5. 配置 DNS 转发

（1）DNS 客户端对 DNS 服务器提出查询请求后，若 DNS 服务器内没有所需记录，则 DNS 服务器会代替客户端向根 DNS 服务器发出查询请求。在 DNS 管理器中右键单击服务器，选择【属性】命令，在对话框中单击【根提示】标签，显示根 DNS 服务器的 IP 地址，如图 10-16 所示。

（2）DNS 客户端对 DNS 服务器提出查询请求后，若 DNS 服务器内没有所需记录，则 DNS 服务器也可以代替客户端向其他 DNS 服务器发出查询请求。单击【转发器】标签，再单击【编辑】按钮，输入要转发的目的 DNS 服务器的 IP 地址，单击【确定】按钮，如图 10-17 所示。

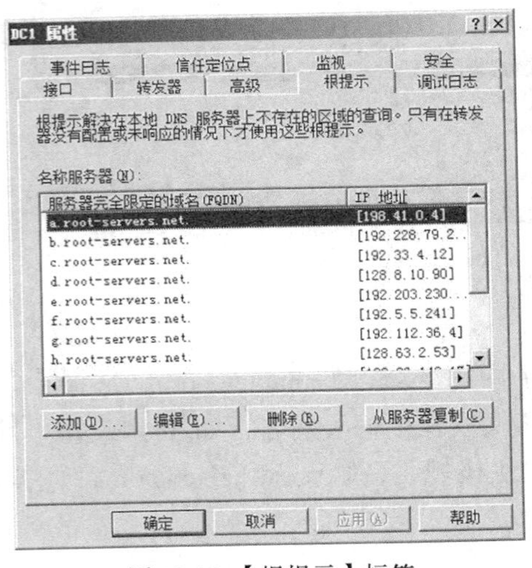

图 10-16 【根提示】标签

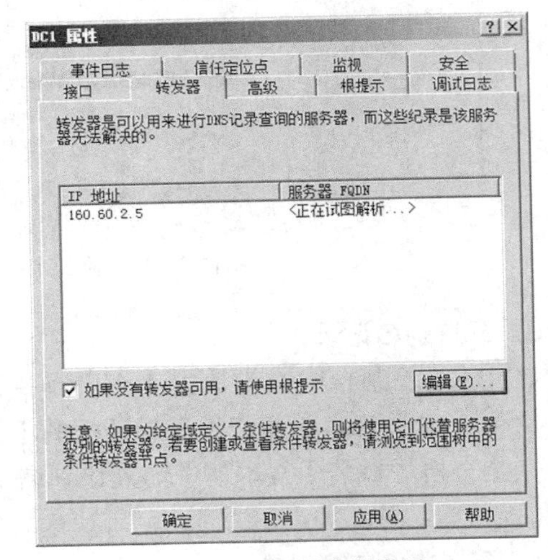

图 10-17　转发器设置

10.2.3　配置 DNS 客户机

1. DNS 客户机的配置

（1）在客户机的 TCP/IP 属性中，在【首选 DNS 服务器地址】文本框中填入 DNS 服务器的地址，如 192.168.4.100。

（2）把另外一台 Windows Server 2008 R2 计算机配置成 Web 服务器（用于验证），其地址与

DNS 中主机记录的地址一致。例如，IP 地址为 192.168.4.1，域名为 www.haisen.cn。

2. DNS 服务器的验证

（1）在客户机上通过域名访问 Web 服务器，如 http://www.haisen.com，查看访问的结果。

（2）在客户机上通过别名访问 Web 服务器，如 http://mail.haisen.com，查看访问的结果。

（3）在客户机上用 nslookup 命令测试服务器的设置。

10.3　实训与思考

10.3.1　实训题

1. 添加 DNS 服务器角色

（1）参照实验接线图配置各计算机的 TCP/IP 属性。

（2）在 DNS 服务器上添加服务器角色。

（3）启动 DNS。

2. 创建正向查找区域

（1）创建一个正向查找区域。

（2）在新创建的区域中创建主机记录，主机记录中的 WWW 服务器的记录要与本组实验接线情况相匹配。

（3）创建别名记录和 MX 记录。

3. 配置客户机并验证

（1）配置客户机的 TCP/IP 属性。

（2）架设一台 WWW 服务器，并建设一个网站。

（3）分别用 IP 地址、域名、别名访问这个 WWW 网站。

（4）在教师指导下，用 NSLOOKUP 命令测试 DNS 服务器。

10.3.2　思考题

（1）DNS 服务器的作用是什么？

（2）配置 DNS 服务器的主要步骤有哪些？

（3）什么是标准区域？什么是辅助区域？

（4）什么是正向查找区域？什么是反向查找区域？

（5）简述根据域名访问 Internet 资源的过程。

第11章 SMTP 服务器配置

电子邮件也是 Internet 上的常用应用之一，Windows Server 2008 R2 提供的 SMTP 功能组件可以让我们轻松实现 SMTP 服务器。

本章介绍 SMTP 服务器的安装配置。

11.1 电子邮件知识简介

11.1.1 电子邮件服务

电子邮件系统与生活中的邮政系统类似，也需要有电子邮局、电子邮递员、电子信箱。

（1）电子邮件服务器。

电子邮件服务器相当于电子邮局，该服务器运行邮件传输代理软件，负责接收本地用户发来的邮件，并根据目的地址将邮件发送到接收方的邮件服务器中；还负责接收其他服务器上传来的邮件，并转发到本地用户的邮箱中。

（2）电子邮件协议。

电子邮件协议相当于电子邮递员，负责在用户和服务器之间、服务器和服务器之间传输电子邮件，发送邮件时使用 SMTP，接收邮件时使用 POP3 或 IMAP。

（3）电子信箱。

电子信箱相当于邮箱，电子信箱是建立在邮件服务器上的一部分硬盘空间，由电子邮件服务机构提供，用于保存用户的电子邮件。用户可以利用它发送和接收电子邮件。

电子邮箱的地址为用户名@主机名，该地址在全球是唯一的。

另外，收/发电子邮件必须有相应的软件支持。常用的收/发电子邮件的软件有 Exchange、Outlook Express 等，这些软件可以提供邮件的接收、编辑、发送及管理功能。现在大多数 Internet 浏览器也包含收/发电子邮件的功能，如 Internet Explorer 和 Navigator/Communicator。

11.1.2 电子邮件协议

邮件服务器使用的协议有简单邮件传输协议（Simple Mail Transfer Protocol，SMTP）、电子邮件扩充协议（Multipurpose Internet Mail Extensions，MIME）、邮局协议（Post Office Protocol，POP）和 Internet 报文存/取协议（Internet Mail Access Protocol，IMAP）。

（1）SMTP。

SMTP 是一种可靠的电子邮件传输协议。SMTP 是建立在 FTP 服务上的一种邮件服务，使用 TCP 端口 25，主要用于在邮件服务器之间传输邮件信息。SMTP 目前已是事实上的邮件传输标准，它支持将邮件传给单个用户和多个用户。

（2）MIME 协议。

MIME 是多用途网际邮件扩充协议，它设计的目的是在发送电子邮件时附加多媒体数据，让邮件客户程序能根据其类型进行处理。有了 MIME 协议，我们在电子邮件中就可以传输多媒体信息。

（3）POP3。

POP3 是邮局协议的第 3 个版本，它是规定个人计算机如何连接到互联网上的邮件服务器并进行邮件收/发的协议。POP3 允许用户从服务器上把邮件存储到本地主机（即自己的计算机），同时根据客户端的操作删除或保存在邮件服务器上的邮件，而 POP3 服务器则是遵循 POP3 的接收邮件服务器，用来接收电子邮件。POP3 是基于 FTP 的应用层协议，它使用 TCP 端口 110。

（4）IMAP。

IMAP 也用于下载电子邮件，但与 POP3 有很大的差别。POP3 在把邮件交付给用户之后，POP3 服务器就不再保存这些邮件；而当客户程序打开 IMAP 服务器的邮箱时，用户就可以看到邮件的首部。如果用户需要打开某个邮件，则可以将该邮件传送到用户的计算机；在用户未发出删除邮件的命令前，IMAP 服务器邮箱中的邮件一直保存着。另外，POP3 在脱机状态下运行，而 IMAP 则是在联机状态下运行。

11.1.3　SMTP 服务器

1. SMTP 服务器的作用

Windows Server 2008 R2 的 SMTP 服务器主要提供电子邮件发送和接收服务，发件人可以利用邮件软件将邮件发送给 SMTP 服务器，再由它将邮件发送给目的 SMTP 服务器。SMTP 服务器也负责接收由其他 SMTP 服务器发送来的邮件。

可以在 IIS 网页服务器内指定一台 Windows Server 2008 R2 SMTP 服务器，让使用 System.Net.Mail API 的 ASP.NET 应用程序可以利用这台 SMTP 服务器来发送邮件，如图 11-1 所示。

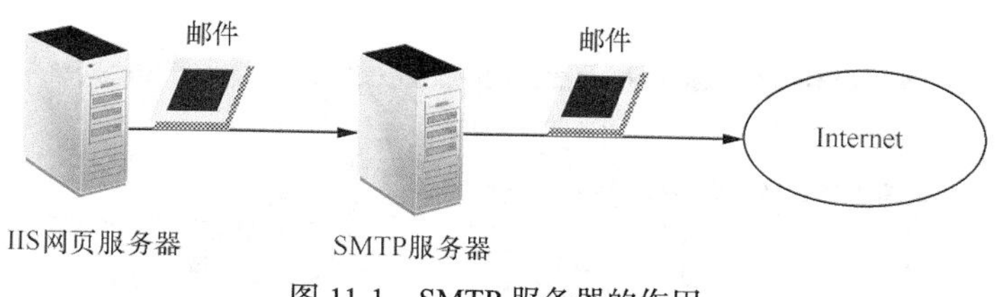

图 11-1　SMTP 服务器的作用

2. 身份验证方法

当用户或远程服务器连接本服务器时，需要进行身份验证，身份验证方式有以下三种。

（1）匿名访问。允许所有客户端访问此目录中的内容，不要求输入用户名或密码。

（2）基本身份验证。启用“基本（明文）”密码验证，账户名和密码将以明文形式传输。

（3）集成 Windows 身份验证。使用加密技术对用户进行身份验证，不要求用户通过网络传输真实的密码。如果使用“集成 Windows 身份验证”，则要求邮件客户端必须支持此身份验证方法。

11.2 配置 SMTP 服务器

模拟场景：

某企业为了发送邮件方便，决定配置一台 SMTP 服务器，用自己的邮件服务器发送邮件。

实验环境：

Windows Server 2008 R2 计算机一台。

11.2.1 安装 SMTP 功能组件

（1）依次选择【开始】→【管理工具】→【服务器管理器】，在【服务器管理器】窗口中的左侧窗格中单击【功能】，在右侧窗格中单击【添加功能】超链接，如图 11-2 所示。

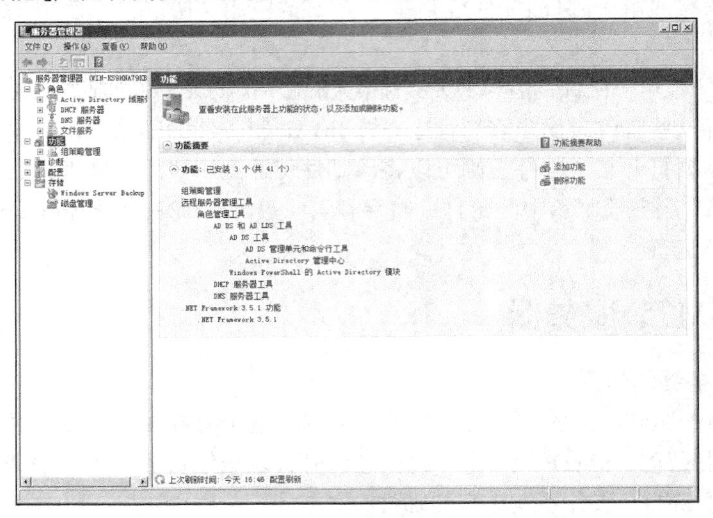

图 11-2 【服务器管理器】窗口

（2）在【选择功能】对话框中选择【SMTP 服务器】复选框，然后单击【下一步】按钮，如图 11-3 所示。

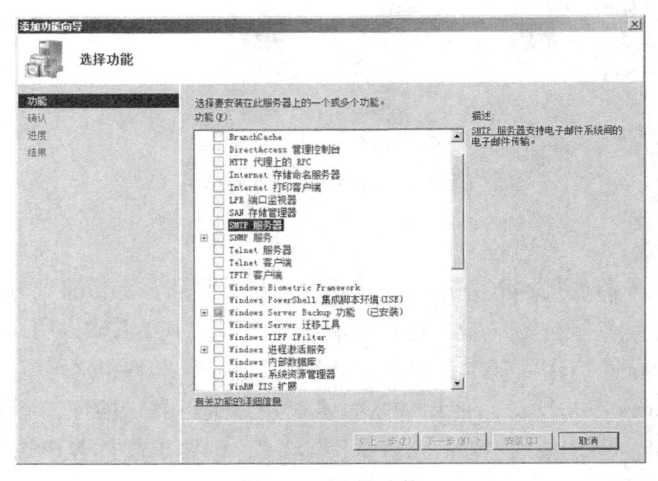

图 11-3 选择功能

（3）在随后弹出的【添加功能向导】对话框中单击【添加所需的角色服务】按钮，如图 11-4 所示，然后单击【下一步】按钮。

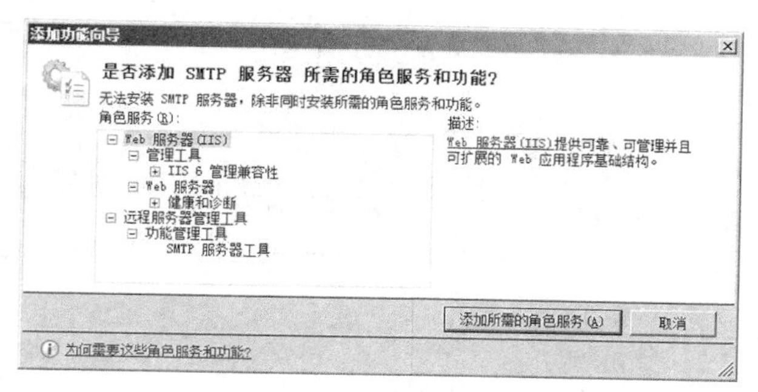

图 11-4　添加必要的角色

（4）出现【Web 服务器（IIS）】界面，单击【下一步】按钮，如图 11-5 所示。

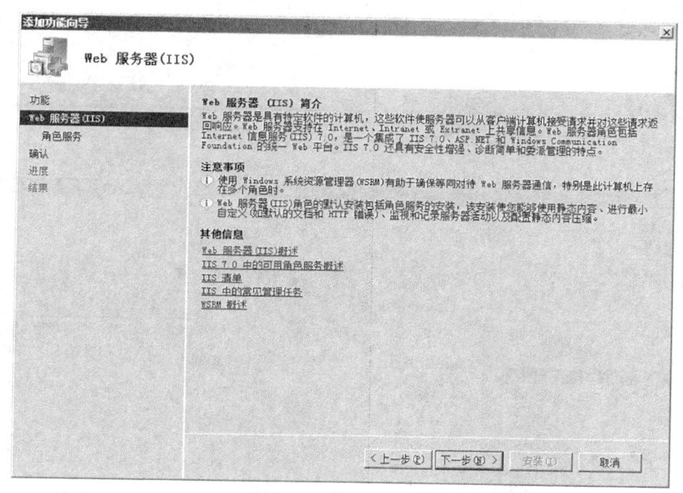

图 11-5 【Web 服务器（IIS）】对话框

（5）在【选择角色服务】对话框中选择所需的角色，单击【下一步】按钮，如图 11-6 所示。

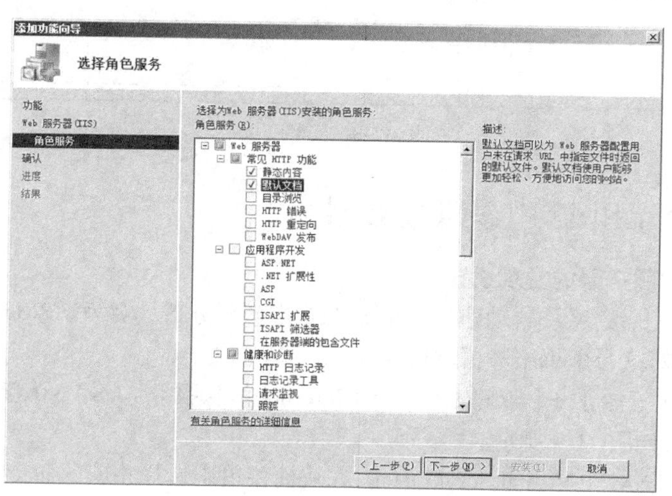

图 11-6　选择角色服务

（6）在【确认安装选择】对话框中单击【安装】按钮，如图 11-7 所示，系统自动安装成功后单击【关闭】按钮，如图 11-8 所示。

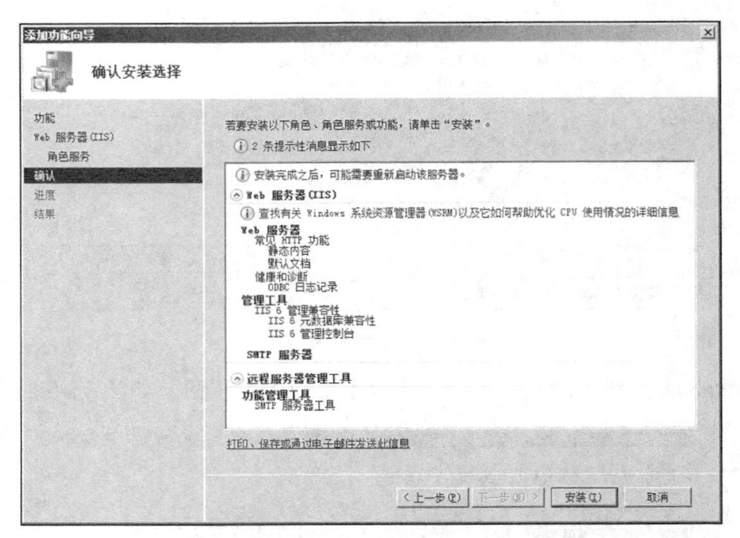

图 11-7　确认安装选择

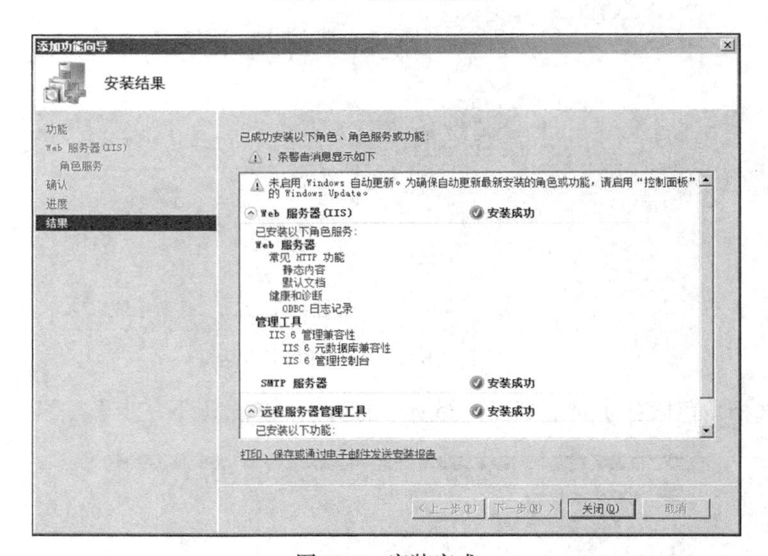

图 11-8　安装完成

11.2.2　设置 SMTP 虚拟服务器

1. SMTP 虚拟服务器的常规设置

安装 SMTP 功能后，系统自动建立一个 SMTP 虚拟服务器，名为“SMTP Virtual Server #1”，然后按照以下操作对这台虚拟服务器进行管理。

（1）依次选择【开始】→【管理工具】→【Internet 信息服务（IIS）6.0 管理器】，启动“SMTP Virtual Server #1”，如图 11-9 所示。

（2）右键单击【SMTP Virtual Server #1】，在快捷菜单中选择相应的命令，可以新建 SMTP 虚拟服务器，可以停止、暂停或开启 SMTP 服务。

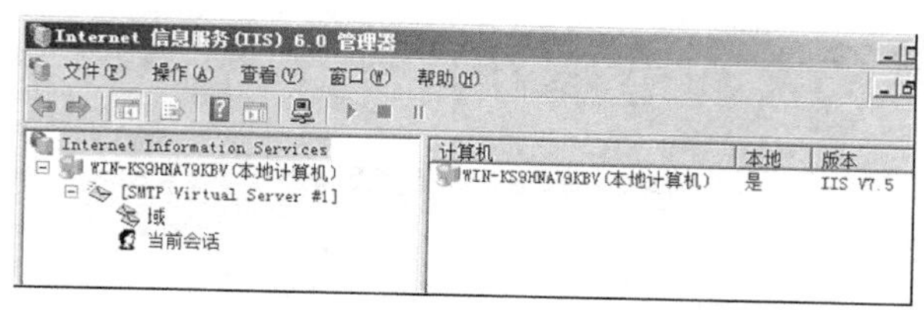

图 11-9 【Internet 信息服务（IIS）6.0 管理器】窗口

（3）在一台 SMTP 服务器上可以架设多个 SMTP 虚拟服务器，这些服务器需要用不同的 IP 地址或不同的端口加以识别。若要给一个 SMTP 虚拟服务器选择不同的 IP 地址或端口，可以右键单击【SMTP Virtual Server #1】，选择【属性】命令，如图 11-10 所示。单击【IP 地址】右侧的【高级】按钮，在随后出现的对话框中单击【编辑】按钮，出现【标识】对话框，如图 11-11 所示。在该对话框中选择 SMTP 站点使用的 IP 地址和端口。

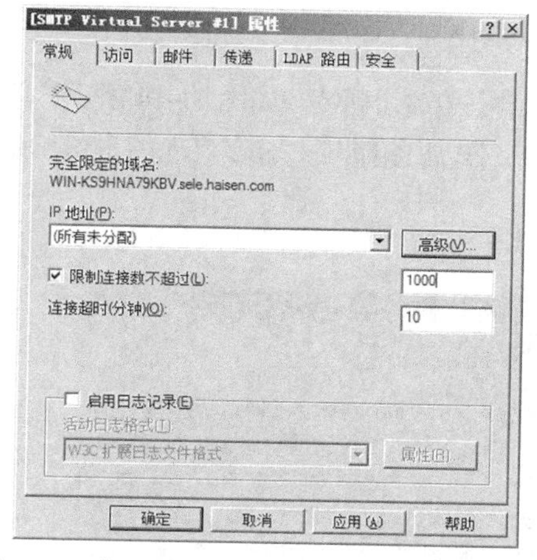

图 11-10 【SMTP Virtual Server #1 属性】对话框

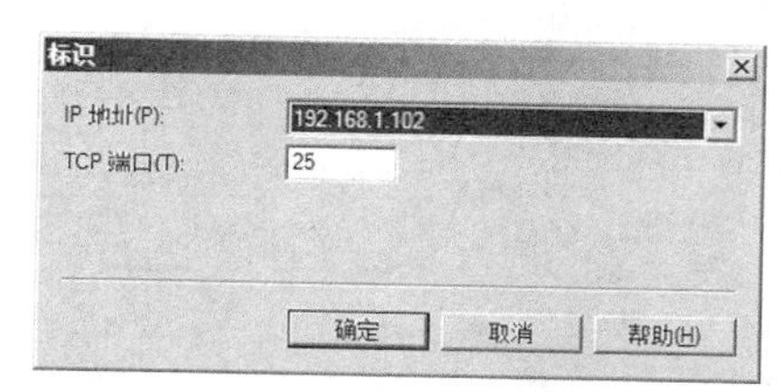

图 11-11　选择 IP 地址和端口

（4）在如图 11-10 所示的对话框中选中【限制连接数不超过】复选框并输入最大连接数量，可以限制同时连接到服务器的连接数量。

（5）在如图 11-10 所示的对话框中设置【连接超时】并输入一个时间，则一个已经没有任何操作的连接经过所设定的时间后就会自动断开连接。

（6）在如图 11-10 所示的对话框中选中【启用日志记录】复选框，便可以记录 SMTP 服务器的运行情况。

2. SMTP 服务器的安全设置

（1）指定操作员。操作员可以更改 SMTP 服务器的设置。在【SMTP Virtual Server #1 属性】对话框中单击【安全】标签，如图 11-12 所示，单击【添加】按钮，可以添加操作员。选中一个操作员，单击【删除】按钮可以删除一个操作员。

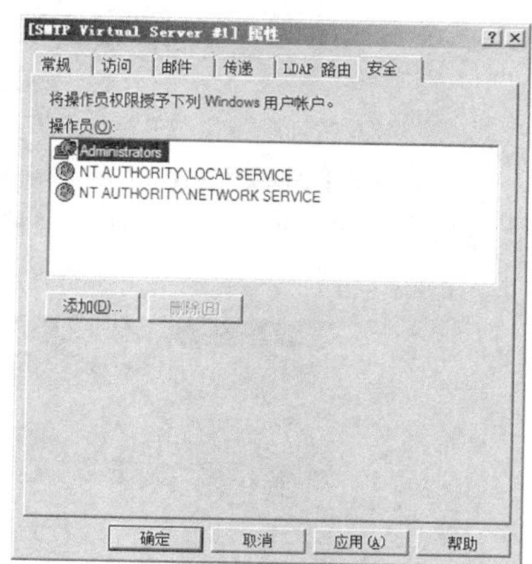

图 11-12　添加或删除操作员

（2）在【SMTP Virtual Server #1 属性】对话框中单击【访问】标签，如图 11-13 所示，单击【身份验证】按钮，可以设置用户或远程服务器连接本服务器时的身份验证方式。

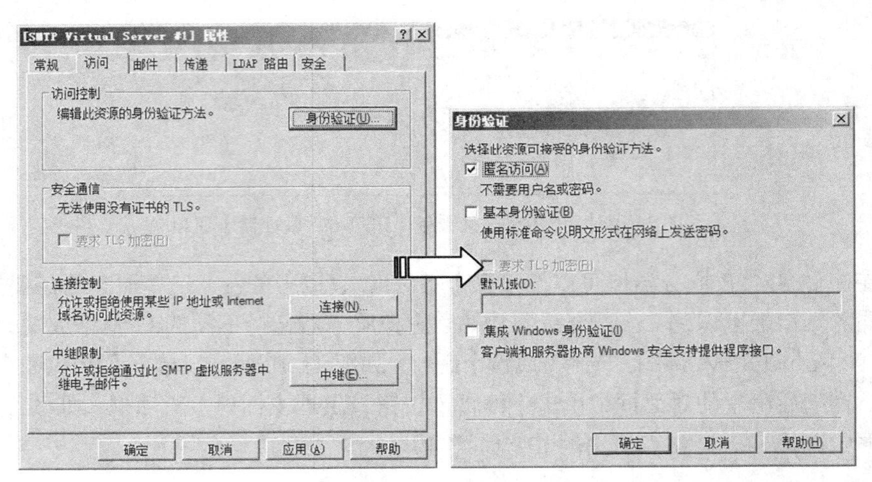

图 11-13　设置传入连接的身份验证方式

（3）在【SMTP Virtual Server #1 属性】对话框中单击【传递】标签，如图 11-14 所示，单击【出站安全】按钮，可以设置本服务器将邮件转发到其他 SMTP 服务器时，对方要求的身份验证方式。

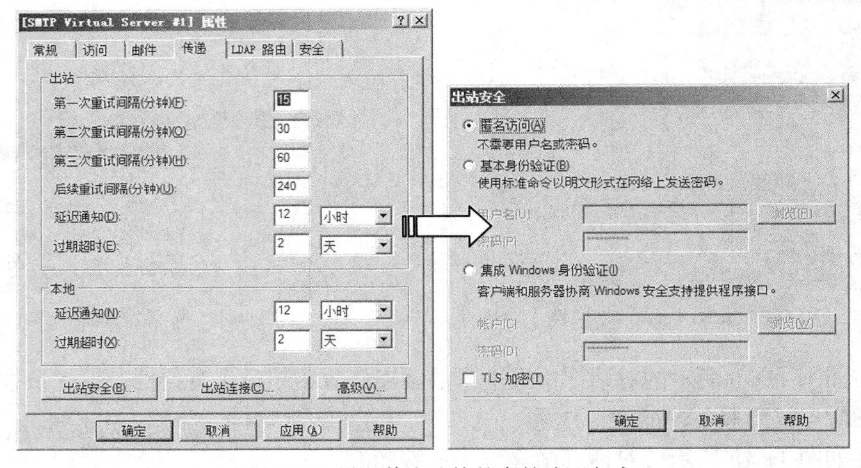

图 11-14　设置传出连接的身份验证方式

（4）在【SMTP Virtual Server #1 属性】对话框中单击【访问】标签，如图 11-13 所示，单击【连接】按钮，如图 11-15 所示，可以设置允许哪些计算机连入或禁止哪些计算机连入。

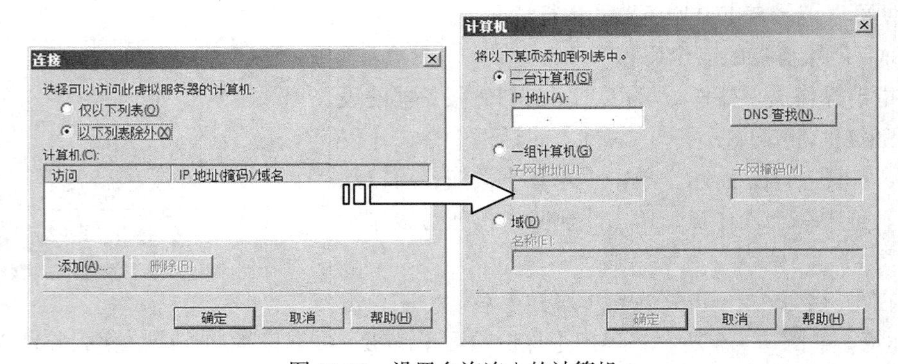

图 11-15　设置允许连入的计算机

（5）在默认状态下，SMTP 服务器只接收传入的邮件，不会转发邮件。若希望 SMTP 服务器转发邮件，可以在【SMTP Virtual Server #1 属性】对话框中单击【访问】标签，然后单击【中继】按钮，可以设置为哪些计算机进行中继。

3. 其他设置

（1）传递设置。在【SMTP Virtual Server #1 属性】对话框中单击【传递】标签，如图 11-16 所示，在【出站】区域中可以设置邮件重传需等待的时间。

（2）邮件设置。在【SMTP Virtual Server #1 属性】对话框中单击【邮件】标签，如图 11-17 所示，可以对邮件大小、会话大小、邮件数和每封邮件的收件人数进行设置。

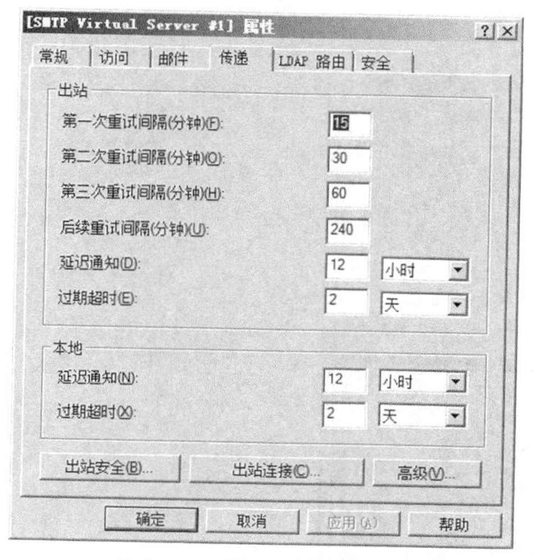

图 11-16　设置重传等待时间

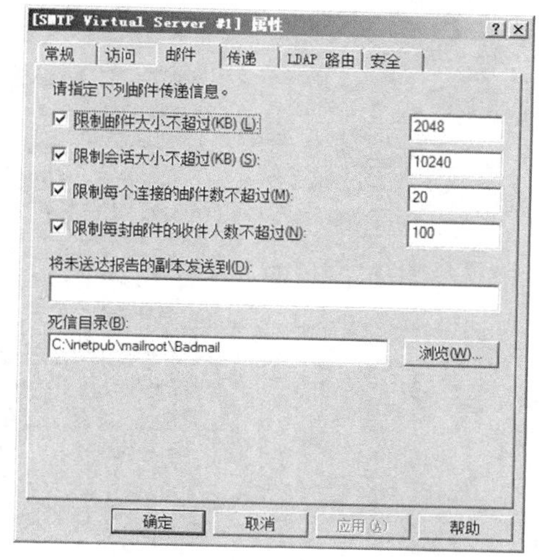

图 11-17　设置邮件传递信息

① 限制邮件大小（单位为 KB），SMTP 服务器通知 SMTP 虚拟服务器可接收的最大邮件大小。如果邮件客户端发送的邮件超过了此限制，它将收到一条错误消息。

② 限制会话大小，在 SMTP 的整个连接过程中允许接收的最大数据量（以 KB 为单位）。它是连接过程中发送的所有邮件的总和（仅限于邮件正文）。

③ 限制每个连接的邮件数，可以限制在一次连接中发送的邮件数。

④ 限制每个邮件的收件人数，此设置限制每个邮件的最大收件人数。

⑤ 将未传递报告的副本发送到，如果邮件无法传递，则系统会将其返回给发件人，并附上一个未传递报告（NDR）。在此可以将 NDR 副本发送到一个特定的 SMTP 邮箱。

⑥ 死信目录，如果邮件无法传递，则系统会将其返回发件人，并附上一个未传递报告（NDR）。可以将 NDR 副本发送到一个特定位置。

4. 启动与停止 SMTP 服务

（1）依次选择【开始】→【管理工具】→【服务】，如图 11-18 所示。

（2）在【服务】窗口中双击【简单邮件传输协议（SMTP）】，出现如图 11-19 所示的对话框。

（3）单击【启动】、【停止】、【暂停】按钮可以开启、停止或暂停所有 SMTP 虚拟服务器的服务。

（4）当计算机重新启动时，SMTP 的默认启动类型为【手动】，若希望启动计算机后 SMTP 自动启动，则在图 11-19 中的【启动类型】下拉列表中选择【自动】。

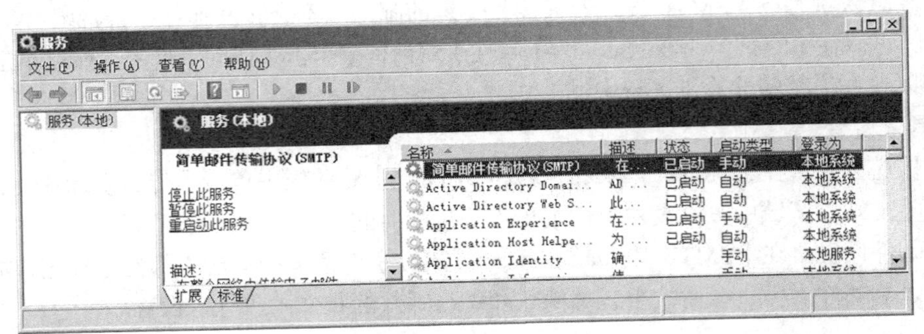

图 11-18 【服务】窗口

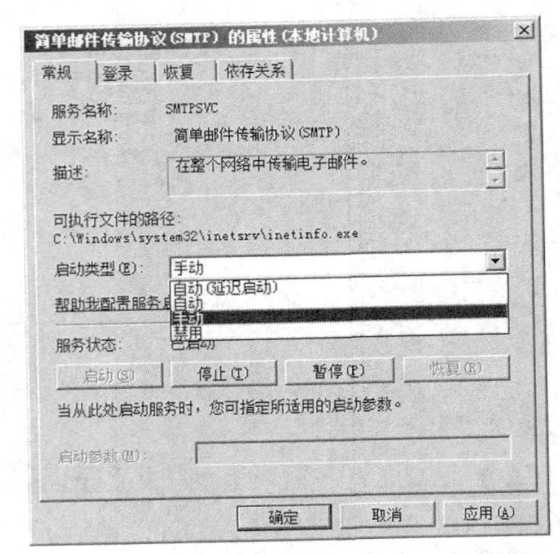

图 11-19 简单邮件传输协议（SMTP）的属性

11.3 实训与思考

11.3.1 实训题

1. 安装 SMTP 功能组件
2. 设置 SMTP 虚拟服务器

（1）练习常规设置。

（2）练习安全设置。

11.3.2 思考题

（1）电子邮件系统由哪几个部分组成？

（2）有哪些主要的电子邮件协议？各起什么作用？

（3）上网查询一下有哪些主要的电子邮件服务器软件。

第 12 章 WINS 服务器配置

NetBIOS 是 IBM 公司开发的支持局域网通信的一种协议，NetBIOS 名字可以简单地理解为计算机的标识名。在 Windows2000 以前的操作系统中，NetBIOS 名字主要用于局域网中计算机之间的相互访问。尽管 Windows 2000、Windows XP 以后的操作系统都使用 DNS 通信，但是由于一些老的 Windows 应用仍然在使用 NetBIOS 名称，所以 Windows Server R2 也支持 NetBIOS，这样可以兼容早期建成的网络以及所有的 NetBIOS 应用程序。

在使用 TCP/IP 协议的网络中，与目的计算机通信的唯一依据是 IP 地址，因此用 NetBIOS 名称通信时，需要将 NetBIOS 名称解析成其对应主机的 IP 地址。这项工作是由 WINS 服务器来承担的。

本章介绍 WINS 服务器的工作原理和安装配置。

12.1 WINS 相关知识

12.1.1 NetBIOS 名称

NetBIOS 名称泛指网络中的计算机名、工作组名、域名等，在使用 TCP/IP 的网络中寻找一台计算机的唯一依据是 IP 地址，但是由于 IP 地址不便于记忆，人们常常习惯使用 NetBIOS 名称与目的计算机通信。可是网络又不认识 NetBIOS 名称，因此，需要有一种根据 NetBIOS 名称找到其对应的 IP 地址的服务机制，我们称其为 NetBIOS 名称解析。

NetBIOS 名称解析有以下方法。

（1）检查 NetBIOS 名称缓存。如果自己的计算机与目的计算机有过通信，那么对方的计算机名和 IP 地址就会被存储到自己计算机的 NetBIOS 名称缓冲区中，如果再次与该计算机通信，通过 NetBIOS 名称缓冲区就可以快速找到该计算机的 IP 地址。但是 NetBIOS 名称缓冲区中的数据信息有一定的有效期限，当期限到期时数据记录就会从缓冲区中清除。可以用 nbstat –c 命令查看 NetBIOS 名称缓冲区中的数据记录。

（2）若在 NetBIOS 名称缓冲区中找不到所需的记录，自己的计算机会向网络发出一个广播，这个广播的意思就是“你们谁的名字是×××？请把你的 IP 地址告诉我”。网络中的其他计算机收到这个广播后，都检查自己的名字，如果与广播中的名字符合，就将它的 IP 地址告诉给自己的计算机，然后自己的计算机将这个名字与 IP 地址记录在 NetBIOS 名称缓冲区中，并用该计算机的 IP 地址与其通信。显然，若经常需要用 NetBIOS 名称与目的计算机通信，将会加大网络中的广播量。

若想用 NetBIOS 名称通信，又不想让网络中产生大的广播量，可以考虑用 WINS 服务器。

12.1.2 WINS 的工作原理

若使用 WINS 来解析 NetBIOS 名称，则在网络中需要架设一台 WINS 服务器，在客户机端需要指定使用 WINS 服务器。其工作过程如下。

（1）每当 WINS 客户机启动时，就会将自己的 NetBIOS 名称和 IP 地址信息在 WINS 服务器中注册，WINS 服务器注册信息保存在自己的数据库中。

（2）当某 WINS 客户机需要与另一台 WINS 客户机通信时，就将目的计算机的 NetBIOS 名称送给 WINS 服务器。

（3）WINS 服务器在自己的数据库中找到该目的计算机的 IP 地址，并返回给请求的计算机。

（4）发起通信的计算机就用该地址与目的计算机通信。

注册在 WINS 服务器的每一条计算机与 IP 地址的记录都有一定的有效期限，该期限通过“更新间隔”加以设定。在期限到达之前，拥有此名称的 WINS 客户端必须向 WINS 服务器更新，否则期限到达时，此名称就会被标注为“已释放”。WINS 客户端默认是在有效期限过半时，自动向服务器更新，被标注为“已释放”的记录经过“消失间隔”所设定的时间后将被标记为“已消失”，被标记为“已消失”的记录经过“消失超时”所设定的时间后，记录将从数据库中删除。

12.1.3 WINS 数据库的复制

分处于两个不同网络的 WINS 服务器可以彼此复制对方的数据库，从而得知另一个网络中计算机 NetBIOS 名称与对应的 IP 地址关系，这样的 WINS 服务器对称为复制伙伴。

在复制伙伴间一个扮演“推伙伴”，一个扮演“拉伙伴”。当服务器启动或数据库中的记录有变化时，“推伙伴”会主动将其数据库复制给“拉伙伴”，“拉伙伴”会接收来自“推伙伴”发送过来的数据，当服务器启动或指定的时间间隔到达时，或者系统管理员手动执行立即复制时，会主动向“推伙伴”索取数据。

若让两个服务器相互复制彼此的数据库，必须彼此设置为既是对方的“推伙伴”，又是对方的“拉伙伴”。

12.2 配置 WINS 服务器

模拟场景：

某单位局域网用户经常需要用计算机名通信，因此考虑设置一台 WINS 服务器。

实验环境：

已安装 Windows Server 2008 的计算机三台，一台作为 WINS 服务器，两台作为客户机，交换机一台，互连成网。接线及 IP 地址配置如图 12-1 所示。

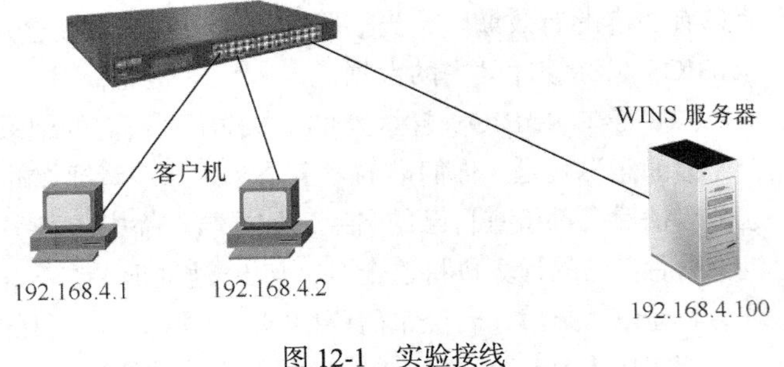

图 12-1 实验接线

12.2.1　服务器和客户端设置

1. 安装 WINS 服务器

（1）依次选择【开始】→【管理工具】→【服务器管理器】，在【服务器管理器】窗口的左侧窗格中单击【功能】，在右侧窗格中单击【添加功能】超链接，如图 12-2 所示。

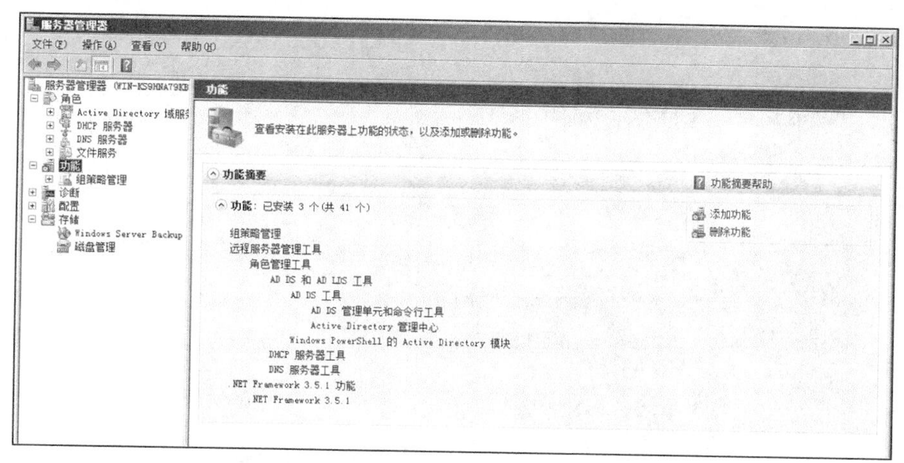

图 12-2 【服务器管理器】窗口

（2）在【选择功能】对话框中选择【WINS 服务器】复选框，然后单击【下一步】按钮，如图 12-3 所示。

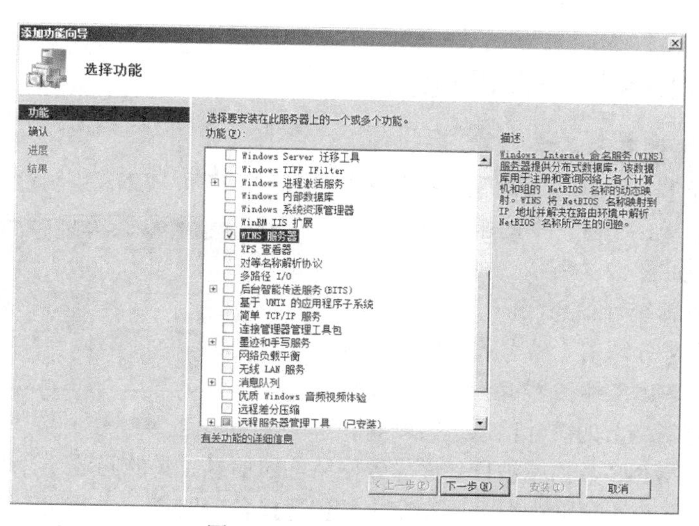

图 12-3　选择 WINS 服务器

（3）在【确认安装选择】对话框中单击【安装】按钮，如图 12-4 所示，安装完成后单击【关闭】按钮。

2. 设置 WINS 客户端

在客户机本地连接属性对话框中选择【Internet 协议版本 4（TCP/IPv4）】，单击【属性】按钮，然后单击【高级】按钮，出现【高级 TCP/IP 设置】对话框，如图 12-5 所示。单击【添加】按钮，输入 WINS 服务器 IP 地址，然后按照顺序单击【添加】→【确定】→【确定】→【关闭】按钮。

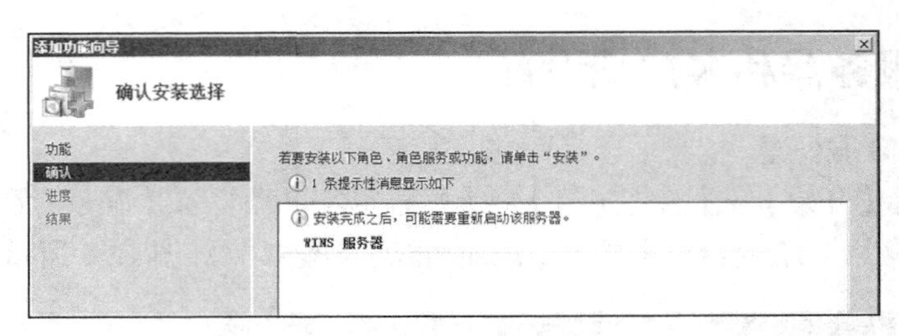

图 12-4　确认安装

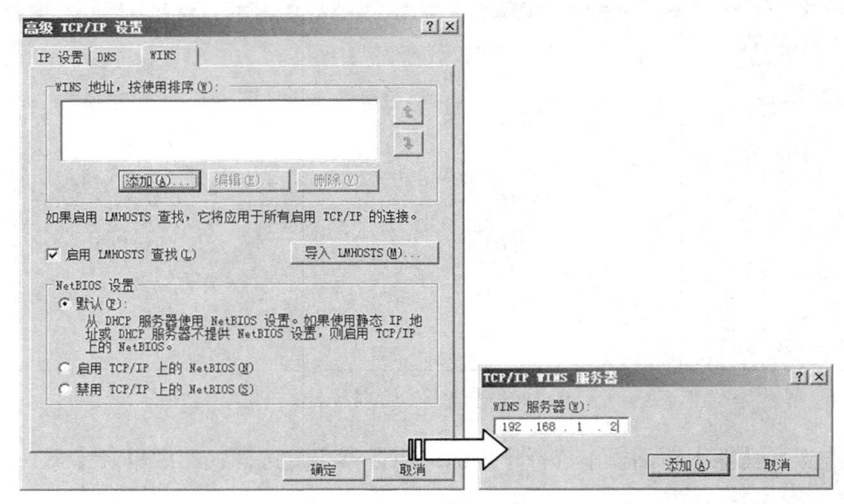

图 12-5　WINS 客户端

12.2.2　WINS 服务器的配置

1. 配置 WINS 服务器属性

（1）依次选择【开始】→【管理工具】→【WINS】，启动 WINS 控制台，如图 12-6 所示。

（2）右键单击 WINS 窗口中的服务器名，选择【属性】命令，如图 12-7 所示。在【常规】标签中勾选【自动更新统计信息间隔】复选框，并在其下的【小时】、【分钟】、【秒】数值框中设置时间间隔。这样，WINS 服务器就会自动按照管理员设置的时间对网络上的统计信息进行刷新。

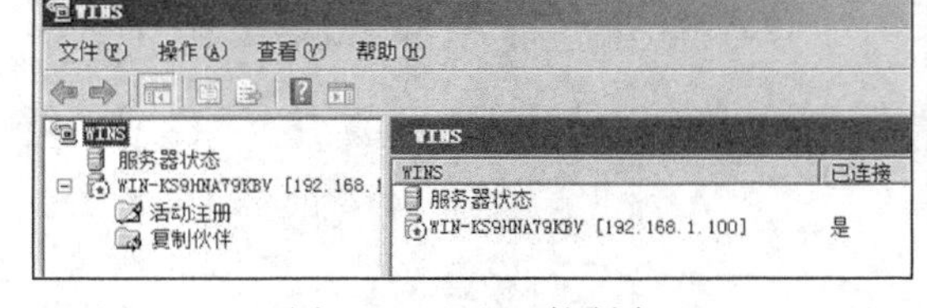

图 12-6　WINS 控制台

（3）为了解决 WINS 数据库被损坏而导致网络注册信息丢失的问题，管理员可备份 WINS 数据库。在【数据库备份】区域中单击【浏览】按钮选择备份路径，或者在【默认备份路径】文本框中直接输入备份路径。此时，【服务器关闭期间备份数据库】复选框被激活，如果 WINS 服务器经常被关闭且希望在服务器关闭期间备份 WINS 数据库，可选中该复选框。

（4）单击【间隔】标签，如图 12-8 所示。通过调整各数值框的值来设置名称记录更新间隔、消失间隔、消失超时及验证间隔。如果要使用系统默认值，可单击【还原为默认值】按钮。

（5）单击【数据库验证】标签，如图 12-9 所示。对于 WINS 服务器，需要定期检查 WINS 数据库的数据是否与网络实际情况一致，以免因不一致而导致网络连接错误。要检测 WINS 数据库，勾选【数据库验证间隔】复选框，在【每一周期验证的最大记录数】文本框中输入记录数；

选择【所有者服务器】单选按钮，对所有的 WINS 服务器进行数据库检查；调整【开始时间】数值框中的值，设置检查起始时间。

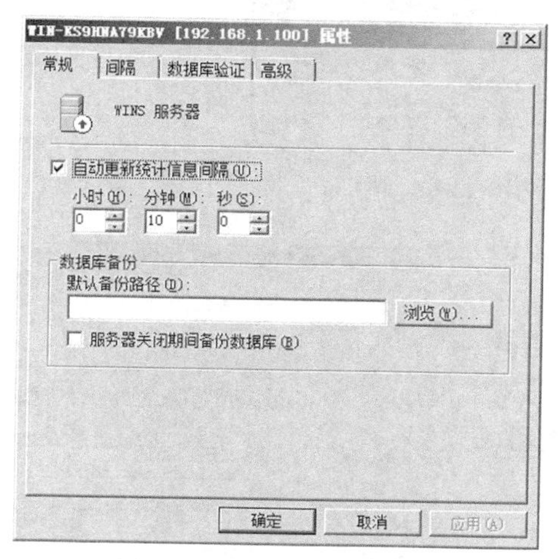

图 12-7　WINS 服务器的属性

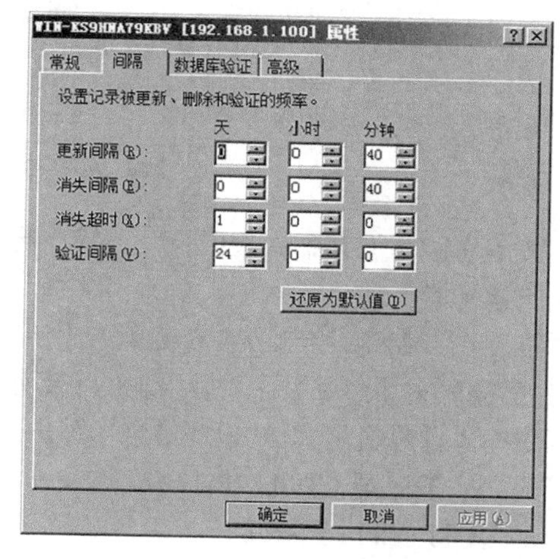

图 12-8　设置记录被更新、删除和验证的频率

（6）单击【高级】标签，如图 12-10 所示。若勾选【将详细事件记录到 Windows 事件日志中】复选框，系统将把详细事件记录到事件日志中。要启用 WINS 服务器爆发事件处理，勾选【启用爆发处理】复选框，并选择处理级别。在【数据库路径】文本框中输入数据库路径。为了和 LAN Manager 计算机名称兼容，选中【使用和 LAN Manager 兼容的计算机名称】复选框。

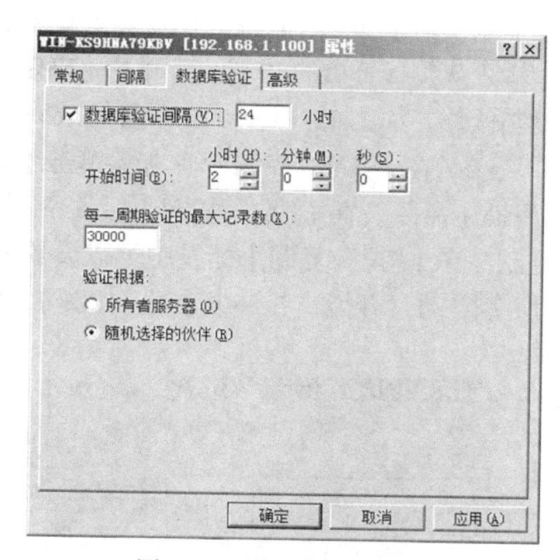

图 12-9　设置数据库验证

2. 查看 WINS 数据库

（1）在 WINS 控制台中右键单击【活动注册】，选择【显示记录】命令，在随后出现的如图 12-11 所示的【显示记录】对话框中单击【立即查找】按钮，即可显示所有记录，如图 12-12 所示。

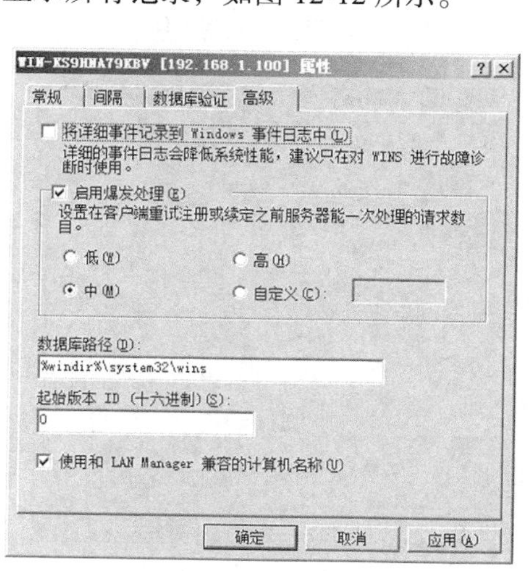

图 12-10　设置高级选项

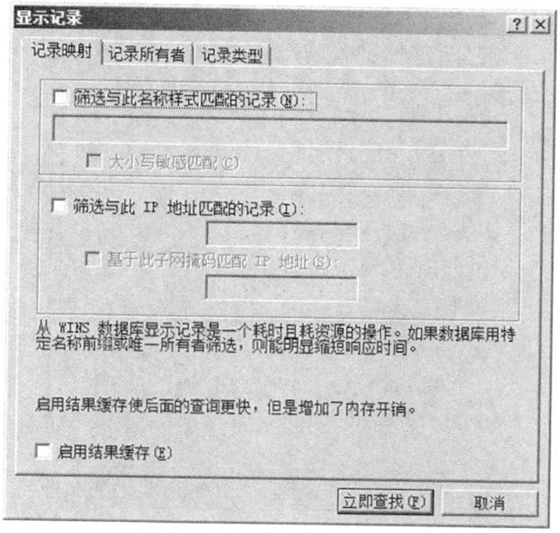

图 12-11　【显示记录】对话框

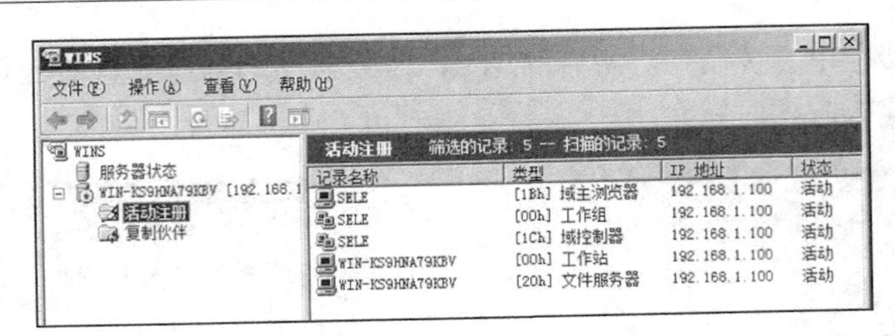

图 12-12　WINS 数据库中的记录

（2）右键单击其中一条记录，选择【删除】命令，即可删除该记录。

（3）在 WINS 控制台中右键单击【活动注册】，选择【新建静态映射】命令，在随后出现的【新建静态映射】对话框中输入计算机名和 IP 地址信息，单击【确定】按钮，即可建立一条记录，如图 12-13 所示。

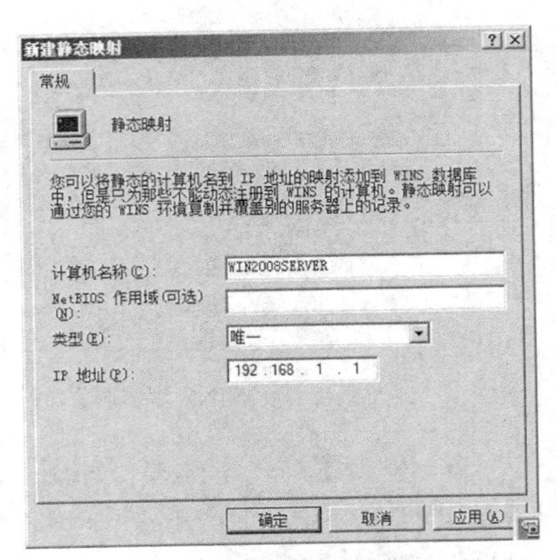

图 12-13　建立静态映射

3. 复制 WINS 数据库

（1）在 WINS 控制台中右键单击【复制伙伴】，选择【新建复制伙伴】命令，在随后出现的【新的复制伙伴】对话框中输入伙伴计算机的 IP 地址，单击【确定】按钮，即可建立复制伙伴，如图 12-14 所示。设置完成后如图 12-15 所示。

（2）在 WINS 控制台中右键单击【复制伙伴】，选择【属性】命令，在【"推"复制】标签中可以设置【在服务启动时】和【当地址更改时】开始"推"复制。在【"拉"复制】标签中可以设置复制【开始时间】和间隔多长时间进行"拉"复制，以及【服务启动时开始"拉"复制】，如图 12-16 和图 12-17 所示。

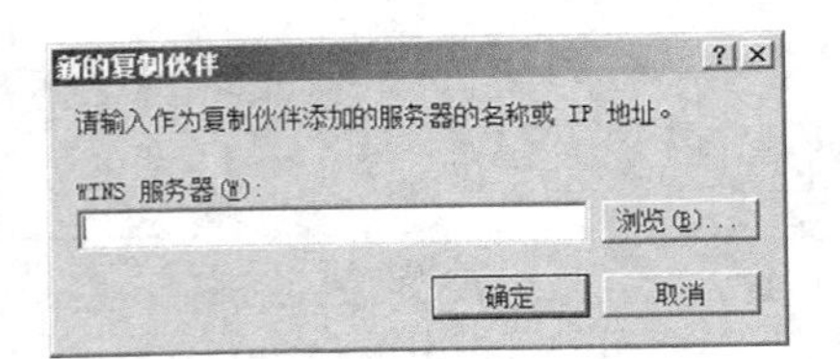

图 12-14　新建复制伙伴

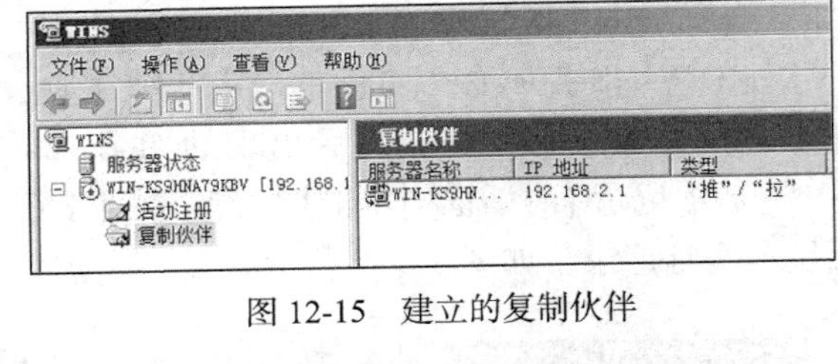

图 12-15　建立的复制伙伴

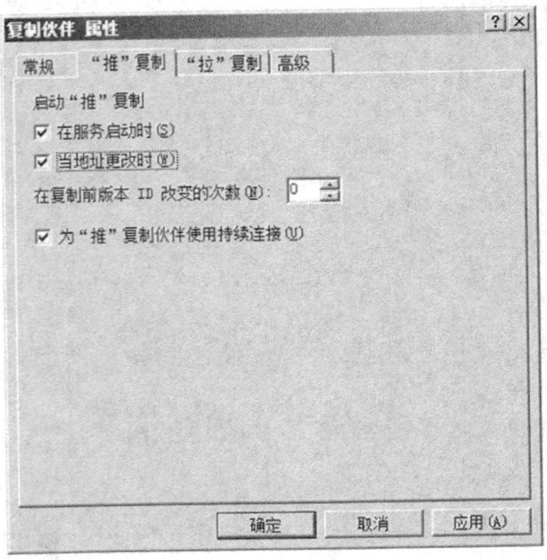

图 12-16　设置"推"复制

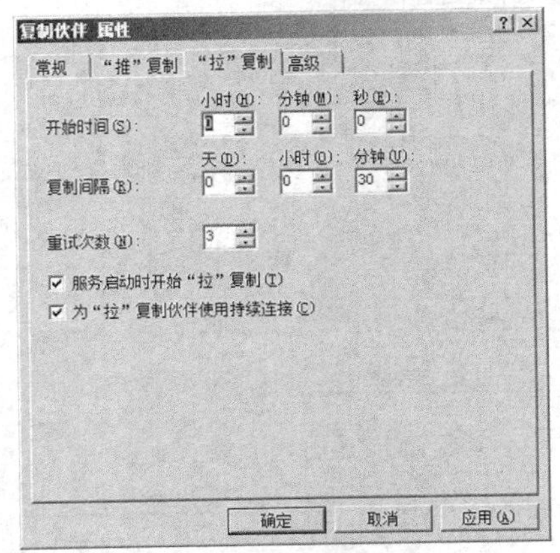

图 12-17　设置"拉"复制

（3）在 WINS 控制台中右键单击【复制伙伴】，选择【立即复制】命令，可以让本 WINS 服务器与其他所有伙伴进行复制。在图 12-15 右侧的【复制伙伴】窗格中右键单击一个伙伴，可以选择【开始“推”复制】或【开始“拉”复制】命令。

（4）在图 12-15 右侧的【复制伙伴】窗格中右键单击一个伙伴，可以选择【属性】命令，单击【高级】标签，可以设置复制伙伴类型和相应类型参数，如图 12-18 所示。

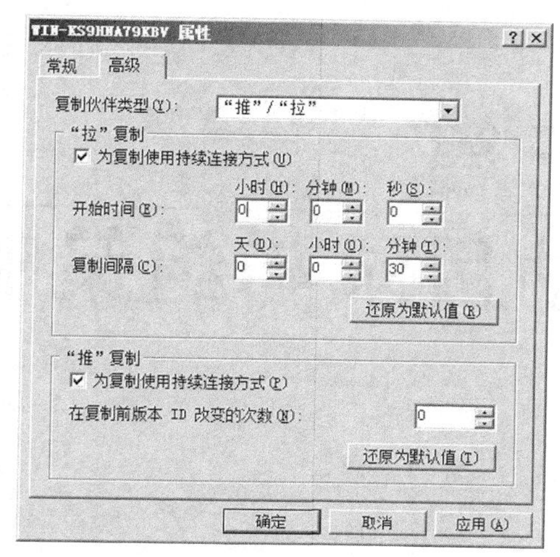

图 12-18　设置自动复制

12.3　实训与思考

12.3.1　实训题

（1）练习安装 WINS 服务器。

（2）练习设置 WINS 客户端。

（3）练习配置 WINS 服务器属性。

12.3.2　思考题

（1）简述 WINS 服务器的作用。

（2）简述 WINS 服务器的原理。

（3）比较 WINS 和 DNS 的异同。

第三篇

活动目录与组策略

第13章 活动目录

活动目录服务是 Windows Server 平台的核心组件。它为用户管理网络环境各个组成要素和要素之间的关系提供了一种有力的手段。活动目录将网络中的各种对象，例如用户、用户组、计算机、域、组织单位（OU）以及安全策略都组织到活动目录中，管理员通过活动目录不仅可以对网络中的对象进行管理和控制，也可以通过活动目录实施各种安全策略。

本章介绍活动目录的相关概念以及活动目录的安装卸载。

13.1 活动目录基础知识

13.1.1 Windows 网络的两种工作模式

Windows 网络有两种工作模式，即工作组模式和域模式。

1. 工作组模式

工作组模式的网络也称为对等网。在工作组模式中，工作组中所有计算机之间是一种平等的关系，没有主从之分。工作组模式下资源和账户的管理是分散的，每台计算机上的管理员独立完成对自己计算机上的资源与账户的管理。工作组模式的网络不需要专门的网络操作系统，一个用户只能在为他创建了账户的计算机上登录，他可以访问工作组内的共享资源。工作组模式通常适用于不超过 10 台计算机的小型网络。

2. 域模式

在域模式中，域中的计算机地位不平等，域中的计算机分为域控制器、成员服务器、客户机等。域控制器可以对域中所有对象（如用户、组、各种计算机、共享资源等）进行统一、集中的控制和管理，并通过对整个域的安全策略的设置保护域的安全。域控制器上必须安装网络操作系统。用户可以从域中任何一台计算机登录，由域控制器负责验证用户的用户名和密码是否正确。一旦登录成功，就可以访问本域或其他域中的共享资源。域模式的网络适合于大型网络以及要求资源集中控制或安全性要求较高的网络。

13.1.2 活动目录相关概念

1. 域

域（Domain）是一个共用“目录服务数据库”的计算机和用户的集合。正是由于所有域成员计算机和域用户都共用这个域的“目录服务数据库”，域管理员就可以基于域的“目录服务数据库”

来对用户账户、组账户、计算机账户、权限设置、组策略设置以及共享资源等进行集中管理。

域是网络上的一个逻辑组，与网络的物理拓扑无关。域可以很小，比如只有一台域控制器；也可以很大，包括遍布世界各地的计算机，比如大型跨国公司网络上的域，当然跨国公司多采用多域结构。

域又是安全边界，每个域的管理员都可以通过安全设置、组策略等独立设置本域的安全策略，以及本域与其他域的安全信任关系。域管理员只能管理本域的事务，除非得到其他域的授权，才可以访问或管理其他域。

2. 目录服务

目录服务是一个数据库，存储网络资源相关信息，包括资源的位置、管理等信息。目录服务管理网络中的所有实体资源，如各种计算机、用户、组、打印机、组织单位、共享资源等。目录服务为管理员提供从网络上的任何一台计算机上查看和管理用户与网络资源的能力。目录服务也为用户提供唯一的用户名和密码，用户只需一次登录，即可访问本域或者有信任关系的其他域上的所有资源（当然用户得有权限才行），而不需要多次提供用户名和密码登录。

3. 活动目录

活动目录（Active Directory，AD）是 Windows Server 2008 提供的目录服务，它不仅具有目录服务的各种功能，而且充分考虑了现代企业应用与业务需求，为这些应用提供了基本的管理对象模型，如在用户这个对象上，除了基本用户信息外，还集成了办公电话、手机、住址、上司、下属、电子邮件、家庭信息等属性。之所以叫活动目录，是因为它具有很好的可伸缩性和扩展能力，允许应用程序定制目录中对象的属性或添加新的对象类型。

4. 域树与域树林

（1）域树。

域树由多个具有连续名字空间的域组成，某域下面的域为该域的子域，某域上面的域为该域的父域，这些域共享同一表结构和配置，形成一个连续的名字空间。一个域的域名就是该域的名字加上其父域的名字，如图 13-1 所示。

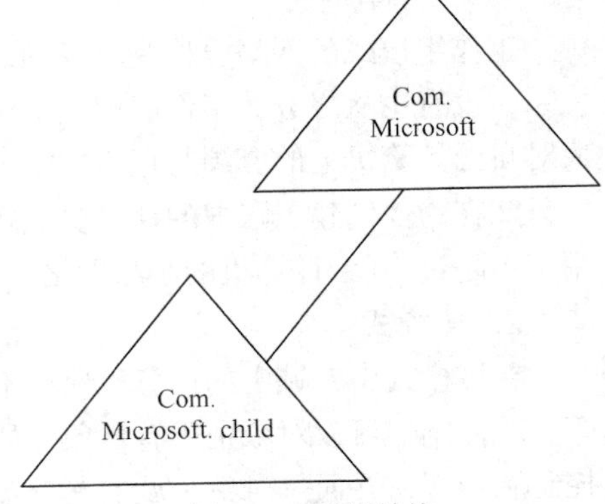

图 13-1　域树结构

（2）域树林。

域树林由一个或多个没有形成连续名字空间的域树组成，如图 13-2 所示。它与域树最明显的区别就在于，域树林之间没有形成连续的名字空间，而域树则由一些具有连续名字空间的域组成。但域树林中的所有域树仍共享同一个表结构、配置和全局目录。

5. 信任关系

域树中的域是通过双向可传递信任关系连接在一起的，所谓信任关系，是指 A 域信任 B 域，则在 B 域登录的用户可以访问 A 域的资源，但是具体访问内容和权限要由 A 域管理员指派。如果 A 域信任 B 域，而 B 域不信任 A 域，叫作单向信任。如果 A 域与 B 域相互信任，则叫作双向信任。在 Windows Server 2008 中，在域树或域树林中新创建的域可以立即与域树或域树林中其他的域建立双向且可传递的信任关系，如图 13-2 所示。这些信任关系允许用户在一个域登录，就可以访问整个域树林内的资源，但这并不意味着通过身份验证的用户在域树林的所有域中都拥有相同的权利和权限。因为域是安全界限，所以必须在每个域的基础上为用户指派相应的权利和权限。

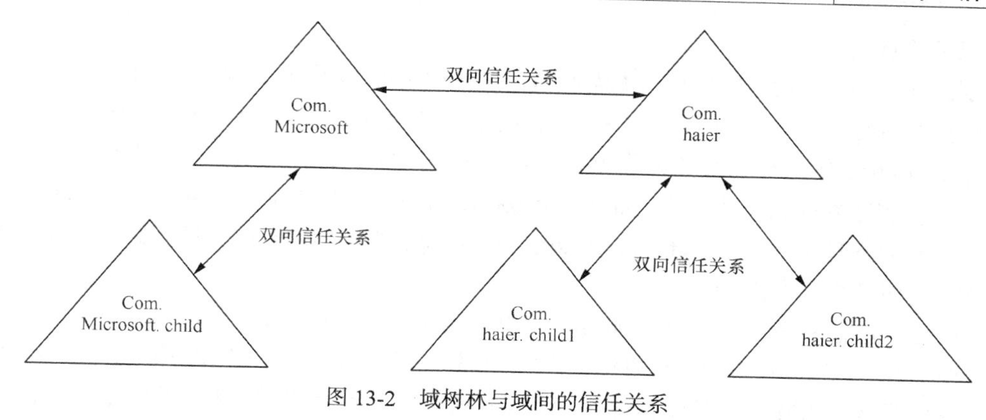

图 13-2　域树林与域间的信任关系

6. 域控制器

域控制器（Domain Controllers，DC）是指运行 Windows Server 2008 版本的服务器，它保存了活动目录信息的副本。域控制器管理目录信息的变化，并把这些变化复制到同一个域中的其他域控制器上。例如，在任何一台域控制器上添加一个用户后，这个账户默认被创建在此域控制器的活动目录数据库内，之后这个账户会自动被复制到其他域控制器的活动目录中。域控制器也负责用户的登录过程，对用户身份进行验证，域控制器还承担其他与域有关的操作，比如执行安全策略、目录信息查找等。

一个域可以有多个域控制器，多个域控制器的地位是平等的，Windows Server 2008 中控制器没有主次之分，在多域控制器的情况下，每一个域控制器都保存一个目录。在同一时刻，不同的域控制器中的目录信息可能有所不同，一旦活动目录中的所有域控制器执行同步操作，各域控制器中的目录信息就会保持一致。

规模较小的域可以只需要两个域控制器，一个用于实际使用，另一个用于容错性检查，规模较大的域可以使用多个域控制器。

13.1.3　活动目录与 DNS

活动目录使用 DNS 作为它的服务定位，同时也对标准的 DNS 进行了扩充。在活动目录中使用 DNS 的最大好处在于，可以使 Windows Server 2008 域与 Internet 上的域统一起来，即 Windows 域名也是 DNS 域名。由于活动目录与 DNS 集成，共享相同的名称空间结构，因此需要注意两者之间的差异。

（1）DNS 是一种名称解析服务。DNS 客户端向 DNS 服务器发送 DNS 名称查询，DNS 服务器接收域名查询。DNS 是使用比较广泛的定位服务，不仅在 Internet 上，甚至在许多企业内部网络中也使用 DNS 作为定位服务。DNS 不需要活动目录就能单独运行。

（2）活动目录是一种目录服务。活动目录提供信息存储库以及让用户和应用程序访问信息的服务，活动目录客户使用轻量级目录访问协议（Lightweight Directory Access Protocol，LDAP）向活动目录服务器发送查询。

要定位活动目录服务器，活动目录客户端应查询 DNS，活动目录需要 DNS 才能工作，即活动目录用于组织资源，而 DNS 用于查找资源，只有它们共同工作，才能为用户或其他请求类似信息的过程返回信息。DNS 是活动目录的关键组件，如果没有 DNS，活动目录就无法将用户的请求解析成资源的 IP 地址。

13.1.4　站点与复制

活动目录分为两种结构：逻辑结构和物理结构。域反映了活动目录的逻辑结构，而站点反映了活动目录的物理结构。

所谓站点（Site），是指在物理上由较好的线路连接的能实现较快通信速率的计算机的集合，是一个高速连接的网络，一般是指一个 LAN。配置站点的目的是对 Active Directory 复制进行优化控制。

复制是 Active Directory 服务中最重要的功能之一。Active Directory 服务必须有多个域控制器，才能提供容错处理和负载平衡，而且每个域控制器中必须存储完全相同的 Active Directory 数据库副本。只要管理员更改了 Active Directory 中的信息，则发生更改的域控制器就会将更改的信息复制到本域中其他的域控制器中去。

但是，一个企业网络的覆盖范围可能很广，例如，某企业集团总部设在北京，在北京、上海、广州都有分公司，在三地均拥有各自的局域网，局域网内部采用高速连接，局域网之间通过租用专线来连接（慢速连接）。那么，如果不同局域网中的域控制器间频繁地进行复制操作，将占用大量的网络带宽。

有了站点这个概念之后，就可以将一个域中的计算机根据地理位置的分布分装在几个站点之中。在一个站点内部，活动目录利用复制组件和知识一致性检查器（KCC），使同一站点内的 DC 之间形成复制伙伴关系，在它们之间形成完全的信息同步。当一个 DC 中的目录数据库发生变化，它会等待一段时间间隔后向它的复制伙伴发送变更通知，同样复制伙伴还会把变更信息发送给它的复制伙伴，从而实现整个站点内的 DC 的同步。由于站点内采用快速而可靠的网络连接，因此站点内 DC 之间的复制数据是不压缩的，这虽然增加了复制信息要求的带宽，但减少了 DC 处理数据的负担。而站点之间的复制可以安排在网络连接相对空闲的时间进行，从而优化了复制。

当域树林中的不同域处于不同的区域，而区域之间的连接为慢速连接时，应该创建多个站点。

活动目录的域和站点之间没有必然的联系，一个域可以包含多个站点，一个站点也可以包含多个域。

13.2 安装活动目录

模拟场景：

某企业由于业务发展需要，已经注册了一个域名 haisen.com，出于安全考虑，在企业内部网中采用域管理模式，将企业的计算机全部集中控制和管理，为此，它需要创建一个域，并将企业的所有计算机都加入到域中。为了提高用户登录的效率，同时也为了在域控制器发生故障的情况下仍然能够由其他的域控制器继续提供服务，因此创建了第二台域控制器。该企业还有一个子公司，需要单独设置安全策略，因此需要为其建立一个子域。

实验环境：

安装 Windows Server 2008 R2 的计算机三台，DC1 是 haisen.com 域的域控制器，DC2 是 haisen.com 域的第二台域控制器，DC3 是 sele.haisen.com 域的域控制器，安装 Windows 7 的用户计算机 1～2 台，这些计算机互联成网，如图 13-3 所示。

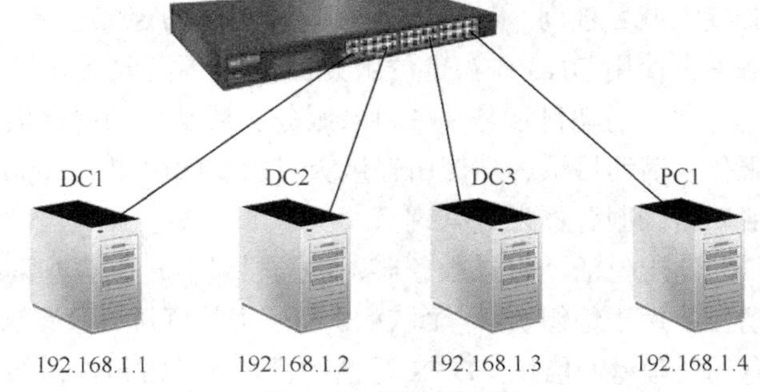

图 13-3　实验接线图

13.2.1　安装活动目录与创建域

（1）选择【开始】→【管理工具】→【服务器管理器】，出现【服务器管理器】控制台，如

图 13-4 所示。

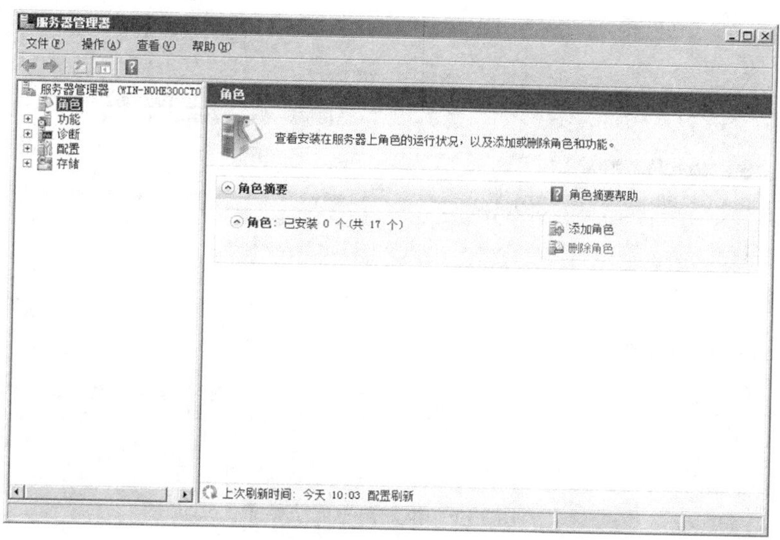

图 13-4 【服务器管理器】控制台

（2）在图 13-4 中单击【添加角色】超链接，出现【选择服务器角色】对话框，如图 13-5 所示。勾选其中的【Active Directory 域服务】复选框，然后单击【下一步】按钮。

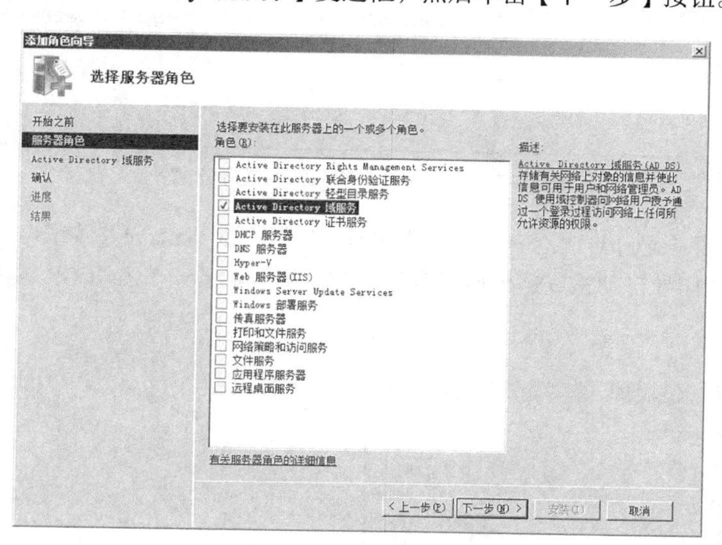

图 13-5　选择服务器角色

（3）在【确认安装选择】界面中单击【安装】按钮，安装成功界面如图 13-6 所示。单击【关闭】按钮结束安装。

（4）在随后出现的【服务器管理器】界面左侧窗格中单击【角色】→【Active Directory 域服务】，在右侧窗格中单击【运行 Active Directory 域服务安装向导】超链接（也可以直接选择【开始】→【运行】，在【打开】文本框中输入安装程序 dcpromo.exe），如图 13-7 所示。

（5）依次出现欢迎和兼容性警告后，在接下来出现的如图 13-8 所示的对话框中选择【在新林中新建域】单选按钮，单击【下一步】按钮。

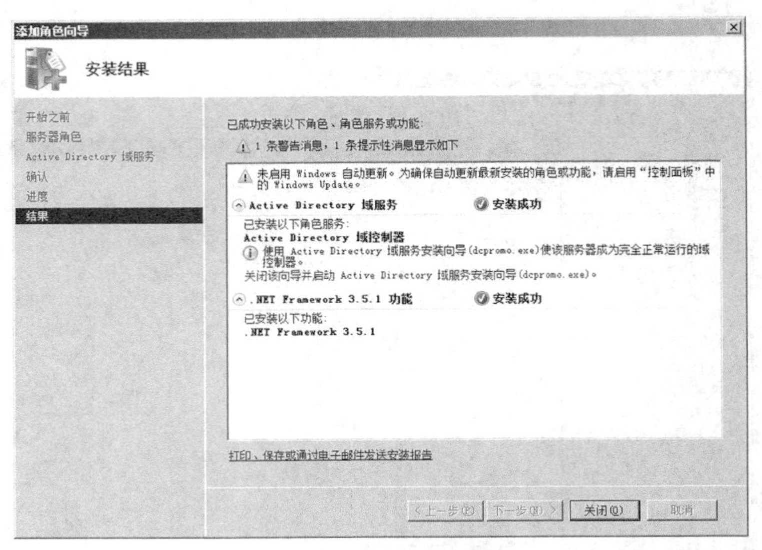

图 13-6 添加角色成功界面

图 13-7 启动 Active Directory 域服务向导

（6）在【命名林根域】对话框中输入企业注册的域名“haisen.com”，如图 13-9 所示，单击【下一步】按钮。安装向导自动检查这个域名有没有被占用，若已经被占用，安装程序会要求输入新的域名。

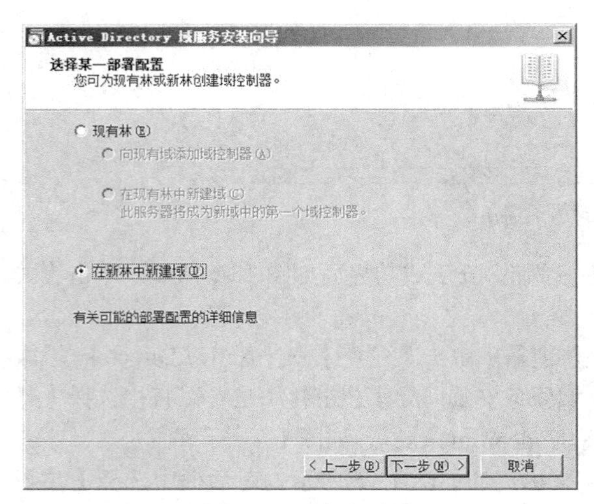

图 13-8 选择新建域

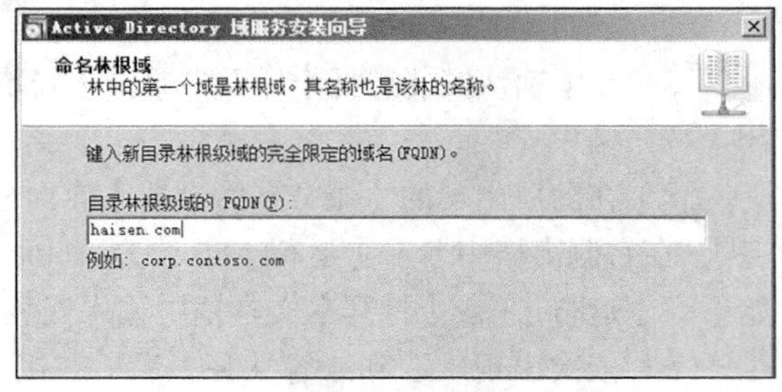

图 13-9 输入域名

（7）在【设置林功能级别】对话框中选择 Windows Server 2008 R2，如图 13-10 所示，单击【下一步】按钮，系统会检查 DNS 配置。

（8）在【其他域控制器选项】对话框中勾选【DNS 服务器】复选框，将 DNS 服务器服务安装在第一个域控制器上，如图 13-11 所示，然后单击【下一步】按钮。

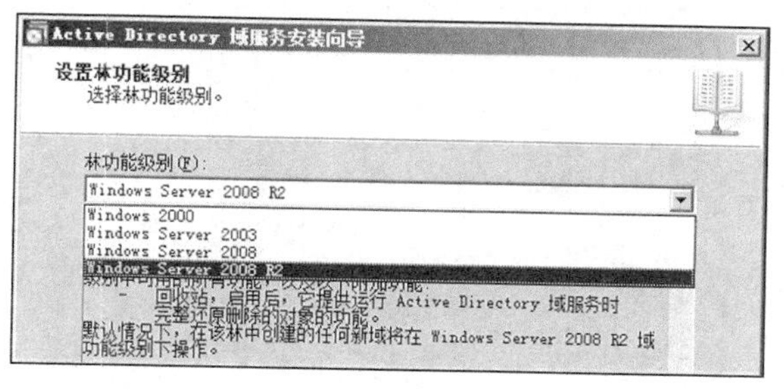

图 13-10　设置林功能级别

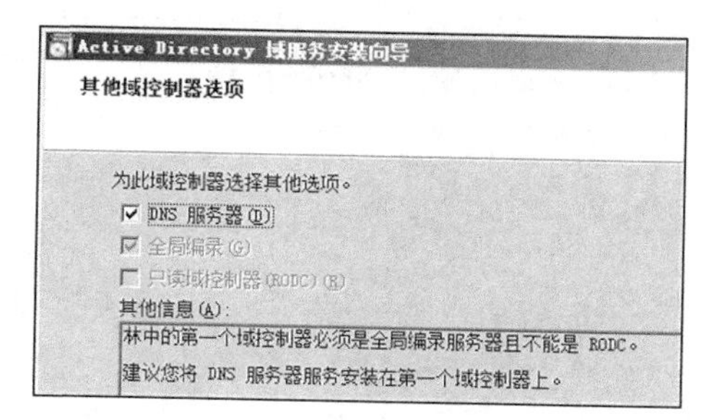

图 13-11　选择在域控制器上创建 DNS 服务器

（9）弹出如图 13-12 所示的无法创建 DNS 委派信息，这是因为安装向导找不到父域，因而无法通过父域委派，不过此域为根域，不需要父域委派，单击【是】按钮。

（10）在弹出的对话框中选择数据库、日志文件的保存位置，使用默认位置，如图 13-13 所示，单击【下一步】按钮。

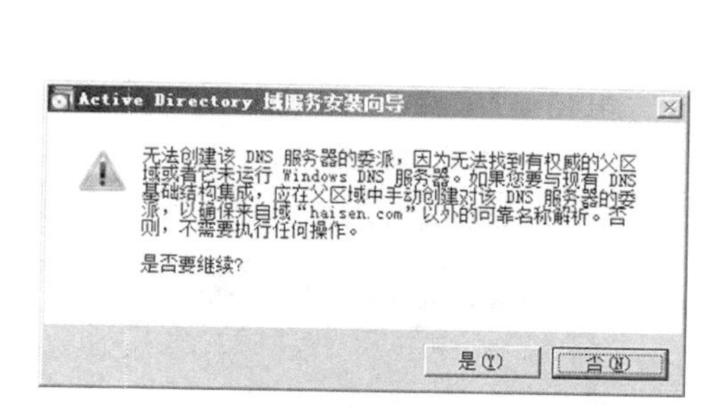

图 13-12　选择继续

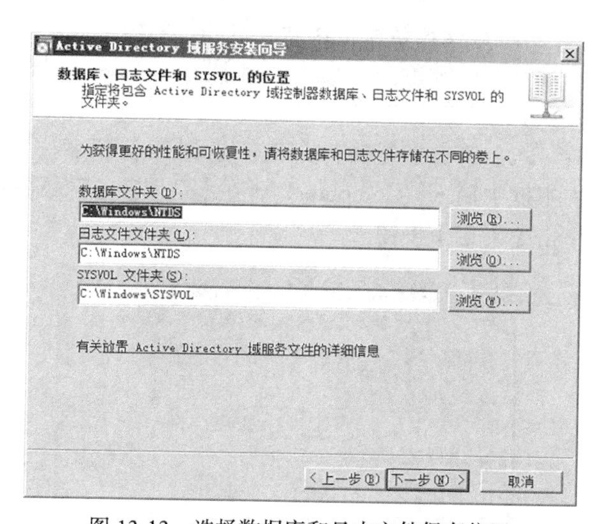

图 13-13　选择数据库和日志文件保存位置

（11）在弹出的对话框中输入目录服务还原模式 Administrator 密码，然后单击【下一步】按钮，如图 13-14 所示。目录还原模式是一种安全模式，进入此模式可以修复 Active Directory 数据库。可以在系统启动时按【F8】键进入此模式。

（12）在弹出的如图 13-15 所示的【摘要】对话框中列出安装过程中用户设置的参数，单击【下一步】按钮，安装向导开始安装活动目录。安装完成后需要重新启动计算机。重新启动计算机后，在【管理工具】的级联菜单中增加了【Active Directory 管理中心】、【Active Directory 用户和计算机】、【Active Directory 站点和服务】、【Active Directory 域和信任关系】四项内容。

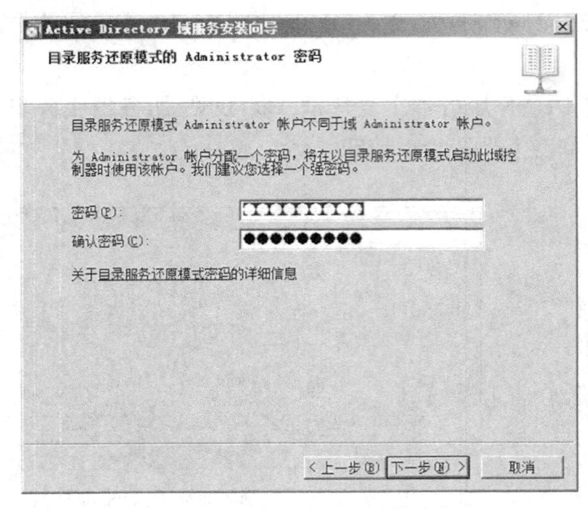

图 13-14　输入目录还原模式密码

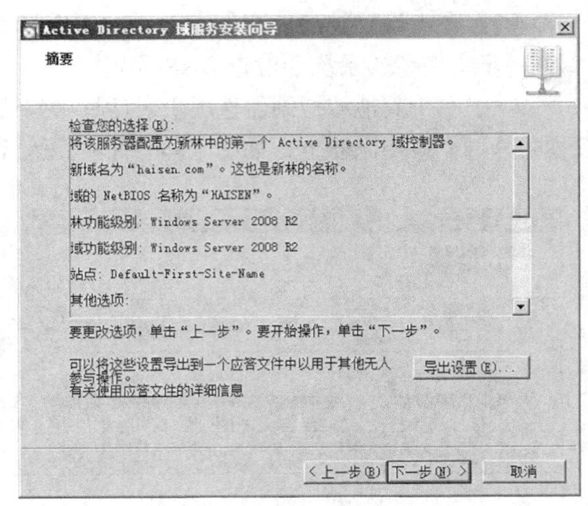

图 13-15　列出摘要

13.2.2　将计算机加入到域

将 Windows 计算机加入到域有两种方法，一种是管理员亲自将各计算机加入到域，另一种是管理员在“Active Directory 用户和计算机”为用户计算机建立账户，由用户自己将计算机加入到域。

1. 管理员亲自将各计算机加入到域

（1）右键单击【我的电脑】图标，选择【属性】命令，单击【计算机名】标签，如图 13-16 所示。

（2）单击【更改】按钮，出现【计算机名称更改】对话框，如图 13-17 所示。在【计算机名】文本框中输入“Computer1”，在【隶属于】区域中选择【域】单选按钮并输入域名“haisen.com”，单击【确定】按钮。

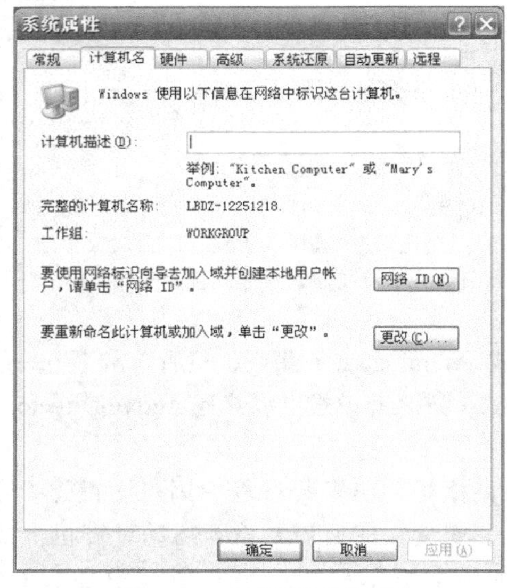

图 13-16 【计算机名】标签

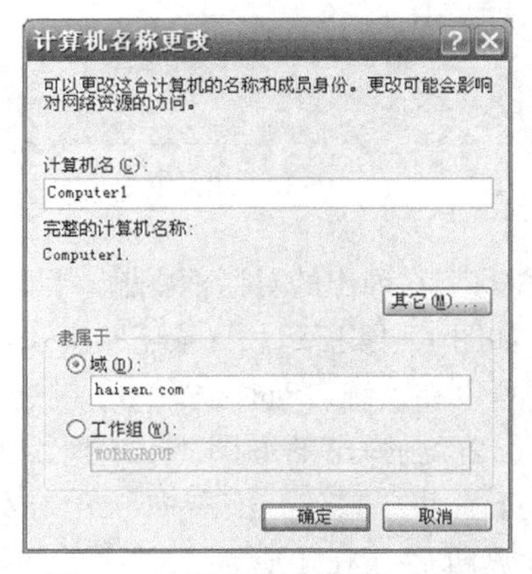

图 13-17　更改计算机名加入到域

（3）在弹出的对话框中输入域控制器管理员账户和登录密码，单击【确定】按钮，如图 13-18

所示，只有拥有管理员权限的用户才能将计算机加入到域。

（4）经过域控制器验证后，弹出如图 13-19 所示的欢迎加入域的对话框。

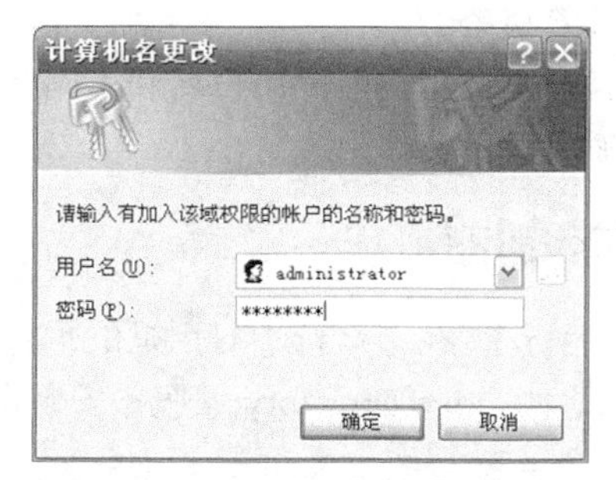

图 13-18　输入域管理员的用户名和密码

图 13-19　欢迎加入域信息

2. 由用户自己将计算机加入到域（以小李为例）

（1）管理员在域控制器上选择【开始】→【管理工具】→【Active Directory 用户和计算机】，打开【Active Directory 用户和计算机】控制台，如图 13-20 所示。

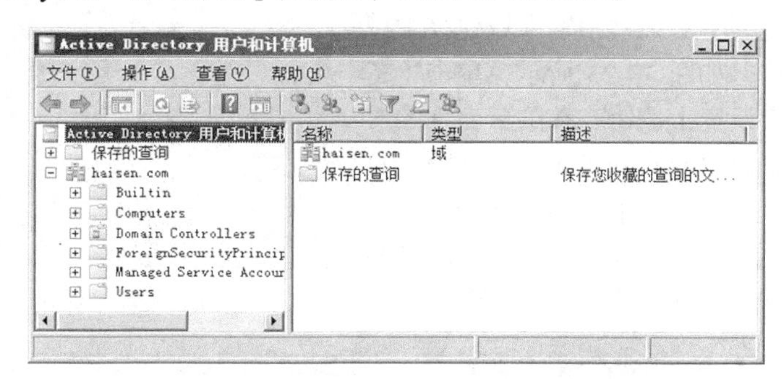

图 13-20　【Active Directory 用户和计算机】窗口

（2）右键单击“haisen.com”下的【Computers】，在快捷菜单中选择【新建】→【计算机】命令。

（3）在弹出的对话框中的【计算机名称】文本框中输入用户计算机的名字“computer2”，按照顺序单击【更改】→【高级】→【立即查找】按钮，在搜索结果中双击“xiaoli”，单击【确定】按钮，如图 13-21 所示。

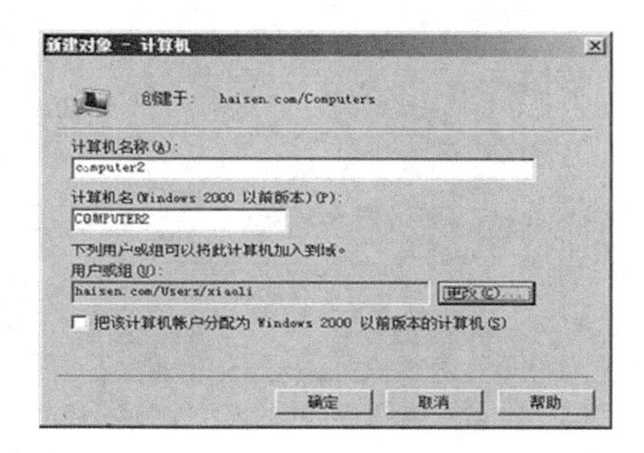

图 13-21　设置小李可以将 computer2 加入到域

（4）小李在自己的计算机上右键单击【我的电脑】，选择【属性】命令，单击【计算机名】标签，单击【更改】按钮，在【计算机名】文本框中输入“Computer2”，在【隶属于】区域中选择【域】单选按钮并输入域名“haisen.com”，单击【确定】按钮。

（5）在随后弹出的对话框中输入自己的用户名和密码，单击【确定】按钮，即可将自己的计算机加入到域。

3. 脱离域

与加入域的方法相同，在图 13-17 中选择【工作组】单选按钮并输入工作组名，单击【确定】按钮，即可将计算机脱离域。

4. 利用已加入域的计算机登录

（1）利用本地账户登录：在出现登录界面后，输入本地系统管理员账户和密码登录，登录成功后可以使用本计算机资源，但无法访问域内其他计算机资源。

（2）利用域用户账户登录：在出现登录界面后，输入域用户账户用户名和密码登录，登录成功后，可以使用域中授权访问的其他计算机上的资源。

13.2.3 在已有的域中创建新的域控制器

（1）在第二台计算机 DC2 上单击【开始】→【运行】，在【运行】对话框的【打开】组合框中输入“Dcpromo”，单击【确定】按钮，则自动出现“Active Directory 域服务安装向导”。

（2）单击【下一步】按钮，出现兼容性警告，单击【下一步】按钮。

（3）在【选择某一部署配置】对话框中选择【现有林】→【向现有域添加域控制器】单选按钮，如图 13-22 所示，然后单击【下一步】按钮。

（4）在【网络凭据】对话框中输入域树林中域的名称“haisen.com”，如图 13-23 所示，单击【备用凭据】区域中的【设置】按钮，在随后出现的对话框中输入管理员账户“Administrator”和密码后，单击【确定】按钮，再单击【下一步】按钮。

（5）在【选择域】对话框中选择【haisen.com（林根域）】，如图 13-24 所示，单击【下一步】按钮。

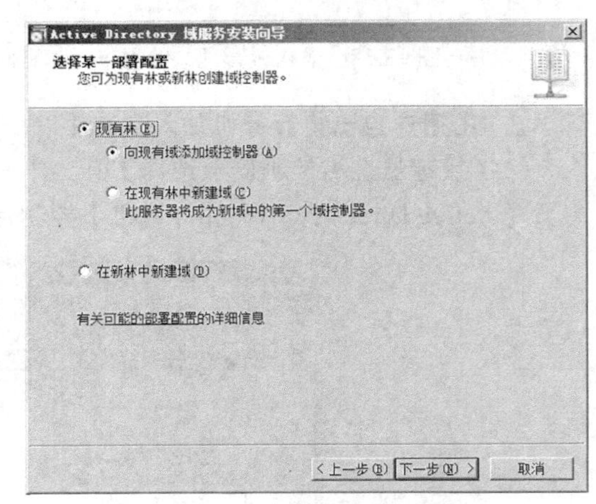

图 13-22 选择域控制器角色

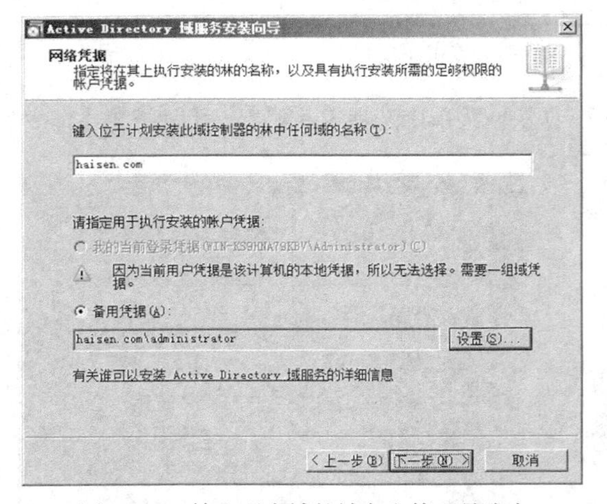

图 13-23 输入现有域的域名和管理员账户

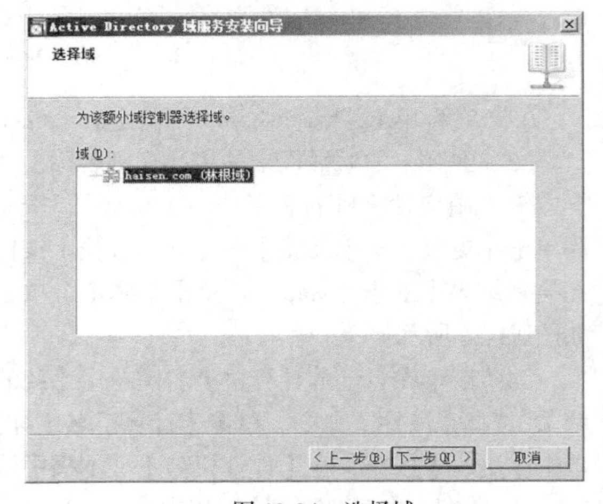

图 13-24 选择域

（6）在【请选择一个站点】对话框中选择默认站点，如图 13-25 所示，单击【下一步】按钮。

（7）在【其他域控制器选项】对话框中选择【DNS 服务器】和【全局编录】复选框，该服务器将被设置为 DNS 服务器和全局编录服务器，如图 13-26 所示，单击【下一步】按钮。

（8）出现无法创建 DNS 委派信息时，单击【是】按钮。

（9）在【数据库、日志文件和 SYSVOL 的位置】对话框中选择默认位置，如图 13-27 所示，单击【下一步】按钮。

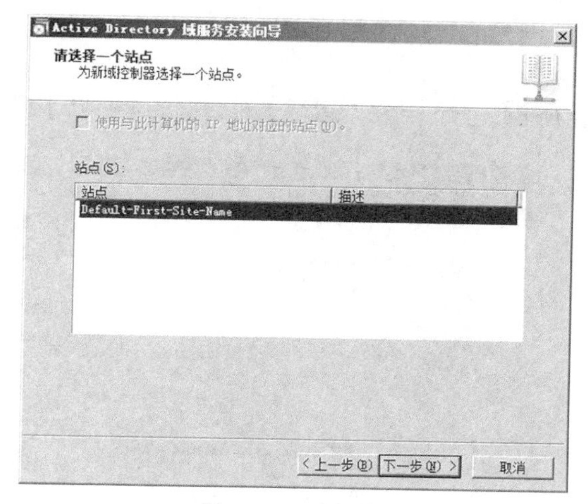

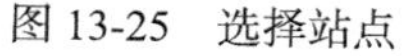
图 13-25　选择站点

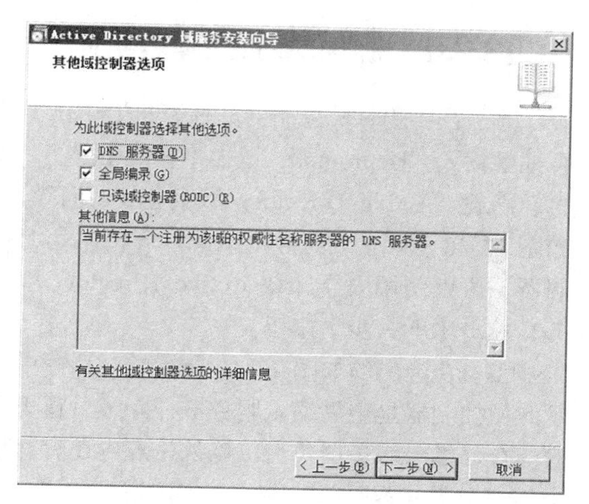

图 13-26　选择其他选项

（10）在【目录服务还原模式的 Administrator 密码】对话框中设置管理员密码，如图 13-28 所示，单击【下一步】按钮。

（11）在摘要对话框中单击【下一步】按钮，随后开始安装，如图 13-29 所示。

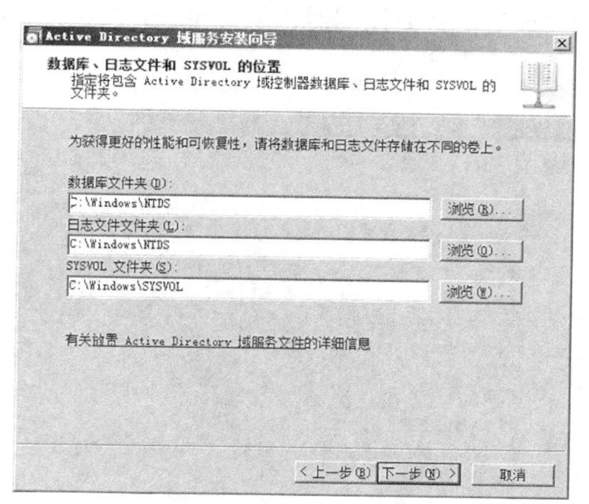

图 13-27　设置数据库和日志文件保存位置

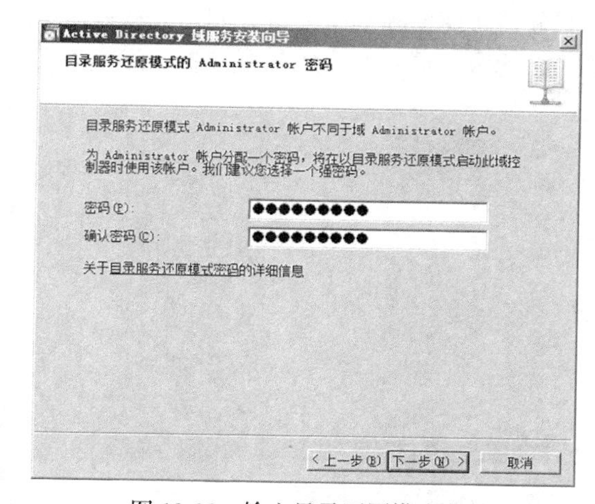

图 13-28　输入目录还原模式密码

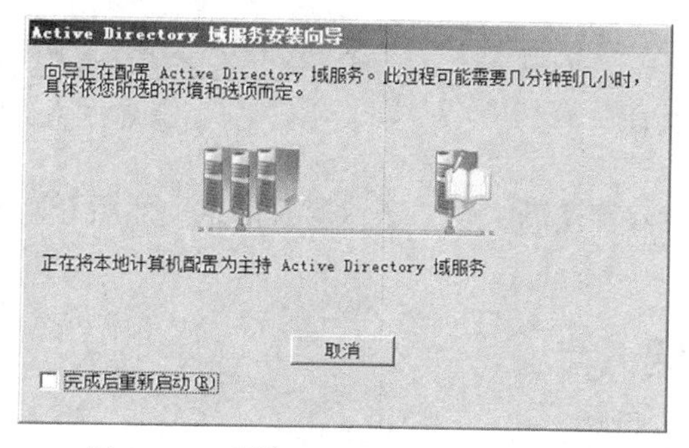

图 13-29　安装 Active Directory 域服务

（12）安装完成后单击【完成】按钮，结束安装。

13.2.4 删除域控制器与域

（1）在要删除域控制器的计算机上单击【开始】→【运行】，在【运行】对话框的【打开】组合框中输入“Dcpromo”，单击【确定】按钮，则自动出现“Active Directory 域服务安装向导”，如图 13-30 所示。该向导提示此计算机已是域控制器，可以使用向导卸载 Active Directory 域服务，单击【下一步】按钮。

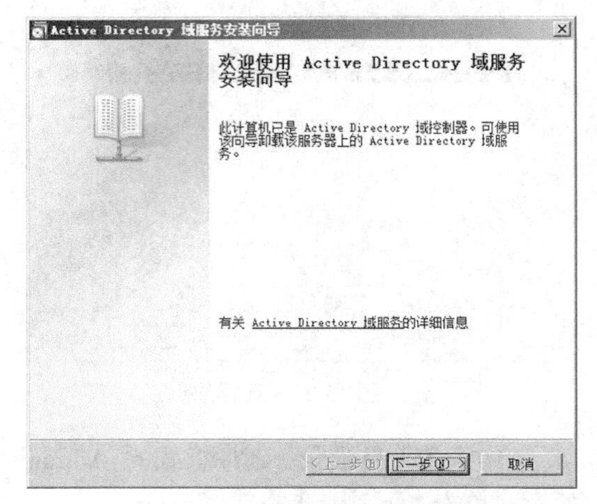

图 13-30　Active Directory 域服务安装向导

（2）在弹出的如图 13-31 所示的对话框中提示此域控制器是全局编录服务器，降级后将不再扮演全局编录服务器角色，确认站点内还有其他全局编录服务器后单击【确定】按钮。

（3）在弹出的如图 13-32 所示的【删除域】对话框中进行选择，如果此服务器是域内最后一台域控制器，则勾选【删除该域，因为此服务器是该域中的最后一个域控制器】复选框，降级后，此服务器将变成独立服务器；如果此服务器不是域内最后一台域控制器，不要勾选此复选框，降级后，此服务器将变成成员服务器。选择后单击【下一步】按钮。

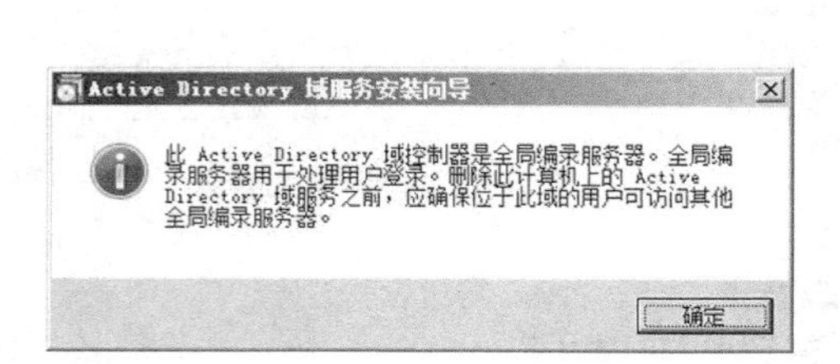

图 13-31　提示信息

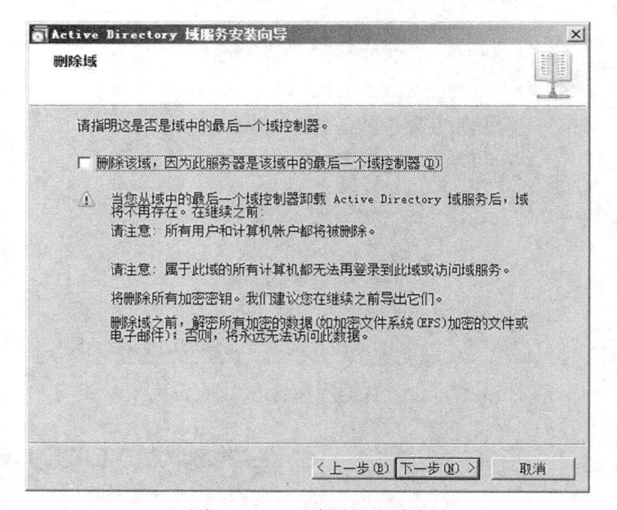

图 13-32　选择是否删除域

（4）安装向导会要求输入管理员密码，显示摘要信息，然后开始删除操作。删除成功后，单击【完成】按钮。

13.2.5 创建子域

（1）按照 13.2.3 节中的步骤（1）～（2）进行操作。

（2）在【选择某一部署配置】对话框中选择【现有林】→【在现有林中新建域】单选按钮，如图 13-33 所示，然后单击【下一步】按钮。

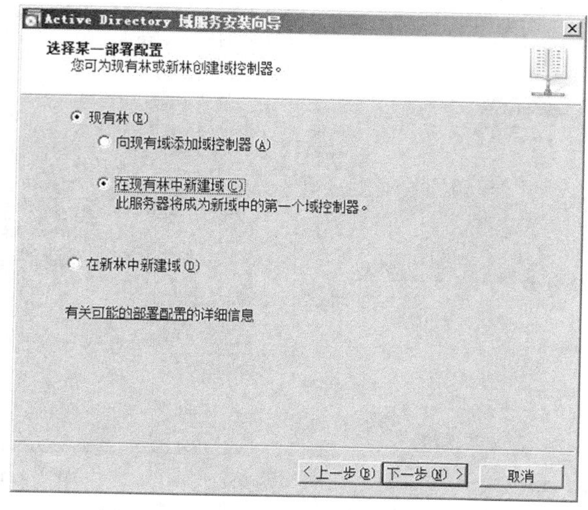

图 13-33　选择【在现有林中新建域】

（3）在弹出的如图 13-34 所示的【网络凭据】对话框中选择【我的当前登录凭据】单选按钮（默认），单击【下一步】按钮。

（4）在弹出的如图 13-35 所示的【命名新域】对话框中的【父域的 FQDN】文本框中输入“haisen.com”，在【子域的单标签 DNS 名称】文本框中输入子域名称“sele”，则子域完整的域名为“sele.haisen.com”，单击【下一步】按钮。

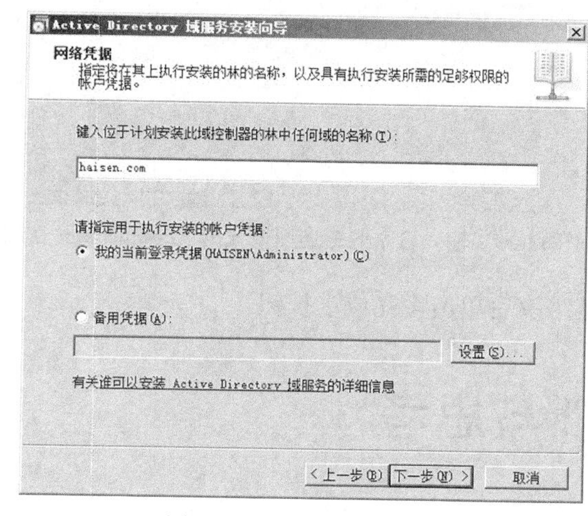

图 13-34　选择“网络凭据”

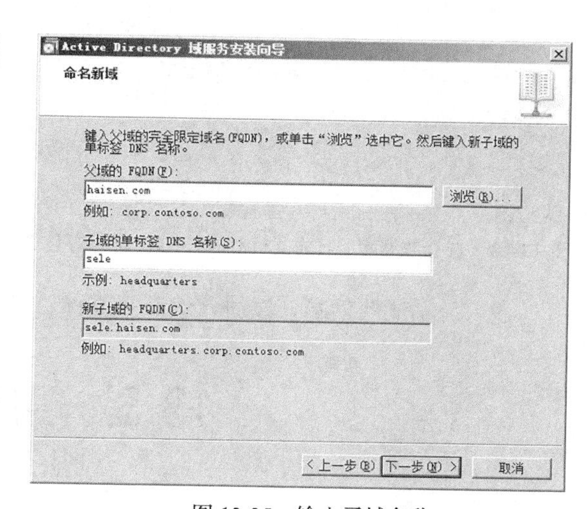

图 13-35　输入子域名称

（5）在弹出的如图 13-36 所示的【请选择一个站点】对话框中单击【下一步】按钮。

（6）在弹出的如图 13-37 所示的【其他域控制器选项】对话框中选择是否让此域控制器成为 DNS 服务器和全局编录服务器，使用默认设置，直接单击【下一步】按钮。

（7）在弹出的如图 13-38 所示的【数据库、日志文件和 SYSVOL 的位置】对话框中单击【下一步】按钮。

（8）在弹出的如图 13-39 所示的对话框中输入目录服务还原模式的 Administrator 密码，单击【下一步】按钮。

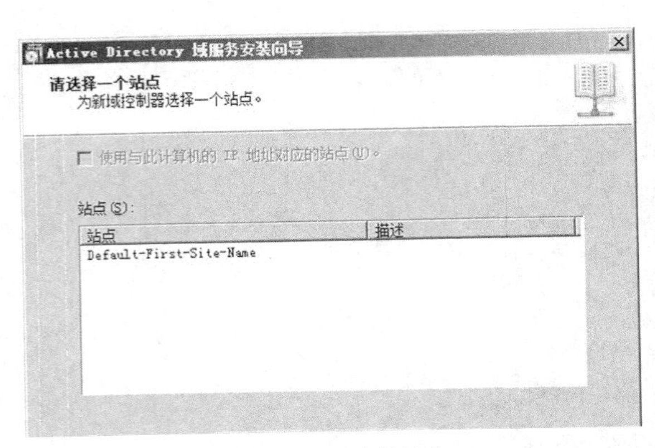

图 13-36　选择站点

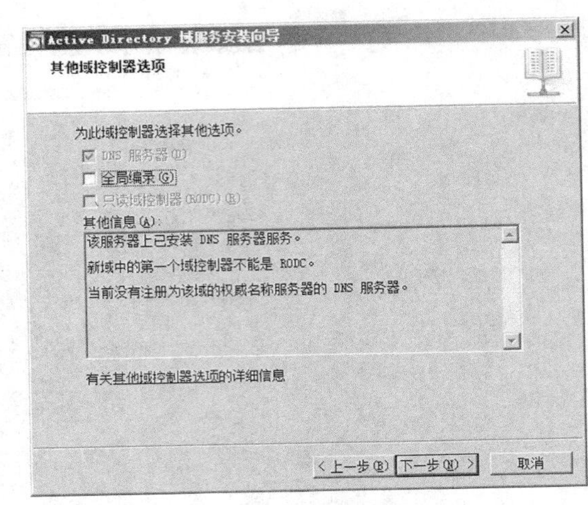

图 13-37　选择可选项

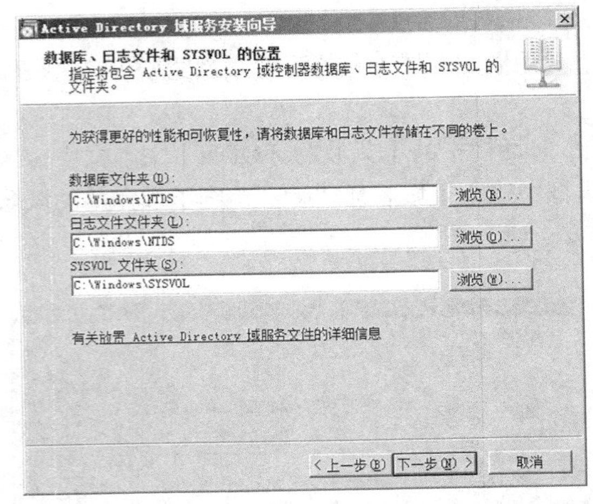

图 13-38　选择数据库、日志文件和 SYSVOL 的保存位置

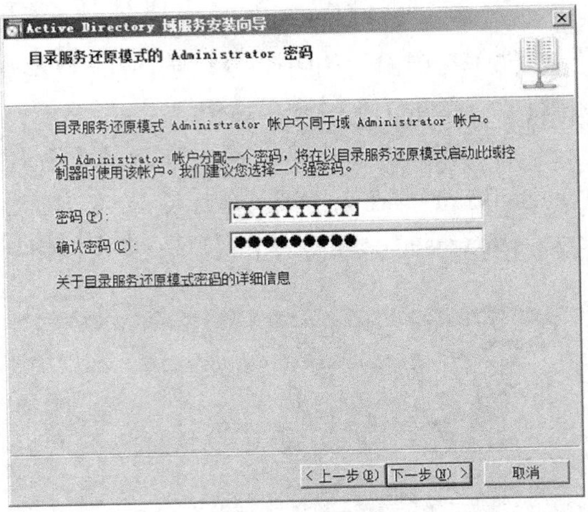

图 13-39　输入目录服务还原模式的 Administrator 密码

（9）显示摘要信息，然后开始安装过程，安装结束后单击【完成】按钮。

13.3　实训与思考

13.3.1　实训题

以小组为单位，每组有四台安装了 Windows Server 2008 R2 的服务器，分别为 Server1、Server2、Server3、Server4，如图 13-40 所示。

1. 安装 Active Directory 域服务

在 Server1 上安装 Active Directory 域服务并创建域，使其成为该域的第一台域控制器。

2. 将本组计算机加入域

（1）用管理员身份将 Server4 加入域中。

（2）将 Server4 从域中脱离。

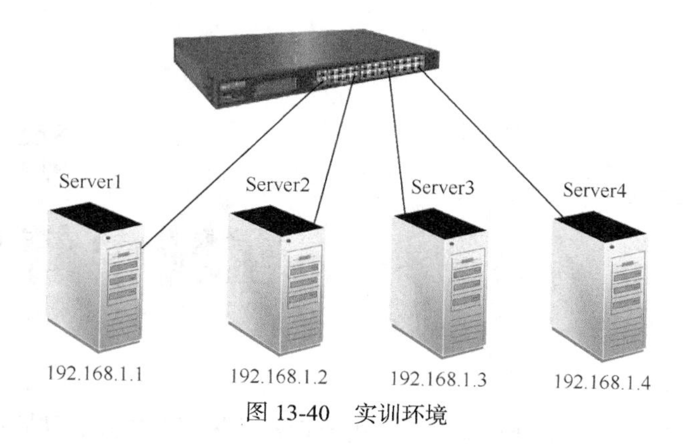

图 13-40 实训环境

（3）用普通用户身份将 Server4 加入域中。

3. 在已有域中添加一个新域控制器

将 Server2 创建成这个域的第二台域控制器。

4. 创建一个子域

将 Server3 创建为这个域的子域的控制器。

5. 卸载 Active Directory

将 Server2 降级为成员服务器。

13.3.2 思考题

（1）什么是域和活动目录？
（2）域控制器有哪些作用？
（3）域和站点之间的关系如何？
（4）什么时候需要建立站点？
（5）为什么在一个域中需要多台域控制器？
（6）安装活动目录、创建域有哪些方法？
（7）将用户计算机加入域中有哪些方法？

第14章 在域中管理对象

在安装了活动目录、创建了域结构以后，需要把各种管理对象添加到域中，使它们成为域的成员。在域中都有一个“账户”，管理员通过设置对象账户的属性、对对象应用各种安全策略等手段，对域对象进行统一集中的控制。

本章介绍如何将对象添加到域以及域对象账户的管理。

14.1 域中的对象

14.1.1 域中的计算机

1. 域控制器

域控制器是指运行 Windows Server 2008 版本的服务器，它保存了活动目录信息的副本。域控制器也负责用户的登录过程，对用户身份进行验证，域控制器还承担其他与域有关的操作，比如执行安全策略、目录信息查找等。

2. 成员服务器

成员服务器也是安装 Windows Server 2008、Windows Server 2003、Windows Server 2000 的服务器。成员服务器是域的成员，但是成员服务器内没有安装活动目录数据库，不负责执行域的策略，也不参与域用户的登录过程。它主要用作专用服务器，如文件服务器、打印服务器、SQL 服务器、RAS 服务器等。

3. 独立服务器

若服务器没有加入域中，则称为独立服务器，独立服务器不受域的约束，它通过本地安全账户数据库（SAM）来审核本地用户。

4. 用户计算机

用户计算机是安装了各种 Windows 版本的计算机，用户利用这些计算机登录域，访问域中的资源，使用域中的服务，又称为客户机。用户如果要利用活动目录数据库内的域用户账户登录，用户的计算机也必须加入域中。

下列 Windows 计算机都可以被加入域中。

- Windows Server 2008 R2，Windows Server 2008。
- Windows Server 2003 R2，Windows Server 2003。
- Windows 7 Ultimate，Windows 7 Enterprise，Windows 7 Professional。
- Windows Vista Ultimate，Windows Vista Enterprise，Windows Vista Business。

- Windows XP Professional。
- Windows Server 2000，Windows 2000 Professional。

14.1.2　域中的用户

1. 域用户的概念

用户分为域用户和本地用户。域用户账户建立在域控制器的 Active Directory 数据库内，由域控制器验证用户的身份。用户可以利用域用户账户来登录域，一旦登录成功后，当他要访问域内其他计算机上的资源（例如，访问其他计算机内的文件、打印机等资源）时，就不需要再登录了。

本地用户账户建立在独立服务器、成员服务器或客户机的本地安全数据库内，而不是域控制器内，由本地计算机负责验证用户身份。用户可以利用本地用户账户来登录此计算机，但是只能访问这台计算机内的资源，无法访问网络上的资源。

2. 登录域用户账户

域用户可以到域成员计算机上（非域控制器）使用两种账户登录域，一种叫 UPN 账户，另一种叫 SamAccountName 账户。

UPN 账户名称的格式与电子邮件账户格式相同，如 liming@abc.com，这个名称只能在隶属于域的计算机上登录时使用。UPN 不会随着账户转移到其他域而改变，即使 UPN 账户从一个域转移到域树林中的另外一个域内，用户仍然可以使用原来的 UPN 账户登录。在一个域树林内，这个名称必须是唯一的。

SamAccountName 账户是 Windows 2000 以前版本的登录账户。使用 Windows 2000 以前版本的旧客户端可以使用这个名称登录，在隶属于域的 Windows 2000 以后版本的计算机上也可以采用这种名称来登录。在一个域内，这个名称必须是唯一的。

14.1.3　域中的组

1. 域组的概念

组是管理用户权限的有效策略，它可以包括用户或其他组。域组的成员只能是域用户，域组不能包含本地组成员。

2. 域组的分类

（1）按照组的用途分类。

Windows Server 2008 所支持的域组分为以下两种类型：安全组和分发组。

- 安全组：安全组可以用来设置权限，简化网络的维护和管理。例如，可以指定某个安全组对某个文件具有“只读”权限，则组内成员对该文件都有“只读”权限。安全组也可以用在与安全无关的设置上，例如，发送电子邮件给某个安全组，则组内成员都可以收到这封邮件。
- 分发组：分发组只能用在与安全（权限的设置等）无关的任务上，例如，可以将电子邮件发送给某个分发组。分发组不能进行权限设置。

（2）按组的作用范围分类。

按组的作用范围分类，域组可以分为三种类型：通用组、全局组和本地组。

- 通用组：其成员可以包含当前域林中的任何域成员、全局组、通用组，但不能包含任何域内的本地组。通用组成员可以在当前域林中的任何域中获得访问权限，并按权限使用这些资源。
- 全局组：其成员只能来源于其所在的域，包括域用户和全局组。全局组成员可以在当前域林中的任何域中获得访问权限，并按权限使用这些资源。
- 本地组：其成员可以是域树林中任何一个域的用户、全局组、通用组，也可以是本域内的本地组，但不能包含其他域的本地组。本地组的成员只能访问所属域的资源，无法访问其他域的资源。

3. 内置的域组

当用户安装了一个域控制器后，在 Builtin 和 Users 文件夹下可以看到系统预定义的组，这些组都是安全组，包括本地域组、全局组与系统组，这些组本身已被赋予了一些权利与权限，以便让其具备管理域控制器与活动目录的能力。只要将用户或全局组等账户加入到这些内置的本地域组内，这些账户也将具有相同的权利与权限。

而没有安装活动目录的 Windows Server 2008 独立服务器、Windows Server 2008 成员服务器、Windows 2008 Professional 内则包含了一些内置的本地组与系统组。这些组也被赋予了对本地计算机不同的权限和权利。

内置本地组位于容器 Builtin 内，以下列出较常用的本地组。

（1）Account Operators。其成员默认可以在容器与组织单位内添加、删除、修改用户账户、组账户与计算机账户。

（2）Administrators: Administrators。其成员具备系统管理员权限，他们对所有的域控制器拥有最大控制权，可以执行 AD DS 管理工作。此组默认的成员包含 Administrator、全局组 Domain Admins、通用组 Enterprise Admins，无法将 Administrator 从此组内删除。

（3）Backup Operators。其成员可以通过图形界面的 Windows Server Backup 功能或 wbadmin.exe 程序来备份与还原域控制器内的文件，不论他们是否有权限访问这些文件。Backup Operators 的成员也可以将域控制器关机。

（4）Users。其成员只拥有一些基本权限，例如，运行应用程序，但是他们不能修改操作系统的设置，不能更改其他用户的数据，不能将服务器关机。此组默认的成员为全局组 Domain Users。

内置的全局组本身并没有任何权利与权限，但是可以将其加入到具备权利或权限的本地域组，或另外直接指派权利或权限给此全局组。

内置全局组位于容器 Users 内，以下列出较常用的全局组。

（1）Domain Admins。域成员计算机会自动将此组加入到本地组 Administrators 内，因此 Domain Admins 组内的每一个成员在域内的每一台计算机上都具备系统管理员权限。此组默认的成员为域用户 Administrator。

（2）Domain Computers。所有加入域的计算机都会被自动加入到此组内。

（3）Domain Users。域成员计算机会自动将此组加入到本地组 Users 内，因此 Domain Users 内的用户享有本地组 Users 所拥有的权利与权限，例如，拥有允许本地登录的权利。此组默认的成员为域用户 Administrator，而以后所有添加的域用户账户都会自动隶属于 Domain Users 组。

内置的通用组位于容器 Users 内。Enterprise Admins 是一个通用组，此组只存在于林根域，其成员有权管理林内的所有域。此组默认的成员为林根域内的用户 Administrator。

4. 活动目录中的特殊对象

可以理解为特殊组，其成员是变化的，随网络使用情况而定，管理员不能更改。主要有以下几种特殊组。

（1）Everyone 组。任何一个用户都属于这个组。若 Guest 账户被启用，也属于该组，所以 Guest 也将具备 Everyone 所拥有的权限。若不希望未注册的用户访问网络资源，应该禁用 Guest 账户。

（2）Network 组。任何通过网络访问某种特定资源的用户都属于这个组。

（3）Interactive 组。任何在本地登录的用户都属于这个组。

（4）Authenticated User 组。任何使用有效用户账户来登录的用户都属于这个组。

14.1.4　组织单位

组织单位（Organizational Unit，OU）是隶属于域的一种容器对象。在域的下面，为便于管理，可以创建组织单位，组织单位中可以放置用户、组、计算机或其他组织单位，但组织单位中不能放置其他域中的对象。

同一个组织单位的成员会形成一个独立的安全体系，可以自己管理组织单位内部的用户、组、计算机、文件或打印机，域的管理员可以将权限下放给组织单位管理员，以减轻负担。

在域中合理地添加和设置组织单位，不仅方便了管理员对域中用户和组的管理，而且还有利于网络的扩展。可以通过 OU 把对象分组成最适应企业需求的逻辑层次结构，使之与企业的管理相适应。可以根据部门划分 OU，也可以根据地理位置划分 OU，还可以根据管理的需要划分 OU，例如，一个企业由一个管理员管理所有用户账户，另一个管理员管理所有计算机账户，那么就可以创建一个账户的 OU 和计算机的 OU。

14.1.5　组的使用策略

用 A 代表用户账户（User Account），G 代表全局组（Global Group），DL 代表本地域组（Domain Local Group），U 代表通用组（Universal Group），P 代表权限（Permission）。为了让网络管理更加容易，同时也为了减少以后的负担，在使用组来管理网络资源时可以采用以下的策略。

1. A-G-DL-P 策略

A-G-DL-P 策略就是先将用户账户加入到全局组，再将全局组加入到本地域组内，然后设置本地域组的权限，如图 14-1 所示。以此图为例，只要针对图中的本地域组来设置权限，则隶属于该本地域组的全局组内的所有用户，都会自动具备该权限。

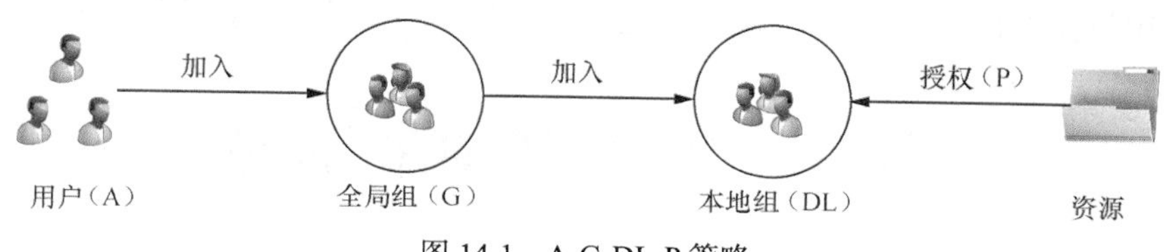

图 14-1　A-G-DL-P 策略

例如，若 A 域内的用户需要访问 B 域内的资源，则由 A 域的系统管理员负责在 A 域创建全局组，将 A 域用户账户加入到此组内；而 B 域的系统管理员则负责在 B 域创建本地组，设置此组的权限，然后将 A 域的全局组加入到此组内。之后由 A 域的系统管理员负责维护全局组内的成员，而 B 域的系统管理员则负责维护权限的设置，如此便可以将管理的负担分散。

2. A-G-G-DL-P 策略

A-G-G-DL-P 策略就是先将用户账户加入到全局组，将此全局组加入到另一个全局组内，再将此全局组加入本地域组内，然后设置本地域组的权限，如图 14-2 所示。图中的 G3 全局组内包含了 Gl 与 G2 两个全局组，它们必须是同一个域内的全局组，因为全局组内只能够包含位于同一个域内的用户账户与全局组。

3. A-G-U-DL-P 策略

图 14-2 中的 Gl 与 G2 全局组若不是和 G3 在同一个域内，则无法采用 A-G-G-DL-P 策略，因为 G3 全局组内无法包含位于另外一个域内的全局组，此时就必须将全局组 G3 改为通用组，也就是必须改用 A-G-U-DL-P 策略，如图 14-3 所示。此策略是先将用户账户加入到全局组，将此全局

组加入通用组内，再将此通用组加入本地域组内，然后设置本地域组的权限。

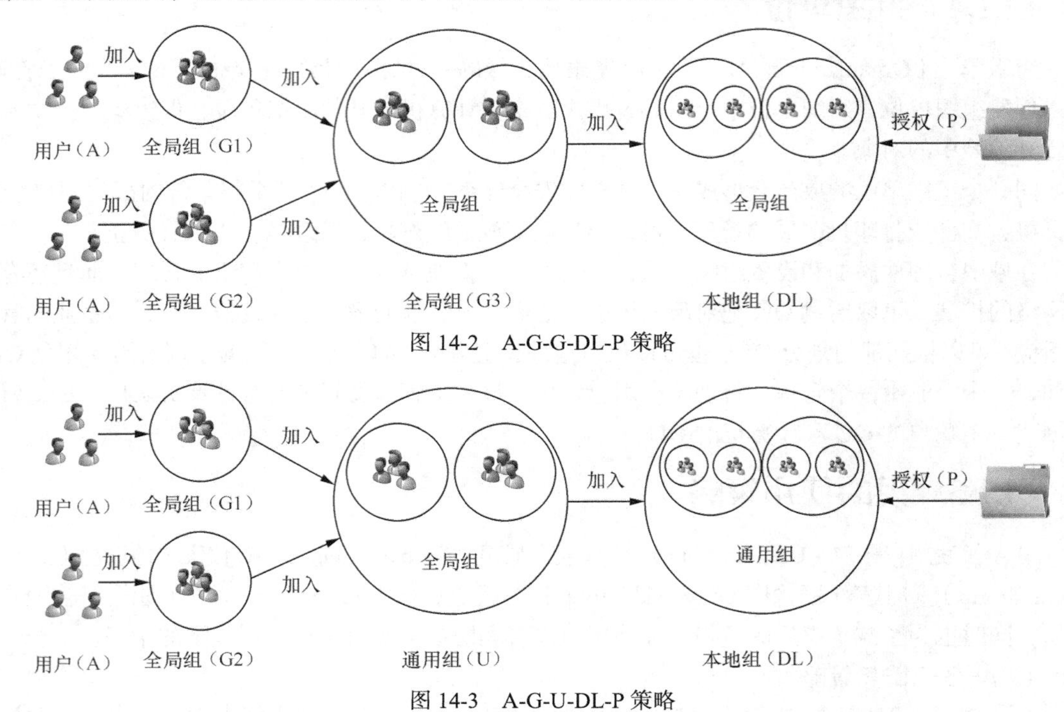

图 14-2　A-G-G-DL-P 策略

图 14-3　A-G-U-DL-P 策略

4. A-G-G-U-DL-P 策略

A-G-G-U-DL-P 策略与前面两种类似，在此不再重复说明。

究竟使用何种策略，其原则首先是要满足需要，然后在此基础上要尽量减少管理工作量。

14.2　管理域中的对象

模拟场景：

由于管理的需要，公司需要在域内创建两个组织单位，即业务部和财务部，并将这两个部门的用户和计算机分配到相应的组织单位。在组织单位内要给员工建立用户账户，张阿里和李淘宝是业务部的员工，允许他们在周六和周日早 6 点到晚 10 点登录到域。王百度和刘搜狐是财务部的员工，只能在周一到周五上午 8 点到下午 5 点登录，这些用户只允许在 DC2、DC3 上登录。为了便于分配权限，需要建立一个全局组，上述四个用户都是这个组的成员。公司的一些共享文件需要在活动目录中发布。

实验环境：

运行 Windows Server 2008 R2 的服务器一台（Server），充当域控制器角色，Windows 7 或 Windows Server 2008 R2 客户机至少 3 台（PC1～PC3），如图 14-4 所示。

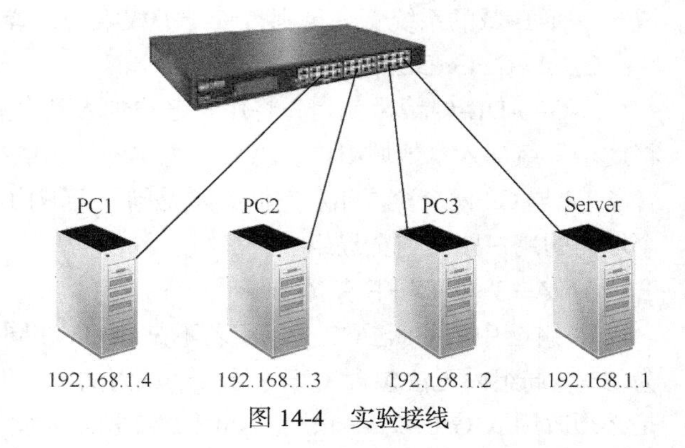

图 14-4　实验接线

14.2.1　管理组织单位

创建组织单位可以在“Active Directory 用户和计算机”或“Active Directory 管理中心”完成。下面以在“Active Directory 用户和计算机”中创建为例进行介绍。

（1）选择【开始】→【管理工具】→【Active Directory 用户和计算机】，如图 14-5 所示。

（2）右键单击【haisen.com】域，选择【新建】→【组织单位】命令，出现【新建对象—组织单位】对话框，如图 14-6 所示。在【名称】文本框中输入“业务部”，为防止组织单位被意外删除，可勾选【防止容器被意外删除】复选框（默认），然后单击【确定】按钮。

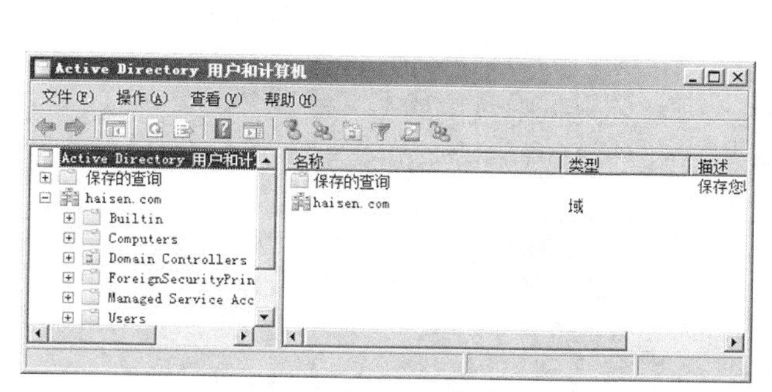

图 14-5 【Active Directory 用户和计算机】窗口

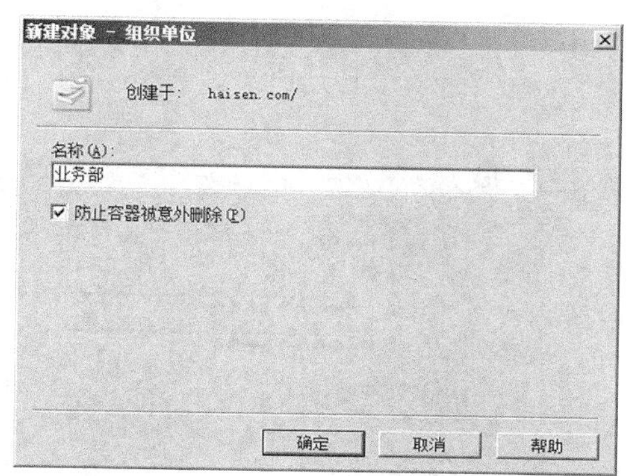

图 14-6　新建“业务部”组织单位

（3）用同样的方法建立组织单位“财务部”，如图 14-7 所示。

（4）由于勾选了【防止容器被意外删除】复选框，因此要删除组织单位，先在【Active Directory 用户和计算机】窗口中选择【查看】→【高级功能】命令，然后右键单击要删除的组织单位，选择【属性】命令，单击【对象】标签，取消选中【防止对象被意外删除】复选框，如图 14-8 所示。

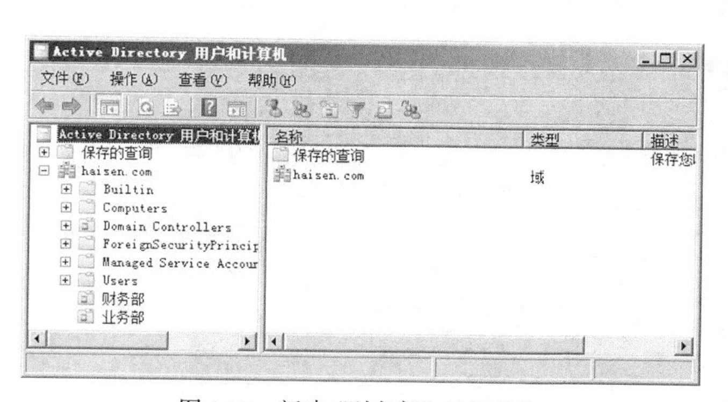

图 14-7　新建“财务部”组织单位

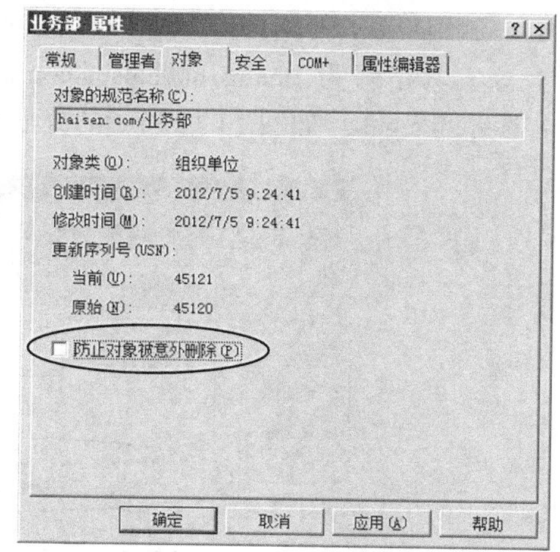

图 14-8　取消选中【防止对象被意外删除】复选框

14.2.2　管理域用户账户

1. 创建域用户账户

（1）右键单击【业务部】，选择【新建】→【用户】命令，出现如图 14-9 所示的对话框。

（2）输入用户的姓、名和用户登录名“zhangali”，单击【下一步】按钮。

（3）在随后出现的对话框中输入密码和确认密码，并根据需要勾选密码规则，如图 14-10 所示，单击【下一步】按钮。

（4）在随后出现的对话框中单击【完成】按钮，完成用户的创建，如图 14-11 所示。

（5）用同样的方法创建其他用户账户。

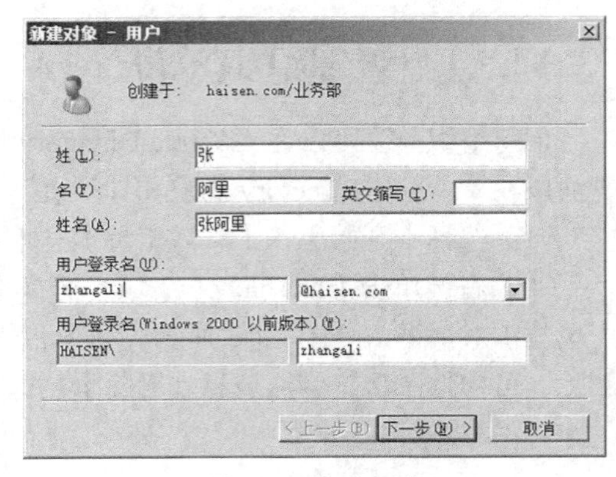

图 14-9 新建用户

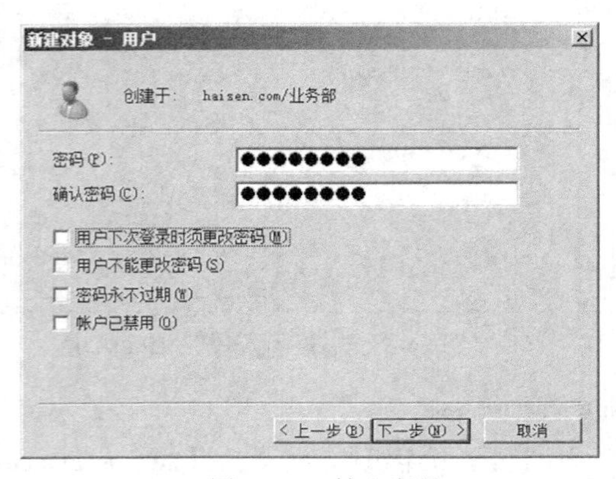

图 14-10 输入密码

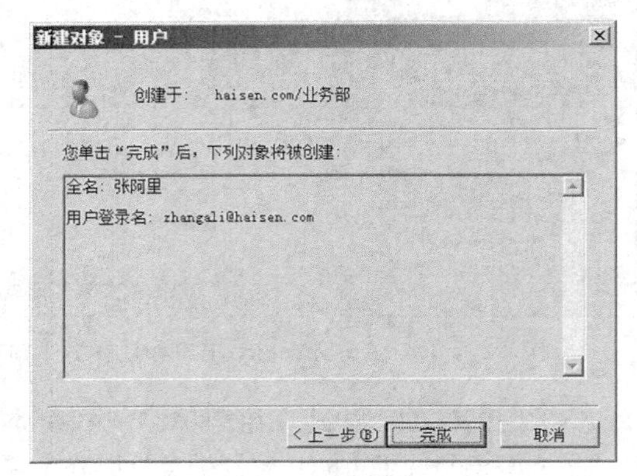

图 14-11 完成创建

2. 用域用户账户登录

域用户账户在域成员服务器上（非域控制器）可以用两种账户来登录域，一种是“用户 UPN”登录，其格式为 zhangali@haisen.com。另一种是“用户 SamAccountName”登录，其格式为 haisen\zhangali。如图 14-12 所示的界面是“Active Directory 管理中心”中的用户属性界面。

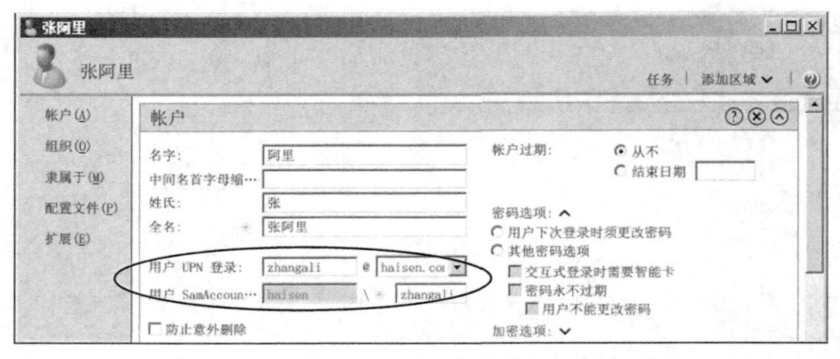

图 14-12 两种用户登录方式

“用户 UPN”账户登录格式与电子邮件账户相同，这个名称只能在隶属于域的计算机上登录域时使用，整个域树林内这个名称必须是唯一的。

“用户 SamAccountName”账户是旧格式的用户账户，在 Windows 2000 之前版本的客户端上必须使用这种格式，在 Windows 2000 之后版本的客户机上也可以使用这种格式登录。

若用户希望用自己习惯的邮箱账号登录，如用 zhangali@163.com 登录，可以创建“UPN 后缀”。

（1）选择【开始】→【管理工具】→【Active Directory 域和信任关系】，如图 14-13 所示。

图 14-13 【Active Directory 域和信任关系】窗口

（2）单击工具栏中的【属性】按钮，出现 UPN 后缀对话框，如图 14-14 所示。在【其他 UPN 后缀】文本框中输入“163.com”，然后单击【添加】按钮。

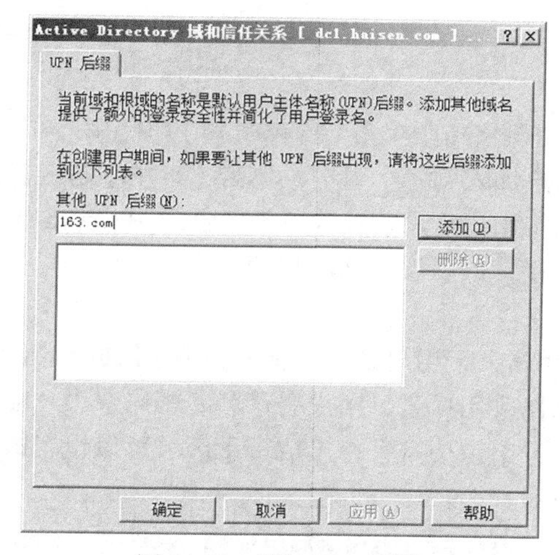

图 14-14　添加 UPN 后缀

3. 管理用户账户

用户账户管理可以在“Active Directory 用户和计算机”或“Active Directory 管理中心”完成。下面以在“Active Directory 管理中心”完成为例进行介绍。

（1）选择【开始】→【管理工具】→【Active Directory 管理中心】，如图 14-15 所示。

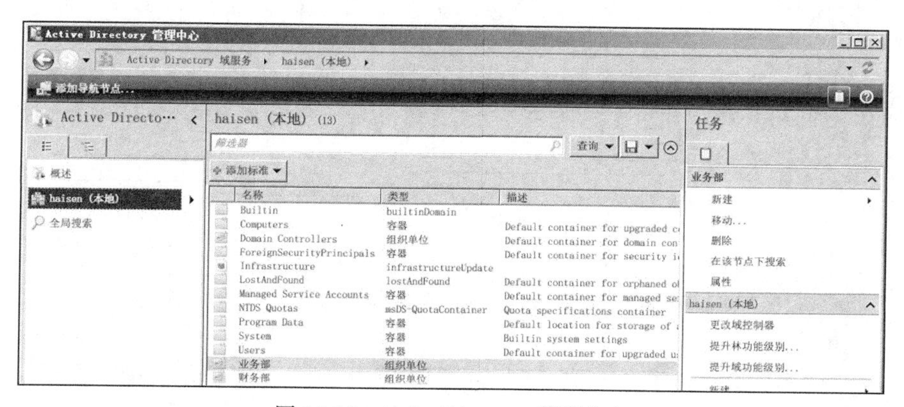

图 14-15　Active Directory 管理中心

（2）单击【haisen】，在中间的窗格中双击【业务部】，则业务部的对象出现在中间窗格中，如图 14-16 所示。

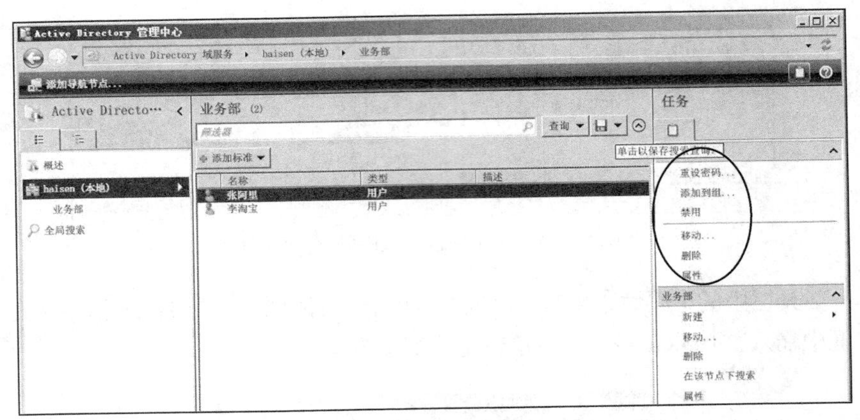

图 14-16 Active Directory 管理中心

（3）单击一个用户，在右侧窗格中单击【重设密码】超链接，可以修改用户的密码；单击【添加到组】超链接，可以将用户加入到一个组中；单击【禁用】超链接，可以禁用这个用户账户；单击【移动】超链接，可以将用户账户移动到其他容器之中；单击【删除】超链接，可以删除这个用户；单击【属性】超链接，可以设置该用户的属性。

4. 设置用户账户属性

（1）在图 14-16 中右键单击一个用户账户，选择【属性】命令，出现用户属性窗口，如图 14-17 所示。在【账户】区域可以修改用户名、用户登录名、密码选项、账户过期、防止意外删除等内容；在【组织】区域可以设置组织信息；在【成员】区域可以设置该用户属于哪些组的成员；在【配置文件】区域可以设置用户配置文件的路径。

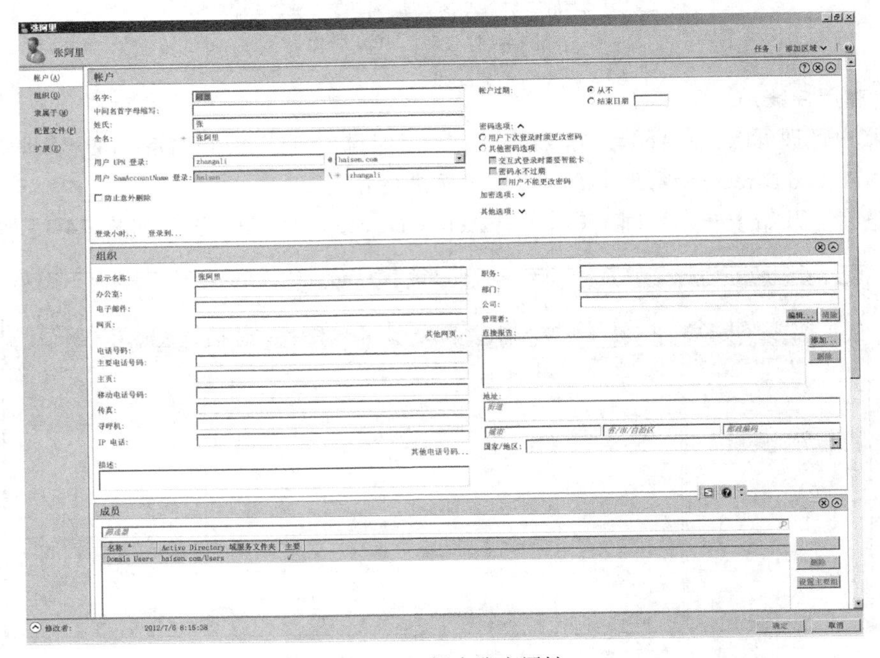

图 14-17 用户账户属性

（2）在【账户】区域中单击【登录小时】，在【登录小时数】对话框中设置什么时间允许用户登录，如图 14-18 所示。

（3）在【账户】区域中单击【登录到】，在【登录到】对话框中设置允许用户在哪些计算机上登录，如图 14-19 所示。

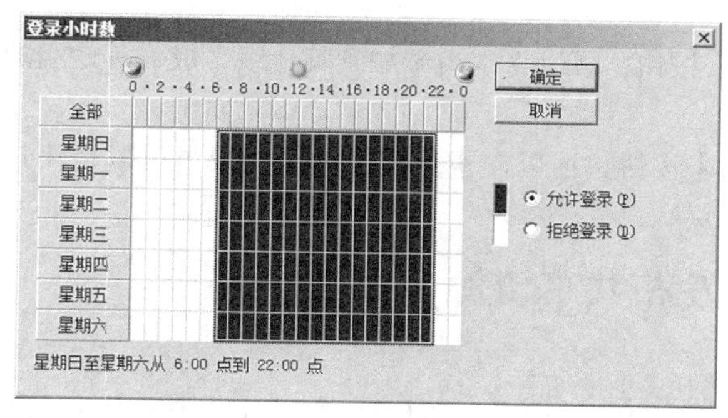

图 14-18　设置登录小时

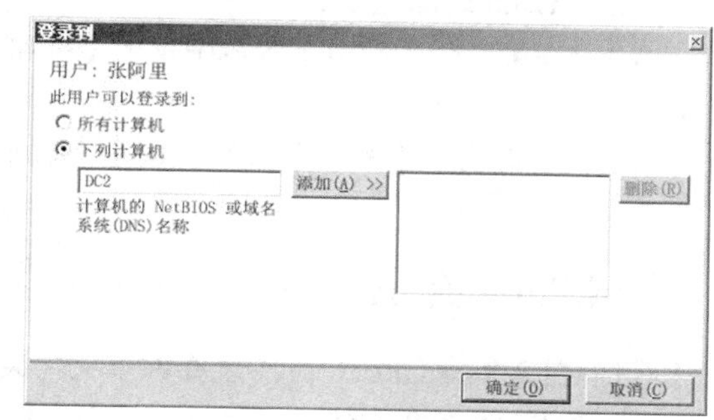

图 14-19　设置允许登录的计算机

14.2.3　管理域组

1. 创建组

创建组可以在“Active Directory 用户和计算机”或“Active Directory 管理中心”完成。下面以在“Active Directory 管理中心”创建为例进行介绍。

（1）在图 14-15 中双击【业务部】，在右侧的【业务部】窗格中选择【新建】→【组】，出现如图 14-20 所示的对话框。

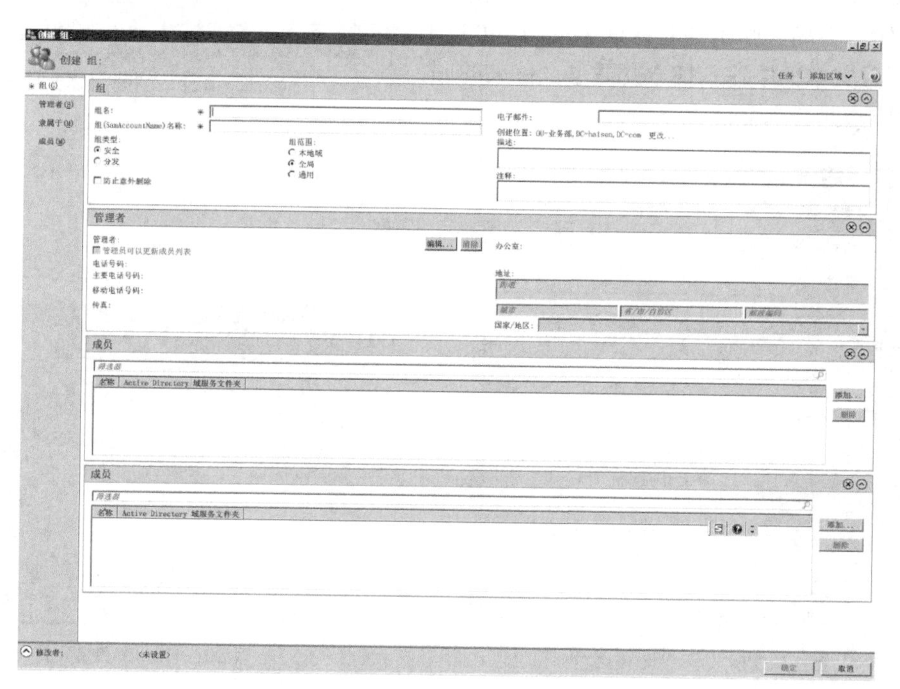

图 14-20　创建组的窗口

（2）在【组】区域的【组名】文本框中输入组的名字，如“管理组”，在【组类型】区域中选择一种类型，如“全局组”。

2. 设置组管理员

在【管理者】区域中单击【编辑】按钮，设置哪些用户或组可以管理这个组，管理的权限包括添加和删除组成员。

3. 添加或删除组成员

（1）在第一个【成员】区域中单击【添加】按钮，可以将本组添加到其他组，成为其他组的成员。

（2）在第二个【成员】区域中单击【添加】按钮，可以向本组添加成员，成员可以是用户或组。

14.2.4 在 Active Directory 中发布共享资源

1. 在 Active Directory 中发布共享文件夹

（1）依次选择【开始】→【管理工具】→【Active Directory 用户和计算机】，右键单击域【haisen】，选择【新建】→【共享文件夹】命令，如图 14-21 所示。

（2）在【名称】文本框中输入共享文件夹的名称，如“技术标准”，在【网络路径】文本框中输入此文件夹在网络中的位置，如“\\DC1\技术标准”，单击【确定】按钮。

（3）右键单击刚建立的共享文件夹“技术标准”，选择【属性】命令，如图 14-22 所示，单击【关键字】按钮，在随后弹出的对话框（见图 14-23）中的【新值】文本框中输入搜索此共享文件夹的词，便于用户搜索此共享文件夹。

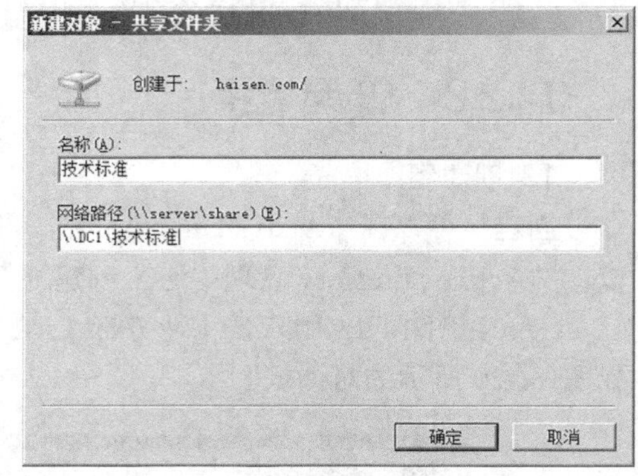

图 14-21 创建共享文件夹

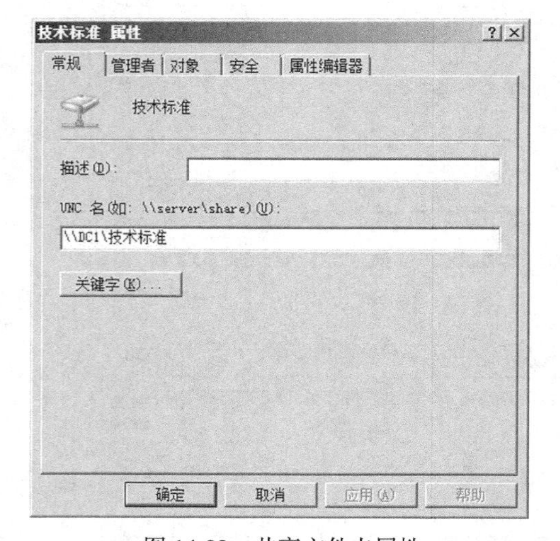

图 14-22 共享文件夹属性

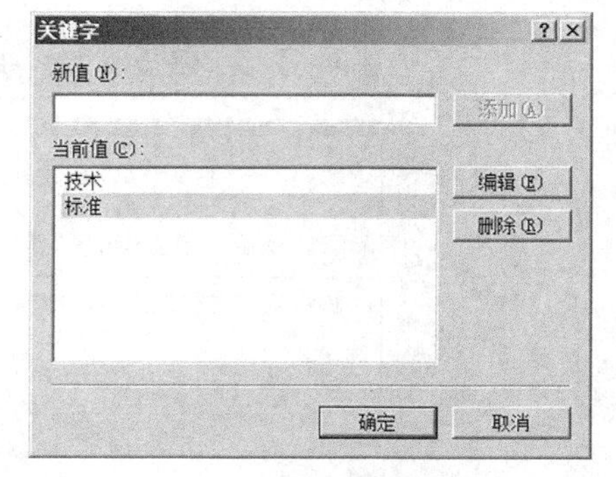

图 14-23 添加供搜索用的词

2. 在 Active Directory 中发布打印机

若将隶属于域的 Windows Server 2008 R2 的打印机或 Windows 7 内的共享打印机发布到活动

目录中，按以下步骤进行操作。

单击【开始】→【设备和打印机】，右键单击要发布的打印机，选择【打印机属性】命令，单击【共享】标签，如图 14-24 所示。勾选【共享这台打印机】和【列入目录】复选框，然后单击【确定】按钮。

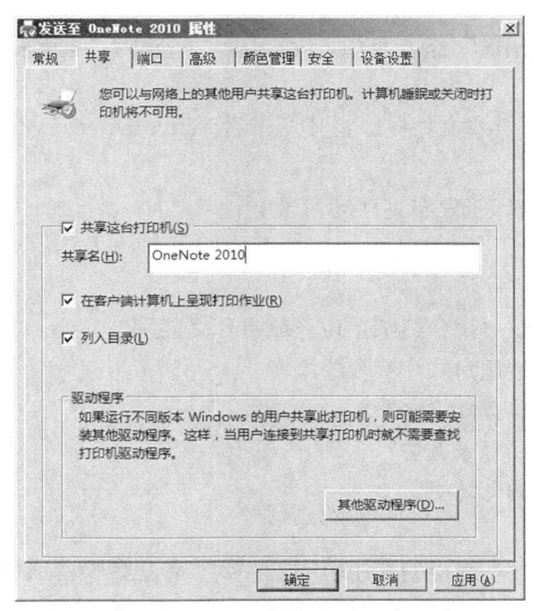

图 14-24　发布共享打印机

14.3　实训与思考

14.3.1　实训题

1. 建立组织单位

（1）分别在“Active Directory 用户和计算机”和“Active Directory 管理中心”中各创建一个组织单位，名字分别为“练习 OU1”和“练习 OU2”。

（2）创建第三个组织单位“练习 OU3”，然后将其删除。

（3）查看“练习 OU1”的属性。

2. 建立域用户账户

（1）用“Active Directory 用户和计算机”在“练习 OU1”下建立 3 个域用户账户，用户名分别为 OU1-USER1、OU1-USER2、OU1-USER3，为他们设置不同的登录时间和允许登录的计算机，以及不同的账户过期时间。

（2）通过“Active Directory 管理中心”在“练习 OU2”下建立 3 个域用户账户，即 OU2-USER1、OU2-USER2、OU2-USER3。

（3）用“用户 UPN”账户登录格式，以账户“OU1-USER1”在非域控制器的计算机上登录域。再用“用户 SamAccountName”账户登录格式，以账户“OU1-USER2”在非域控制器的计算机上登录域。

3. 建立组

（1）在“练习 OU1”中建立一个全局组，组名为“全局练习组 1”，成员包括“练习 OU1”中的所有用户；在“练习 OU2”中建立一个全局组，组名为“全局练习组 2”，成员包括“练习 OU2”中的所有用户。

（2）在域中创建一个通用组，组名为“通用练习组”，成员为“全局练习组 1”和“全局练习组 2”。

4. 发布共享资源

（1）在 Server2 上建立共享文件夹，将其发布到 Active Directory 中，并为该共享文件夹建立搜索关键词。

（2）将 Server2 上的打印机发布到活动目录上。

14.3.2 思考题

（1）为什么要建立组织单位？组织单位与域有什么区别？

（2）域用户账户与本地用户账户有哪些区别？

（3）域用户账户有哪些建立方法？

（4）域用户账户有哪些登录方法？

（5）域中有哪些角色的计算机？

（6）组有哪些类型？

（7）通用组、全局组、本地组的作用范围是什么？各包含哪些成员？

（8）解释 A-G-DL-P 策略、A-G-G-DL-P 策略、A-G-U-DL-P 策略、A-G-G-U-DL-P 策略，这些策略的宗旨是什么？

第 15 章 使用组策略

在 Windows Server 2008 R2 中，组策略是管理员实施安全策略的主要手段，通过设置组策略并将组策略连接到容器，就可以对容器中的对象实施各种安全策略。

本章介绍组策略的知识和组策略对象的建立以及如何而将组策略对象连接到域或组织单位。

15.1 组策略知识

15.1.1 组策略概述

1. 组策略的概念

组策略是一种允许通过用户设置和计算机设置定义用户桌面环境的技术，可以帮助系统管理员针对整个计算机或特定用户来进行多种配置，包括桌面配置和安全配置。例如，可以为特定用户或用户组定制其可用的程序、桌面上的内容，以及【开始】菜单等。管理员可以根据需要设置组策略，然后将组策略作用于活动目录中的容器，如站点、域、组织单位等，最终组策略将影响这些容器中的计算机和用户对象。

2. 组策略对象

组策略对象（Group Policy Object，GPO）是组策略的集合。组策略的设置结果是保存在 GPO 中的。GPO 中包含用于特定用户或计算机的策略信息和配置，可以将其看成是组策略工具所生成的文档，它在原理上同.txt 或.doc 这类文档没有什么差别。

在 Windows 系统中共有两种类型的 GPO。

（1）本地 GPO。

一台运行 Windows Server 2008 的计算机，不论其是否连接在网络上，也无论其是否属于某个域，都存在一个本地 GPO。在活动目录环境下，本地 GPO 将被活动目录中的 GPO 所覆盖，在非网络环境中，本地 GPO 将发挥作用。

（2）非本地 GPO。

非本地 GPO 是 Active Directory 环境中使用的 GPO，它们仅在 Active Directory 环境中可用。这些 GPO 存储在某个域中，并且复制到该域的所有域控制器上。它们应用于组策略对象所链接的站点、域或组织单位中的用户和计算机。

3. 组策略的功能

组策略能提供以下功能。

（1）账户策略的设置：例如，设置用户的密码长度、密码使用期限、账户锁定策略等。

（2）本地策略的设置：例如，审核策略的设置、用户权限的分配、安全性的设置等。

（3）脚本的设置：例如，登录与注销、启动与关机脚本的设置。

（4）用户工作环境的设置：例如，隐藏用户桌面上所有的图标，删除【开始】菜单中的运行/搜索/关机等功能，在【开始】菜单中添加注销选项，删除浏览器内的部分选项，强制通过指定的代理服务器上网等。

（5）软件的安装与删除：用户登录或计算机启动时，自动为用户安装应用软件，自动修复应用软件或自动删除应用软件。

（6）限制软件的运行：通过各种不同的软件限制规则来限制域用户只能运行指定的软件。

（7）文件夹的重定向：例如，改变文件、【开始】菜单等文件夹的存储位置。

（8）限制访问可移动存储设备：例如，限制将文件写入 U 盘，以免企业内的机密文件轻易地被带离公司。

（9）其他系统设置：例如，让所有的计算机都自动信任指定的 CA，限制安装设备驱动程序等。

15.1.2 组策略的配置内容

1. 计算机配置与用户配置

组策略配置包括计算机配置与用户配置两部分。

（1）计算机配置。

当计算机开机时，系统会根据计算机配置的属性来设置计算机的环境。例如，如果针对某个域设置了组策略，则此组策略内的计算机配置策略就会被应用于这个域内的所有计算机。

计算机策略在计算机开机时自动应用，若在计算机已经开机的情况下，新设置的组策略会隔一段时间自动应用。

（2）用户配置。

当用户登录时，系统会根据用户配置的属性来配置用户的工作环境。例如，如果针对某个域设置了组策略，则此组策略内的用户配置策略就会被应用到这个域内的所有用户。

用户策略在用户登录时自动应用，若用户已经登录，新设置的组策略会隔一段时间自动应用。

当用户策略与计算机策略发生冲突时，计算机策略优先于用户策略。

2. 组策略设置内容

用户组策略设置和计算机组策略设置都包含三个内容。

（1）软件设置。

能够帮助用户安装和维护程序，可以用分配和发布的方法让计算机或用户使用某个程序。若想让某个计算机或用户拥有某个程序，可以将程序分配给它；若想让某个用户想使用某个程序时能够使用到它，可以发布该程序。

（2）Windows 设置。

Windows 设置包含了脚本和安全设置。脚本设置包括启动/关闭脚本和登录/注销脚本，启动/关闭脚本在启动或关闭计算机时运行，登录/注销脚本在登录或注销用户时运行。安全模板允许管理员手动地为本地或非本地的 GPO 对象设置安全级别。

（3）管理模板。

包含了所有基于注册表的组策略设置，不论是用户配置还是计算机配置，都包括 Windows 组件、系统和网络的设置三个模块。Windows 组件可以管理 Windows 2008 组件，系统可以用来管理登录及注销时执行的策略，网络用来配置网络及拨号连接策略以及控制脱机文件。

计算机配置中还包含打印机设置，用户配置中还包含任务栏和【开始】菜单设置、桌面设置、控制面板设置等内容。

3. 策略设置和首选设置

组策略内的设置可以再分为策略设置和首选设置，二者的区别如下。

（1）只有域的组策略才有首选设置功能，本地计算机策略并无此功能。

（2）策略设置是强制性设置，客户端应用这些设置后就无法更改（有些设置虽然客户端可以自行更改设置值，不过下次应用策略时，仍然会被改为策略内的设置值）。然而首选设置并非强制性，客户端可自行更改设置值，因此首选设置适合于用来当作默认值。

（3）若要过滤策略设置，必须针对整个 GPO 来过滤，例如，某个 GPO 已经被应用到业务部，但是可以通过过滤设置来让其不要应用到业务部的“张阿里”，也就是整个 GPO 内的所有设置项目都不会被应用到张阿里。然而首选设置可以针对单一设置项目来过滤。

（4）如果在策略设置与首选设置内有相同的设置项目，而且都已做了设置，但是其设置值却不相同，则以策略设置优先，也就是最后的有效设置是策略设置内的设置值。

（5）要应用首选设置的客户端必须安装支持首选设置的 Client-Side Extension（CSE），Windows Server 2008 R2、Windows Server 2008、Windows Server 7 等 Windows 系统自带的 CSE，其他 Windows 系统需要到微软网站下载。

（6）要应用首选设置的客户端还需要安装 XMLLite，Windows Server 2008 R2、Windows Server 2008、Windows Server 7、Windows Server Vista、Windows Server 2003 SP2、Windows XP SP3 等 Windows 系统自带的 XMLLite，其他 Windows 系统需要到微软网站下载。

4. 内置的 GPO

在安装了活动目录后，在域中已经自动建立了两个内置的组策略对象。

（1）Default Domain Policy。该 GPO 默认已经被链接到域，其设置值会被应用到整个域内的所有用户与计算机。

（2）Default Domain Controller Policy。该 GPO 默认已经被链接到组织单位 Domain Controllers，其设置值会被应用到 Domain Controllers 内所有的用户和计算机。在 Domain Controllers 内，默认只有域控制器的计算机账户。

15.1.3　将组策略应用于对象

1. 组策略的应用对象

组策略的应用对象可以是站点、域、组织单位。在实际应用中，先设置好 GPO，然后将 GPO 与站点、域或 OU 链接起来，则 GPO 中的设置就会影响到站点、域或 OU 中的用户对象或者计算机对象。

可以将一个 GPO 链接到网络中的多个站点、域或组织单位，其结果是不同容器中的用户或计算机对象应用相同的组策略。例如，财务、营销、研发部门的用户需要运行相同的登录脚本，这时可以只创建一个包含该特定脚本的 GPO，然后将这个 GPO 链接到上述组织单位。

也可以建立多个 GPO，多个 GPO 可以链接到同一个容器上，这样便于实现不同的容器中的用户或计算机对象应用不同的组策略。例如，可以创建一个或多个包含网络安全策略的 GPO、一个或多个桌面环境的 GPO，一个或多个包含软件安装的 GPO，根据对象的需求，将多个 GPO 链接到一个组织单位上，从而实现不同的组织单位应用不同的组策略。

当创建链接到站点、域或组织单位的 GPO 时，需要执行两个独立操作，一是创建一个新的 GPO，二是将其链接到站点、域或组织单位。

2. 建立组策略对象

可以创建有链接的 GPO，也可以创建无链接的 GPO。所谓有链接的 GPO，是指在创建 GPO 的同时将其链接到某个容器（如组织单位）上，而无链接的 GPO 是指创建 GPO，但暂时不与某个容器相链接，以备将来使用。如果现有的 GPO 已经包含了某个容器所需求的设置，那么就可以把该 GPO 链接到容器上了。

可以用“组策略管理”控制台建立组策略对象，或者将组策略对象与域、组织单位、站点相链接。

创建 GPO 必须满足以下条件。

（1）对于与 GPO 相链接的容器而言，必须具有对其 gPLink 和 gPOptions 两个属性的“读取”和“写入”权限。

（2）在默认情况下，只有 Domain Admins 和 Enterprise Admins 组的成员才拥有将 GPO 链接到域和组织单位的必要权限，而只有 Enterprise Admins 组的成员才拥有把 GPO 链接到站点的必要权限。

（3）Group Policy Creator Owners 组的成员能够创建 GPO，但不能将容器与 GPO 进行链接。

3. 将 GPO 链接到容器

将 GPO（此 GPO 中包含所需的设置）与另外的 Active Directory 容器链接起来，就可以将组策略设置应用到容器中了。如果希望把 GPO 链接到站点、域或组织单位上，那么就必须拥有对相应站点、域或组织单位的 gPLink 和 gPOptions 两种属性的“读取”和“写入”权限。

15.1.4 组策略的处理规则

1. 继承规则

组策略处理过程就是 GPO 中策略设置的顺序、应用组策略的顺序以及继承组策略设置的应用过程，最终将决定哪些设置会影响用户和计算机。

（1）继承。

在默认情况下，GPO 设置是要被继承的。在 Active Directory 中，继承的顺序从站点向下依次为域、组织单位和子组织单位。由于子容器可以从它们的父容器继承组策略，因此，子容器即使没有直接链接到它本身的 GPO，但仍然可以应用一些组策略设置。如果子容器有直接链接到它本身的 GPO，那么将首先应用来自 Active Directory 树中更高级别的其他父容器的设置，最后应用该子容器本身的设置。子容器的设置将覆盖父容器的设置。

（2）应用顺序。

GPO 的应用顺序由该 GPO 链接到的 Active Directory 容器决定。而 Windows 2008 根据以下顺序来决定链接到这些容器的 GPO 的应用顺序：本地→站点→域→组织单位→子组织单位。

这个顺序意味着计算机会首先处理本地 GPO，最后处理链接到该计算机或用户直接所属组织单位的 GPO（覆盖前面处理的 GPO）。例如，如果设置了一个“域 GPO”，它允许任何人交互地登录到域，那么可以再为域控制器设置一个“组织单位 GPO”，它可以覆盖前面的“域 GPO”，并阻止除管理组成员以外的任何人登录。图 15-1 所示为组策略和 Active Directory 服务的关系。图中营销 OU 的策略执行顺序是 A1→A2→A3→A4→A5，服务 OU 的策略执行顺序是 A1→A2→A3→A6。

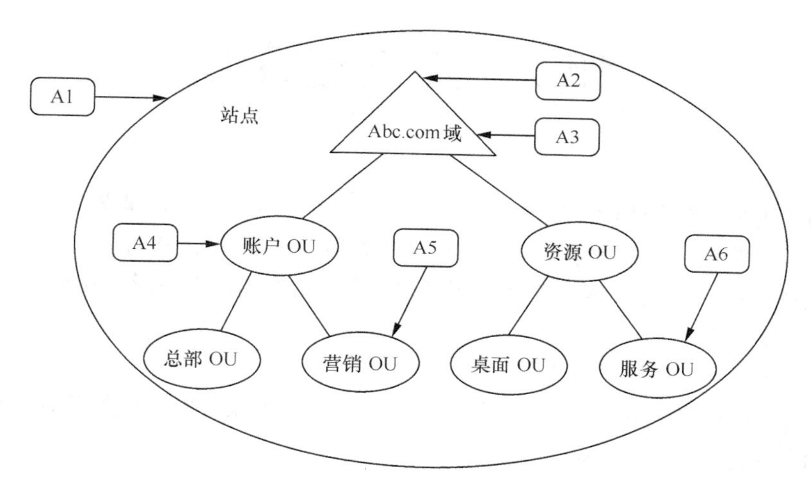

图 15-1　组策略和 Active Directory 服务

2. 阻止继承

通过在子容器上启用“阻止继承”，可以阻止子容器继承其父容器的任何 GPO。这样做会阻止所有组策略设置的继承，而不是个别设置的继承。

若某个 Active Directory 容器需要唯一的组策略设置，而且需要确保该设置不是通过继承得到的，那么“阻止继承”这时就会起作用。例如，当组织单位的管理员必须控制该组织单位的所有组策略设置时，就可以使用“阻止继承”。

不能有选择地阻止对 GPO 的继承，阻止继承将影响所有父容器中的所有 GPO。

3. 强制继承

如果启用父容器中的“强制”选项，那么该容器的子容器就不能阻止对该 GPO 的继承。即使组策略设置和子容器所链接到的 GPO 的设置发生了冲突，但由于“强制”设置的优先级高于“阻止继承”设置的优先级，因此“强制”能使所有的组策略设置都得到应用。

“强制”选项是设置在链接上的，而不是在 GPO 上。如果某 GPO 链接到多个容器，那么可以互相独立地为每个容器设置“强制”选项。

在将多个链接都设置为“强制”状态后，那么在 Active Directory 层次结构中处于最高层的 GPO 将拥有优先权。

4. 组策略过滤

修改组策略继承的另一种方法是筛选。使用筛选能够阻止将某个 GPO 及其设置应用到某容器中特定的计算机、用户和安全组上。

为了把某个 GPO 的组策略应用到某个用户或计算机账户，该账户必须拥有对该 GPO 的“读取”和“采用组策略”的权限。影响新建 GPO 处理过程的默认权限如下。

（1）Authenticated Users“允许读取”和“允许采用组策略”。

（2）Domain Admins，Enterprise Admins and SYSTEM“允许读取”、“允许写入”、“允许创建所有子对象”和“允许删除所有子对象”。

为了对某个 GPO 进行筛选，以阻止它应用到特定的计算机、用户或安全组对象上，必须“拒绝”与该 GPO 有关的“采用组策略”权限。

15.2 建立组策略

模拟场景：

作为网络管理员，在具体设计组策略之前，需要对组策略的作用和建立方法做出验证，为此，先设置一些简单的策略（如在域中的计算机登录时无须按【Ctrl+Alt+Del】组合键），让组织单位“业务部”的用户必须使用企业内部的代理服务器上网。所有用户登录时，其驱动器号 Z：自动连接到\\DC1\tools 文件夹上。

实验环境：

一台配置 Windows Server 2008 R2，担任域控制器角色的服务器，该服务器上有如图 15-2 所示的 OU 结构，三台运行 Windows 7 系统的客户机。

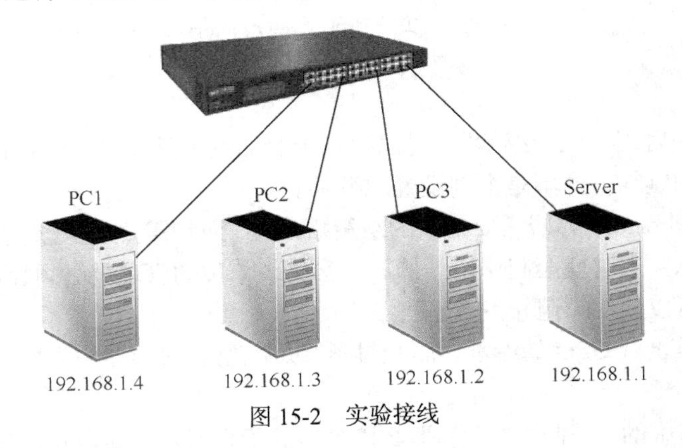

图 15-2 实验接线

15.2.1 计算机配置与用户配置

1. 计算机配置

要求：让域中的计算机启动后，用户登录时无须按【Ctrl+Alt+Del】组合键。

（1）单击【开始】→【管理工具】→【组策略管理】，打开【组策略管理】窗口，如图 15-3 所示。

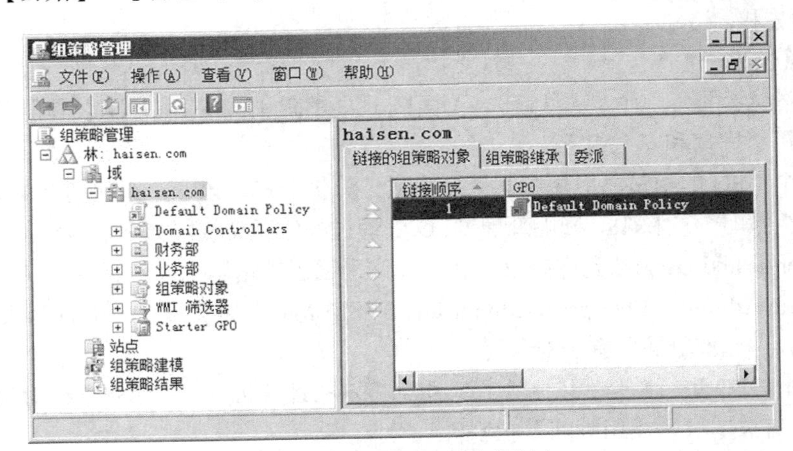

图 15-3 【组策略管理】控制台

（2）依次展开【域】→【haisen.com】，右键单击默认 GPO【Default Domain Policy】，选择【编辑】命令，出现【组策略管理编辑器】窗口。

（3）依次展开【计算机配置】→【策略】→【Windows 设置】→【安全设置】→【本地策略】→【安全选项】，如图 15-4 所示。

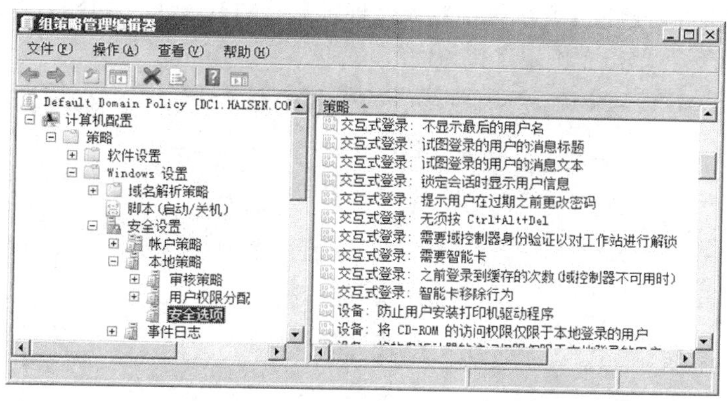

图 15-4　组策略管理编辑器

（4）双击【交互式登录：无须按 Ctrl+Alt+Del】，在【安全策略设置】标签中选择【定义此策略设置】复选框和【已启用】单选按钮，单击【确定】按钮，如图 15-5 所示。

（5）完成设置后重启域控制器，使组策略在域中应用。然后在域中的任何计算机上用已存在的账户登录，会发现不用按【Ctrl+Alt+Del】组合键，直接输入用户名和密码即可登录。

2. 用户配置

要求：让“业务部”的用户登录后，必须使用代理服务器上网。

（1）单击【开始】→【管理工具】→【组策略管理】，打开【组策略管理】窗口。

（2）依次展开【域】→【haisen.com】，右键单击【业务部】，选择【在这个域中创建 GPO 并在此处链接】命令，出现【新建 GPO】对话框，在【名称】文本框中输入 GPO 的名字“业务部的 GPO”，单击【确定】按钮，如图 15-6 所示。

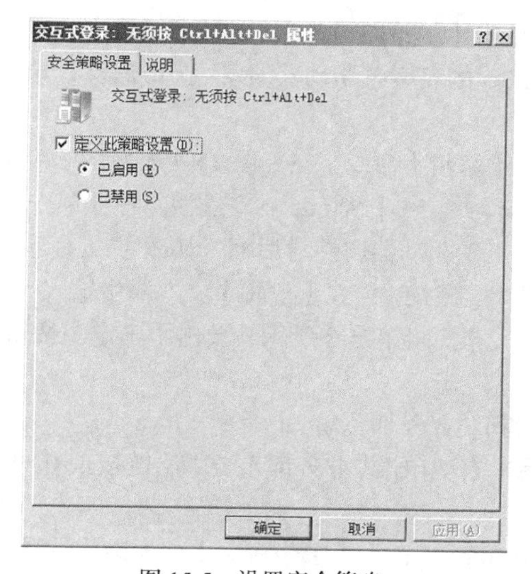

图 15-5　设置安全策略

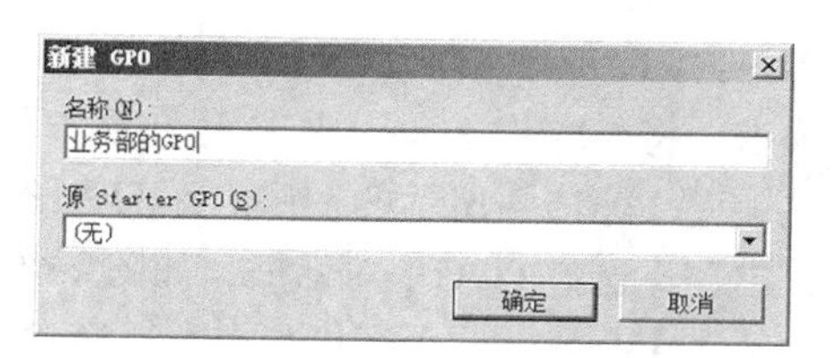

图 15-6　新建 GPO

（3）右键单击【业务部的 GPO】，选择【编辑】命令，出现【组策略管理编辑器】窗口，如图 15-4 所示。

（4）依次选择【用户配置】→【策略】→【Windows 设置】→【Internet Explorer 维护】→【连接】，双击右侧窗格中的【代理设置】，出现【代理设置】对话框。选择【启用代理服务器设置】复选框，在【代理服务器地址】文本框中输入代理服务器的 IP 地址，再输入代理服务器使用的端口号，如图 15-7 所示，单击【确定】按钮。

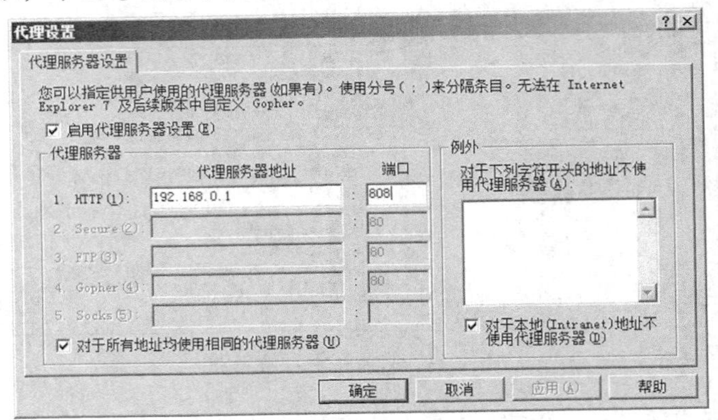

图 15-7　代理设置

（5）完成设置后重启域控制器，使组策略在域中应用。然后在域中的任何计算机上用“业务部”中的用户账户登录，启动浏览器，选择【工具】→【Internet 选项】命令，单击【连接】标签，在【局域网设置】中已经自动设置了使用代理服务器上网。

15.2.2　链接 GPO

1. 建立一个无链接的 GPO

要求：用户登录后，自动将其 Z 盘映射到“\\DC1\通知通告”文件夹。

（1）单击【开始】→【管理工具】→【组策略管理】，打开【组策略管理】窗口，如图 15-3 所示。

（2）依次展开【域】→【haisen.com】，右键单击【组策略对象】，选择【新建】命令，出现【新建 GPO】对话框，在【名称】文本框中输入 GPO 的名字“驱动器映射-通知通告”，单击【确定】按钮。

（3）右键单击【驱动器映射-通知通告】，选择【编辑】命令，在如图 15-4 所示的【组策略管理编辑器】窗口中依次选择【用户配置】→【首选项】→【Windows 设置】，右键单击【驱动器映射】，选择【新建】→【映射驱动器】命令，出现驱动器属性对话框，如图 15-8 所示。

（4）在【常规】标签的【操作】下拉列表中选择“创建”，在【位置】文本框中输入“\\DC1\通知通告”，在【驱动器号】区域中选择【使用】【Z】，如图 15-8 所示，单击【确定】按钮。

2. 链接现有组策略对象

要求：将 GPO“驱动器映射-通知通告”链接到“业务部”。

（1）在如图 15-3 所示的【组策略管理】控制台中右键单击【业务部】，选择【链接现有的 GPO】命令，出现【选择 GPO】对话框，如图 15-9 所示。

（2）在【查找此域】下拉列表中选择“haisen.com”，在【组策略对象】列表框中选择“驱动器映射-通知通告”，单击【确定】按钮。

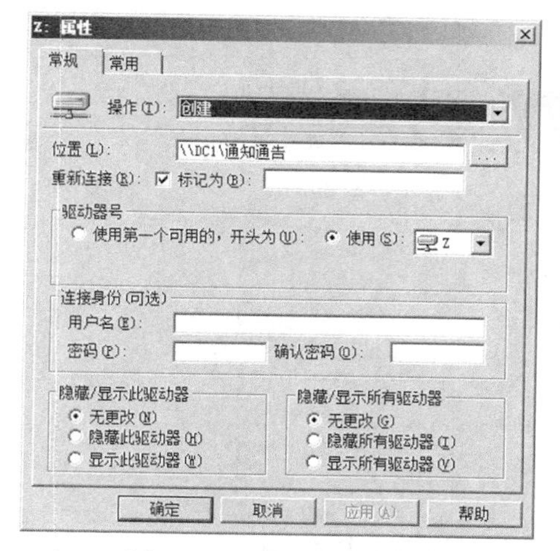

图 15-8 映射网络驱动器

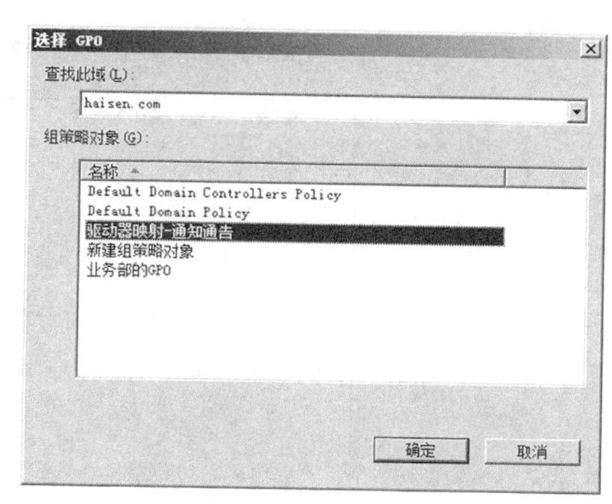

图 15-9 将 GPO 链接到“业务部”

15.2.3 组策略筛选

1. 利用“首选项”的“项目级别目标”实现筛选

要求：建立一个名为“驱动器映射-技术标准”的 GPO，“业务部”的张阿里登录时，其 Y 盘映射到“\\DC1\技术标准”文件夹，业务部其他用户登录时，不做这个映射。

（1）在如图 15-3 所示的【组策略管理】控制台中右键单击【业务部】，选择【在这个域中创建 GPO 并在此处链接】命令，在随后出现的【新建 GPO】对话框中输入“驱动器映射-技术标准”，单击【确定】按钮。

（2）右键单击【驱动器映射-技术标准】，选择【编辑】命令，在【组策略编辑管理器】窗口中依次选择【用户配置】→【首选项】→【Windows 设置】。

（3）右键单击【驱动器映射】，选择【新建】→【映射驱动器】命令，在【新建驱动器属性】的【常规】标签（见图 15-8）中的【操作】下拉列表中选择【更新】，在【位置】文本框中输入“\\DC1\技术标准”，在【驱动器号】区域中选择【使用】【Y】。

（4）单击【常用】标签，如图 15-10 所示，选择【项目级别目标】复选框并单击【目标】按钮。

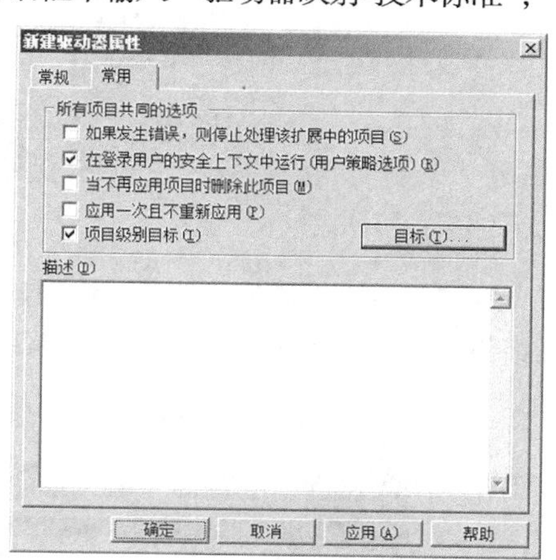

图 15-10 选择“目标”

（5）在随后出现的【目标编辑器】对话框中选择【新建项目】→【用户】，单击【用户】文本框右侧的【浏览】按钮，如图 15-11 所示。在随后出现的浏览用户文本框中查找并选择“张阿里（haisen \zhangali）”。

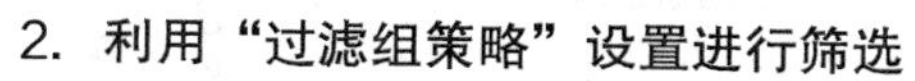

2. 利用“过滤组策略”设置进行筛选

要求：将 15.2.1 节中建立的“业务部的 GPO”应用于业务部，但用户“张阿里”不受此组策略限制。

（1）在【组策略管理】窗口中依次选择【域】→【haisen.com】→【业务部】→【业务部的 GPO】，在右侧的窗格中单击【委派】标签，如图 15-12 所示。

（2）单击【高级】按钮，选择【Authenticated Users】查看其权限，可以看到该组用户默认都有读取和应用组策略的权限，如图 15-13 所示。

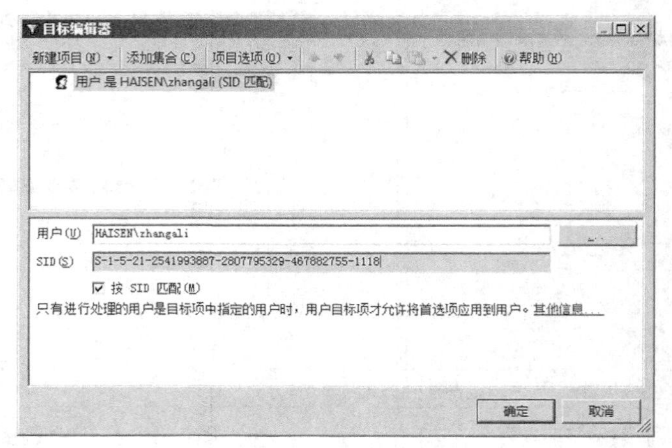

图 15-11　选择“目标”用户

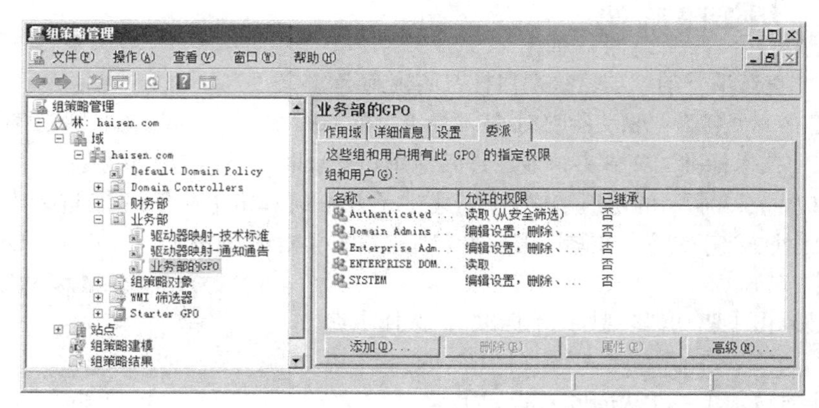

图 15-12　GPO 的委派

（3）单击【添加】按钮，将用户“张阿里（zhangali@haisen.com）”添加进来，设置其“应用组策略”权限为【拒绝】，如图 15-14 所示。

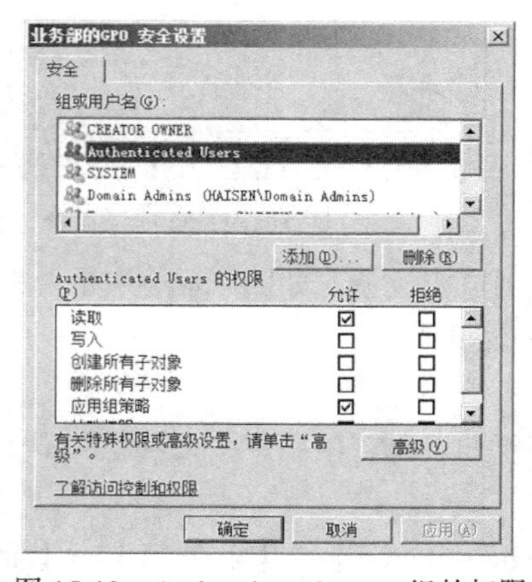

图 15-13　Authenticated Users 组的权限

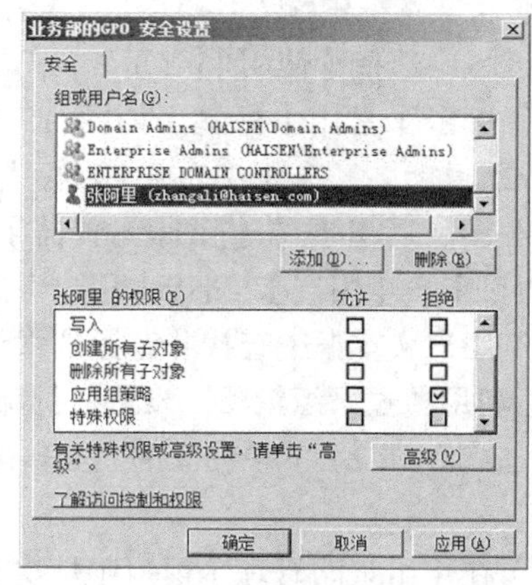

图 15-14　设置用户拒绝“应用组策略”

（4）在域中其他计算机上再次用 zhangali 登录，会发现用户“张阿里”的浏览器设置中不再需要代理服务器，而同一组织单位内的其他用户仍然需要通过代理服务器上网。

15.2.4　组策略继承与阻止继承

1. 继承与阻止继承

（1）在“业务部”OU 下创建一个新 OU“技术组”，在“技术组”OU 中新建用户账户“赵新浪（zhaoxinlang@haisen.com）”，如图 15-15 所示。

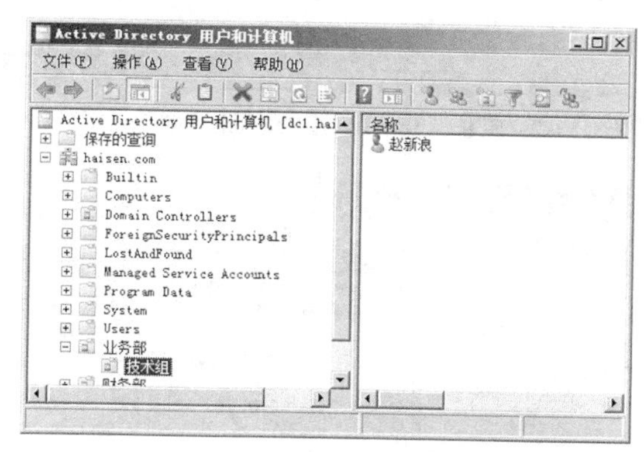

图 15-15　“技术组”OU 及其成员

（2）依次选择【开始】→【管理工具】→【组策略管理】，在【组策略管理】窗口中单击“技术组”，在右侧的窗格中单击【组策略继承】标签，如图 15-16 所示。可以看到，链接到“业务部”OU 的组策略全部被“技术组”OU 所继承。

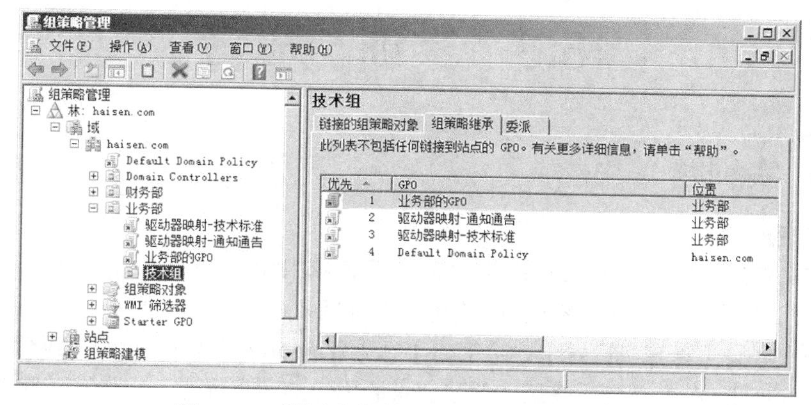

图 15-16　“技术组”继承“业务部”的组策略

2. 阻止继承

右键单击【技术组】OU，选择【阻止继承】命令，则链接到“业务部”的组策略，不再作用于“技术组”，如图 15-17 所示。

3. 强制继承

（1）在【组策略管理】窗口中选择【业务部】，右键单击链接到该 OU 的组策略【业务部的 GPO】，选择【强制】命令，则下级 OU 不能阻止继承该组策略。

（2）右键单击【技术组】，选择【阻止继承】命令，在【组策略继承】标签中可以看到不能阻止“业务部的 GPO”，如图 15-18 所示。

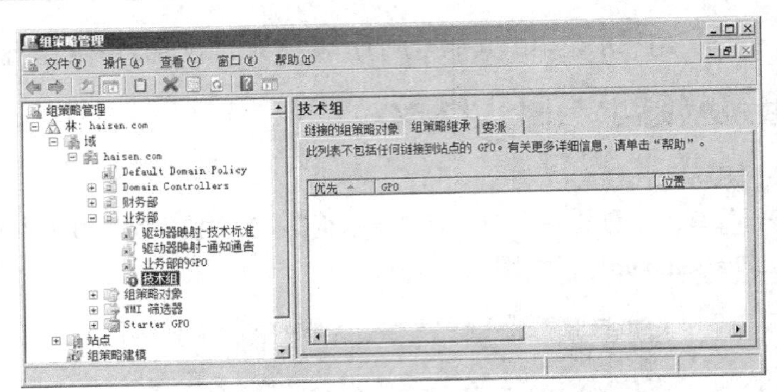

图 15-17　阻止“技术组”继承“业务部”的组策略

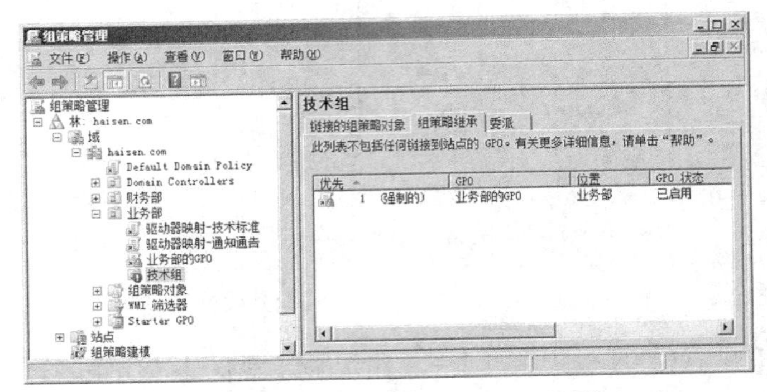

图 15-18　“强制继承”高于“阻止继承”

15.3　实训与思考

15.3.1　实训题

1. 计算机配置

要求：编辑默认 GPO“Default Domain Policy”，使域内计算机启动后，显示“欢迎”（标题），“欢迎登录到域，请自觉遵守实验室的规章制度”（内容）。

提示：依次展开【计算机设置】→【策略】→【Windows 设置】→【安全设置】→【本地策略】→【安全选项】，在【交互式登录：试图登录的用户的消息标题】中设置“欢迎”，在【交互式登录：试图登录的用户的消息内容】中设置“欢迎登录到域，请自觉遵守实验室的规章制度”。

重新启动域控制器，再重新启动域内的用户计算机，观察结果。

2. 用户配置

要求：给“练习 OU1”建立一个 GPO，名为“练习 OU1 的 GPO”，让 “练习 OU1”的用户登录后，按【Ctrl+Alt+Del】组合键，不显示“更改密码”和“注销”。

提示：在【用户设置】→【策略】→【管理模板】→【系统】中进行设置。

（1）在应用组策略前按【Ctrl+Alt+Del】组合键，观察结果。

（2）重新启动域控制器，再重新启动域内的用户计算机，用 OU1-USER1 登录，按【Ctrl+Alt+Del】组合键，观察结果。

（3）注销，再用 OU2-USER1 登录，观察结果。

3. 建立一个无链接的 GPO

要求：在 Server1 上建立一个文件夹“学生事务”。建立一个无链接的 GPO“映射学生事务”，用户登录后，自动将其 Z 盘映射到“\\Server1\学生事务”文件夹。

4. 将已有的 GPO 链接到容器

（1）将上面习题中建立的 GPO 链接到“练习 OU1”上。

（2）重启域控制器和用户计算机，用 OU1-USER1 登录，打开【我的电脑】，观察结果。

（3）注销，用 OU2-USER1 登录，打开【我的电脑】，观察结果。

5. 利用“首选项”的“项目级别目标”实现组策略筛选

要求：建立一个名为“映射学习资料”的 GPO，在 Server1 上建立一个“学习资料”文件夹，并设置共享。“练习 OU1”的“OU1-USER1”登录时，其 Y 盘映射到“\\Server1\学习资料”文件夹，业务部其他用户登录时，不做这个映射。

（1）在 Server1 上建立一个“学习资料”文件夹，并设置共享。

（2）建立符合要求的 GPO。

（3）设置完成后重启域控制器和用户计算机，用 OU1-USER1 登录，打开【我的电脑】，观察结果。

（4）注销，用 OU1-USER2 登录，打开【我的电脑】，观察结果。

6. 利用“过滤组策略”设置进行筛选

要求：将上面习题中建立的“练习 OU1 的 GPO”应用于“练习 OU1”，但用户 OU1-USER1 不受此组策略限制。

（1）在应用组策略前按【Ctrl+Alt+Del】组合键，观察结果。

（2）按照要求对“练习 OU1 的 GPO”进行设置。

（3）重新启动域控制器，再重新启动域内的用户计算机，用 OU1-USER1 登录，按【Ctrl+Alt+Del】组合键，观察结果。

（4）注销，再用 OU1-USER2 登录，观察结果。

7. 组策略的继承与阻止继承

（1）在“练习 OU1”下新建一个 OU，名为“子 OU”，在“子 OU”下新建用户，名为“子 OU-USER1”。

（2）查看当前作用在“练习 OU1”的组策略，再查看“子 OU”的组策略。

（3）阻止“子 OU”继承“练习 OU1”的组策略，再次查看链接到“子 OU”的组策略。

8. 组策略的强制继承

设置“练习 OU1”链接的组策略为“强制”继承，然后查看链接到“子 OU”的组策略。

15.3.2 思考题

（1）什么是组策略？

（2）组策略设置的内容有哪些？

（3）组策略可以链接到哪些对象？

（4）计算机设置与用户设置有何区别？

（5）组策略的继承规则有哪些？

（6）如何将组策略应用于一个 OU，而不应用于 OU 中的某个用户？

第 16 章 组策略的应用

组策略设置包括软件设置、Windows 设置和安全模板等内容，其内容涵盖了用户登录/注销的限制、允许用户访问资源的限制、用户权限限制、系统工作环境设置等等，这些策略既可以在计算机启动时加以实施，也可以在用户登录时加以实施。

本章通过例举一些常用的安全设置选项，说明组策略的应用。

16.1 组策略设置的主要内容

16.1.1 用户环境

用户工作环境是指与用户相关的桌面、【开始】菜单、控制面板、安全设置等内容，管理员通过组策略可以方便地控制用户工作环境。用户工作环境包含的内容极其丰富，下面仅在计算机配置的管理模板策略、用户配置的管理模板策略、账户策略、用户权限分配策略、安全选项策略、登录/注销、启动/关机脚本与文件夹重定向等设置中，拿出几个具有代表性的设置来说明如何利用组策略管理计算机与用户的工作环境。

1. 计算机配置的管理模板策略

下面仅说明两个常用设置。

（1）显示“关闭事件追踪程序”。若禁用此策略，则用户将计算机关机时，系统就不会再要求用户提供关机的理由。其设置方法为在【组策略管理编辑器】窗口中选择【系统】，在右侧窗格中双击【显示“关闭事件追踪程序”】。默认会将关闭事件追踪程序显示在服务器计算机（例如，Windows Server 2008 R2）上，而工作站计算机（例如，Windows 7）不会显示。

（2）显示用户以前交互式登录的信息。用户登录时屏幕上会显示用户上次成功登录与失败登录的日期与时间以及自从上次登录成功后，登录失败的次数等信息。其设置方法为在【组策略管理编辑器】窗口中选择【Windows 组件】→【Windows 登录选项】，在右侧窗格中双击【在用户登录期间显示有关以前登录的信息】。

2. 用户配置的管理模板策略

下面仅说明 5 个常用设置。

（1）限制用户只可以或不可以运行指定的 Windows 应用程序。其设置方法为在【组策略管理编辑器】窗口中选择【系统】，在右侧窗格中双击【只运行指定的 Windows 应用程序】或【不要运行已指定的 Windows 应用程序】。在添加程序时，输入该应用程序的可执行文件名称，例如 QQ.exe。

（2）隐藏或只显示在控制面板内指定的项目。用户在控制面板内将看不到被隐藏的项目或只看得到被指定要显示的项目，其设置方法为在【组策略管理编辑器】窗口中选择【控制面板】，在右侧窗格中双击【隐藏指定的“控制面板”项】或【只显示指定的“控制面板”项】。在添加项目时，输入项目名称，例如，“鼠标”、“用户账户”等。

（3）禁用按【Ctrl+Alt+Del】组合键后所出现在界面中的选项。用户按【Ctrl+Alt+Del】组合键后，将无法选择界面中被禁用的按钮，例如，“锁定计算机”、“注销”、“更改密码”、“启动任务管理器”等。其设置方法为在【组策略管理编辑器】窗口中选择【系统】→【Ctrl+Alt+Del】选项。

（4）隐藏和禁用桌面上所有的项目。其设置方法为【桌面】→【隐藏和禁用桌面上的所有项目】。用户登录后，其桌面上所有的项目都会被隐藏，而且在桌面上无法单击鼠标右键。

（5）删除 Internet Explorer 的 Internet 选项中的部分标签，用户将无法选择【工具】→【Internet 选项】中被删除的标签，例如，“安全”、“连接”、“高级”等标签。其设置方法为在【组策略管理编辑器】窗口中选择【Windows 组件】→【Internet Explorer】，在右侧窗格中双击【Internet 控制面板】。

（6）删除【开始】菜单中的“关机”、“重新启动”、“睡眠”和“休眠”命令。其设置方法为在【组策略管理编辑器】窗口中选择【“开始”菜单和任务栏】，在右侧窗格中双击【删除并阻止访问“关机”、“重新启动”、“睡眠”和“休眠”】命令，则在用户的【开始】菜单中，这些功能的图标都会被删除。

3. 账户策略

可以通过组策略中的账户策略来设置密码的使用准则与账户锁定方式。在设置账户策略时要特别注意以下说明。

（1）针对域用户所设置的账户策略必须通过域级别的 GPO 来设置才有效，例如，通过域 haisen.com 的 Default Domain Policy GPO 来设置，这个策略会被应用到域内的所有用户账户。通过站点或组织单位的 GPO 所设置的账户策略对域用户没有作用。账户策略不但会被应用到所有的域用户账户，也会被应用到所有域成员计算机内的本地用户账户。

（2）如果针对某个组织单位来设置账户策略，则这个账户策略只会被应用到位于此组织单位的计算机的本地用户账户，但是对于此组织单位内的域用户账户没有影响。

4. 用户权限分配策略

利用组策略可以将用户权限分配给需要特殊操作的用户。常用权限介绍如下。

（1）允许本地登录：允许用户直接在计算机上按【Ctrl+Alt+Del】组合键登录。

（2）拒绝本地登录：拒绝用户直接在计算机上按【Ctrl+Alt+Del】组合键登录。这个权限优先于允许本地登录的权限。

（3）将工作站添加到域：允许用户将计算机加入到域。

（4）关闭系统：允许用户将此计算机关机。

（5）从网络访问此计算机：允许用户通过网络上的其他计算机连接、访问此计算机内的资源。

（6）拒绝从网络访问这台计算机：拒绝用户通过网络上的其他计算机连接、访问此计算机内的资源。这个权限优先于允许从网络访问此计算机权限。

（7）从远程系统强制关机：允许用户通过远程计算机来将这台计算机关机（可通过 shutdown.exe 程序）。

（8）备份文件和目录：允许用户备份硬盘内的文件和文件夹。

（9）还原文件和目录：允许用户还原所备份的文件和文件夹。

（10）管理审核和安全记录：允许用户指定要审核的事件，也允许用户查询和清除安全记录。

（11）更改系统时间：允许用户更改计算机的系统日期与时间。

（12）加载和卸载设备驱动程序：允许用户加载和卸载设备的驱动程序，也就是允许用户添加和删除硬件设备的驱动程序。

（13）取得文件或其他对象的所有权：允许夺取其他用户所拥有的文件、文件夹或其他对象的所有权。

5. 安全选项策略

下面列举几个安全选项策略。

（1）交互式登录：无须按【Ctrl+Alt+Del】组合键。让登录界面中不再显示按【Ctrl+Alt+Del】组合键登录窗口。

（2）交互式登录：不要显示上次登录的用户名。每一次用户按【Ctrl+Alt+Del】组合键后都会自动显示上一次登录者的用户名，然而通过此选项可以让其不显示。

（3）交互式登录：域控制器无法使用时，要缓存先前的登录次数。域用户登录成功后，其账户和密码会被存储到用户计算机的缓存区中，若之后此计算机因故无法与域控制器连接，该用户还可以通过缓存区的账户数据来验证其身份进行登录。可以通过此策略来限制缓存区内账户数据的数量，默认为记录 10 个登录用户的账户数据。若此值为 0，表示禁用此缓存功能；若此值超过 50，则最多只会缓存 50 个账户信息。

（4）交互式登录：在密码过期之前提示用户更改密码。用来设置在用户的密码过期之前的几天，提示用户更改密码。

（5）交互式登录：给出登录用户的信息本文、登录用户的信息标题。若用户在登录时按【Ctrl+Alt+Del】组合键后，希望界面上能够显示让用户看到的信息，就通过这两个选项来设置，其中一个用来设置信息标题文字，另一个用来设置信息本文。

（6）关机：允许不登录就将系统关机。让登录界面能够显示关机图标或按钮，以便在不需要登录的情况下就可以直接通过此图标或按钮将计算机关机。

6. 登录/注销，启动/关机脚本

脚本是为登录/注销过程写好的脚本文件，通过文件中存储的命令行与服务器进行交互，自动完成登录/注销过程，而不需人工干预。脚本是一个典型的批处理文件，管理员可以使用登录脚本分配用户何时能登录特定的计算机系统，使用系统环境参数设置用户环境，也能执行其他可执行程序。

登录脚本文件名为 logon.vbs，保存在“%systemroot%\SYSVOL\sysvol\域名\Policies\{GUID}\User\Scripts\Logon”下。

注销脚本文件名为 logoff.vbs，保存在“%systemroot%\SYSVOL\sysvol\域名\Policies\{GUID}\User\Scripts\Logoff”下。

启动脚本文件名为 startup.vbs，保存在“%systemroot%\SYSVOL\sysvol\域名\Policies\{GUID}\User\Scripts\Logon”下。

关机脚本文件名为 startdown.vbs，保存在“%systemroot%\SYSVOL\sysvol\域名\Policies\{GUID}\User\Scripts\Logoff”下。

可以让用户登录时，系统自动运行登录脚本，当用户注销时，自动运行注销脚本；计算机在开机启动时自动运行启动脚本，关机时自动运行关机脚本。

登录/注销脚本在“用户配置”中的“Windows 设置”中设置，启动/关闭脚本在“计算机配置”中的“Windows 设置”中设置。

7. 文件夹重定向

文件夹重定向是把用户的某些文件夹的存储位置重定向到网络共享文件夹内。用户文件夹通常都存放在用户计算机内，例如，我的文档、我的图片、我的音乐等文件夹都保存在用户计算机的 C 盘上，当用户在其他计算机上工作时就无法访问这些文件夹。当用户文件夹被重定向到网络服务器上的共享文件夹后，不管用户在哪台计算机上登录，都可以找到自己的文件夹。由于服务器上的文件会定期备份，所以用户的文件夹变得更加安全。

在设置文件夹重定向时有三种选择。

（1）基本：将每个用户的文件夹重定向到同一位置。将组织单位业务部内所有用户的文件夹都重定向。

（2）高级：为不同的用户组指定位置。将组织单位业务部内隶属于指定组内的用户的文件夹重定向。

（3）未配置：不重定向。

8. 限制访问移动存储设备

系统管理员可以使用组策略来限制用户访问可移动存储设备（例如，U 盘和移动硬盘），以免企业内部员工通过这些存储设备给计算机带来威胁。

若在一个组织单位内使用计算机配置来设置这些策略，则任何域用户只要在这个组织单位内的计算机登录，就会受到限制；若是针对用户配置来设置这些策略，则所有位于此组织单位内的用户到域内任意一台计算机登录时就会受到限制。

这些策略只对使用 Windows Vista、Windows 7、Windows Server 2008 与 Windows Server 2008 R2 等新版操作系统的计算机有效。

设置内容如下。

（1）强制重新启动的时间（以秒为单位）。有些策略设置必须重新启动计算机才会应用，若启用这个强制重新启动的时间策略，则系统就会在指定的时间到达时自动重新启动计算机。

（2）可以分门别类地设置 CD 和 DVD 以及软盘、可移动磁盘、磁带、WPD 等可移动存储设备，它们都可以设置“拒绝读取权限”和“拒绝写入权限”。

（3）也可以通过对“所有可移动存储类”设置“拒绝所有权限”来拒绝用户访问所有的移动存储设备。而且该策略权限高于其他策略，不论其他策略设置如何，都会拒绝用户读取或写入到可移动存储设备。

16.1.2　软件部署

软件部署是通过组策略将软件部署给域内的计算机，当用户登录计算机或计算机启动时，会自动安装部署的软件。软件部署分为分配（Assign）和发布（Publish）两种。

1. 分配软件

当将一个软件通过组策略分配给域用户后，用户在域内的任何一台计算机登录时，软件都会被通告给该用户，但是此软件并没有完全安装，而只是安装了与这个软件有关的部分信息而已。例如，可能会在【开始】→【所有程序】中自动创建该软件的快捷方式或者自动将某种类型的文件与分配给用户的程序相关联，当用户单击该软件的快捷方式或双击与该软件相关联的程序时，该软件就会自动安装。

当软件被分配给域用户时，用户在域内的任何一台计算机登录，都可以安装并使用这个软件。当软件被分配给域内的计算机时，这些计算机启动时就会自动安装这个软件，任何登录用户都可以使用这个软件。

2. 发布软件

将一个软件通过组策略发布给域用户后，此软件并不会自动安装到用户的计算机内，而是由用户自行使用以下两种方式来安装此软件。

一种是利用控制面板安装。若客户端为 Windows Server 2008 R2 或 Windows 7，选择【开始】→【控制面板】，然后单击【程序】区域中的【获取程序】；若客户端为 Windows Server 2008 或 Windows Vista，选择【开始】→【控制面板】，然后双击【程序】，单击【获取新程序】区域中的【从网络安装程序】；若客户端为 Windows Server 2003 或 Windows XP，选择【开始】→【控制面板】→【添加或删除程序】→【添加新程序】。

另一种是利用文件与程序的关联运行程序的功能。在发布软件状态下，用户计算机并不会将某种类型的文件与其发布的程序设置关联，但是在活动目录中会建立这种关系。用户在 Windows 资源管理器内双击任何一个与发布的程序相关联的类型的文件时，计算机就会通过 AD DS 得知该扩展名的文件与发布的程序存在关联关系，因此会自动安装发布的程序。

例如，假设被发布的软件为 Microsoft Office Excel 2003，则在 AD DS 内会自动将扩展名为.xls 的文件和 Microsoft Office Excel 2003 关联在一起。然而用户登录时，他的计算机并不会将扩展名为.xls 的文件和 Microsoft Office Excel 2003 关联在一起，也就是对此计算机来说，扩展名为.xls 的文件是一个未知的文件类型，不过只要用户在 Windows 资源管理器内双击扩展名为.xls 的文件，计算机就会通过 AD DS 得知扩展名为.xls 的文件是与 Microsoft Office Excel 2003 关联在一起的，因此会自动安装 Microsoft Office Excel 2003。

3. 自动修复软件

被发布或分配的 Windows 安装包（Windows Installer Package）可以具备自动修复的功能，也就是客户端在安装完成后，若此软件程序内有关键性的文件损坏、丢失或不小心被用户删除，则在用户运行此软件时，系统会自动检测到此不正常现象，并重新安装这些文件。

4. 删除软件

一个被发布或分配的软件，在用户将其安装完成后，如果不想再让用户来使用此软件，可在组策略内从发布或分配的软件列表中将其删除，并设置下次用户登录或计算机启动时，自动将这个软件从用户的计算机中删除。

16.2 组策略的实施

模拟场景：

财务部由于其业务的特殊性，需要特殊的用户环境，所以要为其建立特殊组策略对象。而一些典型的用户环境设置许多组织单位都可能用到，管理员可以设置一些独立的 GPO，当某个组织单位需要这个环境时，就与该 GPO 链接。另外，业务部用户需要安装聊天工具 QQ，统一发布，由用户自行安装。财务部计算机需要安装工行网银助手，用软件分配的方法让计算机启动后自行安装。

实验环境：

Windows Server 2008 R2 服务器 1 台，Windows 7 客户机 1～3 台，通过交换机连接成局域网。接线如图 16-1 所示。

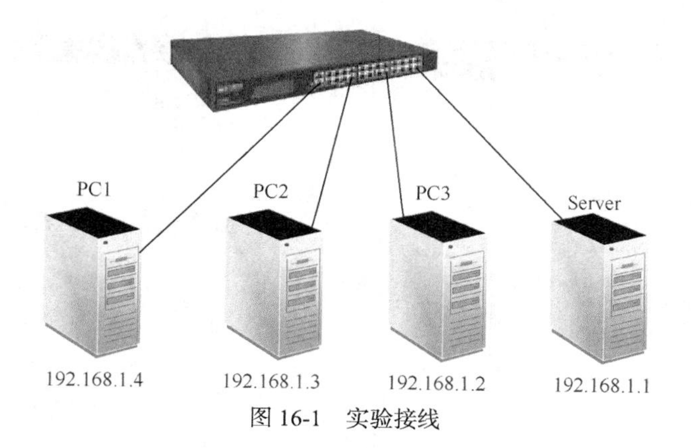

图 16-1　实验接线

16.2.1　用组策略管理用户环境

1. 为财务部建立特殊的组策略

要求：从【开始】菜单删除【运行】命令，禁止访问控制面板，禁止本地登录，禁止运行记事本程序。

（1）单击【开始】→【管理工具】→【组策略管理】，如图 16-2 所示。

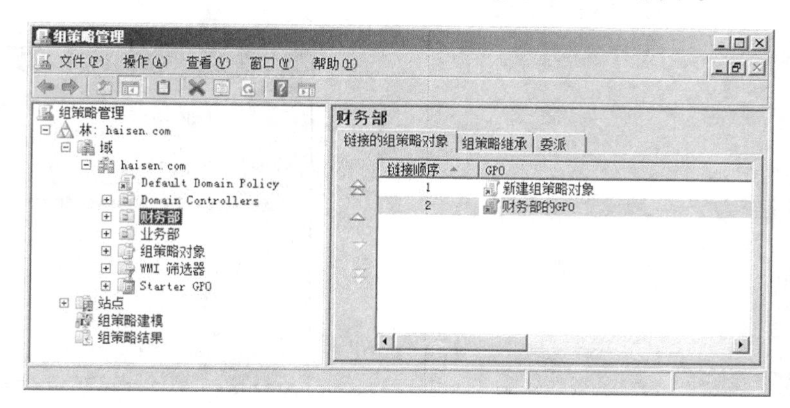

图 16-2　组策略管理器

（2）右键单击【财务部】，选择【在这个域中创建 GPO 并在此处链接】命令，在弹出的对话框中输入组策略名“财务部的 GPO”，如图 16-3 所示，单击【确定】按钮。

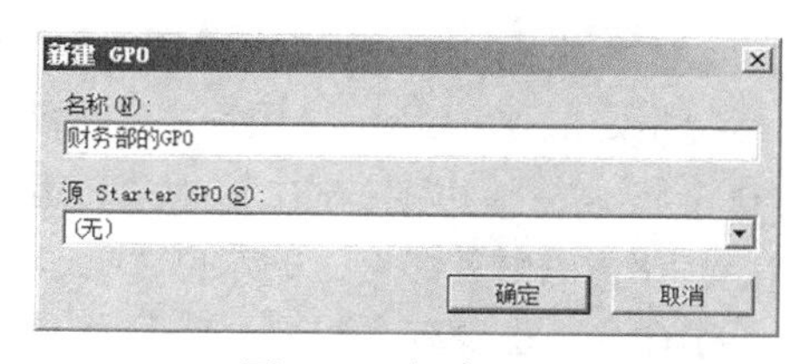

图 16-3　新建 GPO

（3）右键单击新建立的【财务部的 GPO】，选择【编辑】命令，出现【组策略管理编辑器】窗口，如图 16-4 所示。

（4）依次选择【用户配置】→【策略】→【管理模板】→【“开始”菜单和任务栏】，双击【从「开始」菜单中删除“运行”菜单】，在随后弹出的对话框中选择【已启用】单选按钮，如图 16-5

所示，单击【确定】按钮。

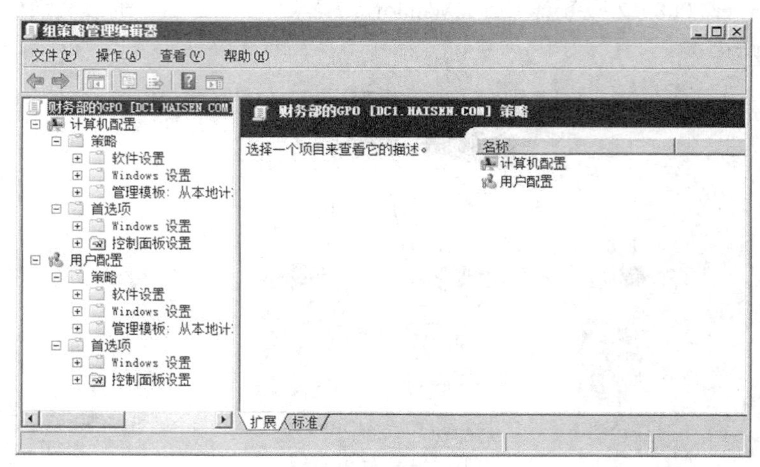

图 16-4　组策略管理编辑器

（5）在图 16-4 中依次展开【用户配置】→【策略】→【管理模板】→【控制面板】，双击【禁止访问控制面板】，在随后弹出的对话框中选择【已启用】单选按钮，如图 16-5 所示。

（6）在图 16-4 中依次展开【计算机配置】→【策略】→【Windows 设置】→【安全设置】→【本地策略】→【用户权限分配】，双击【拒绝本地登录】，在【拒绝本地登录属性】对话框中勾选【定义这些策略设置】复选框，单击【添加用户或组】按钮，将财务部 OU 下的用户或组添加进来，如图 16-6 所示，单击【确定】按钮。

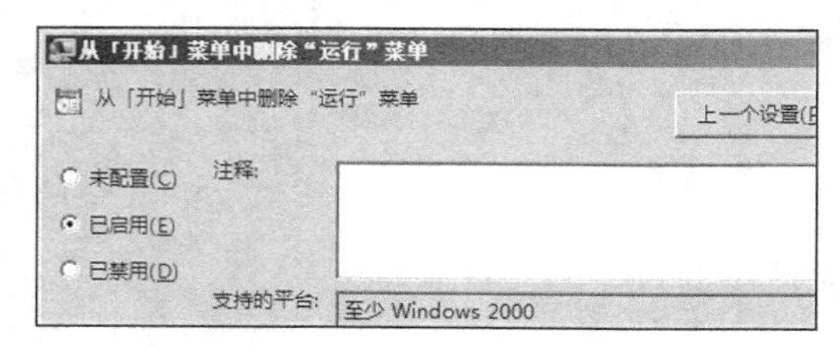

图 16-5　从【开始】菜单中删除“运行”菜单

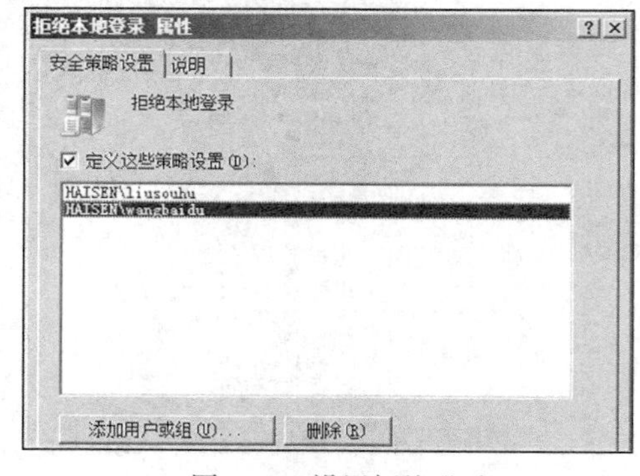

图 16-6　设置拒绝登录

（7）在图 16-4 中依次展开【用户配置】→【策略】→【管理模板】→【系统】，双击【不要运行指定的 Windows 应用程序】，如图 16-7 所示。选中【已启用】单选按钮，单击【显示】按钮，在【显示内容】对话框中输入禁止运行的程序名，如图 16-8 所示，单击【确定】按钮。

（8）用财务部 OU 的账户“wangbaidu”在域中的计算机登录，会发现【开始】菜单中没有【运行】命令，也没有【控制面板】，不能运行记事本程序，用该用户名在域控制器上登录也被拒绝。

2. 建立重定向文件夹的组策略对象

要求：将“我的文档”文件夹重定向到 DC1 上的 userdata 文件夹。

（1）在【组策略管理】窗口中右键单击【组策略对象】，选择【新建】命令，在弹出的【新建 GPO】对话框中输入“文件夹重定向 GPO”，单击【确定】按钮。

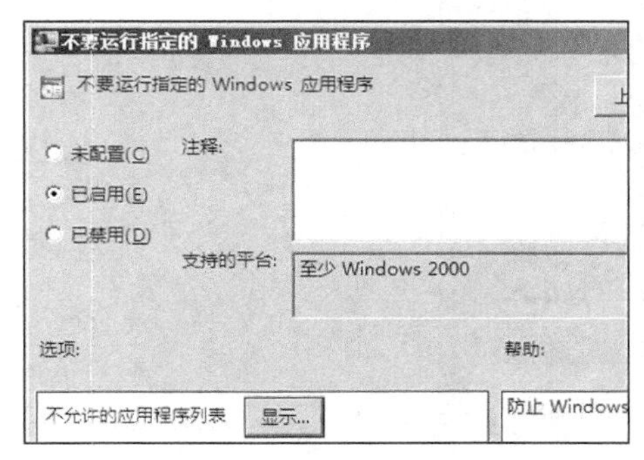

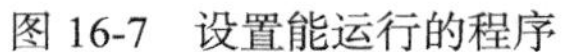
图 16-7　设置能运行的程序

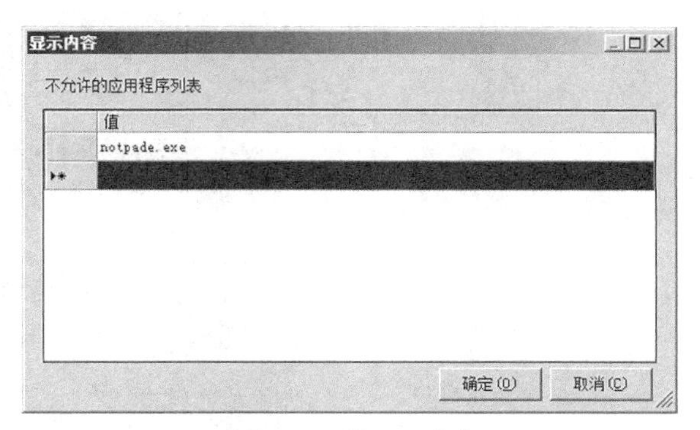

图 16-8　输入程序名

（2）右键单击“文件夹重定向 GPO”，选择【编辑】命令，出现组策略管理编辑器，如图 16-4 所示，依次展开【用户配置】→【策略】→【Windows 设置】→【文件夹重定向】，如图 16-9 所示。

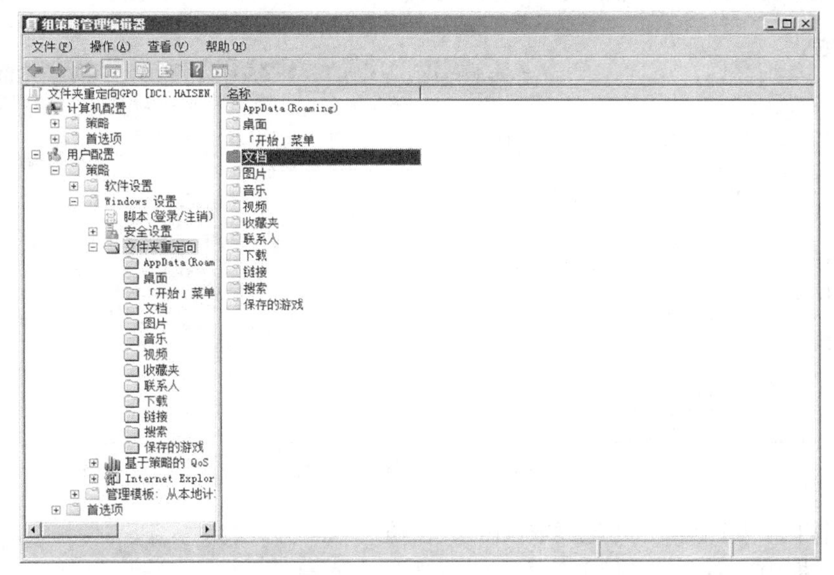

图 16-9　组策略管理编辑器——文件夹重定向

（3）在右侧窗格中右键单击【文档】，选择【属性】命令，在【目标】标签下的【设置】下拉列表中选择【基本-将每个人的文件夹重定向到同一个位置】，在【目标文件夹位置】区域中选择【在根目录路径下为每一用户创建一个文件夹】，在【根路径】文本框中输入“\\DC1\userdata”，如图 16-10 所示。

3. 建立限制使用移动磁盘的组策略对象

（1）在【组策略管理】窗口中右键单击【组策略对象】，选择【新建】命令，在弹出的【新建 GPO】对话框中输入“限制使用移动磁盘 GPO”，单击【确定】按钮。

（2）右键单击【限制使用移动磁盘 GPO】，选择【编辑】命令，出现【组策略管理编辑器】窗口，如图 16-4 所示，依次选择【用户配置】→【策略】→【管理模板】→【系统】→【可移动存储访问】，如图 16-11 所示。

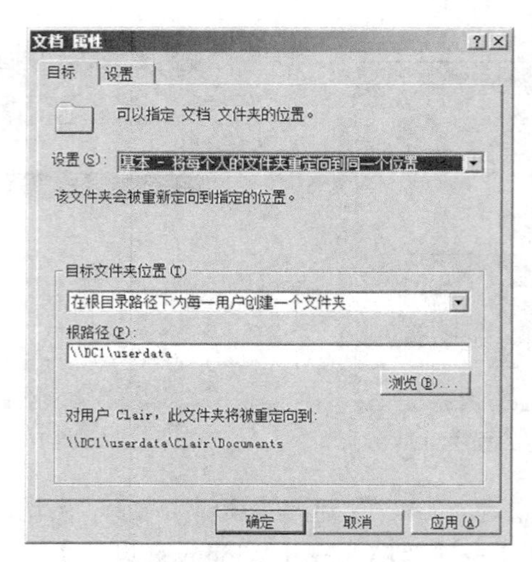

图 16-10 设置文档属性

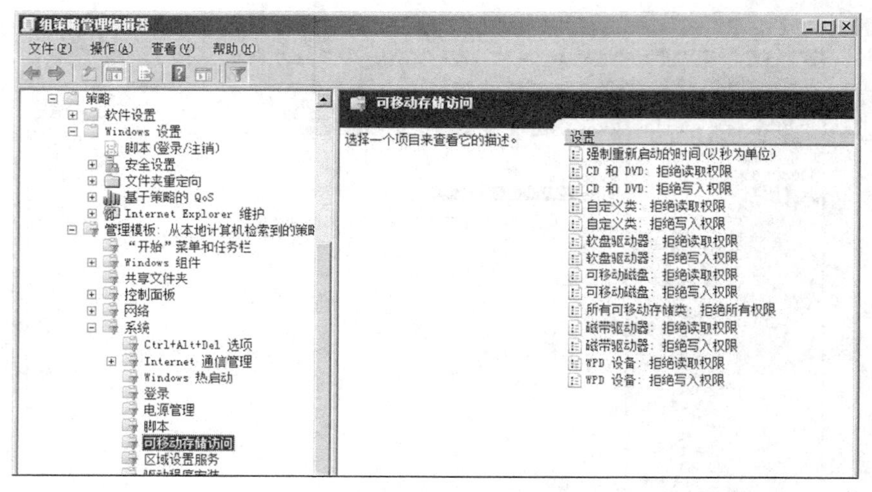

图 16-11 设置可移动存储访问

（3）双击【可移动磁盘：拒绝读取权限】，在随后弹出的对话框中选中【已启用】单选按钮，单击【确定】按钮。再双击【可移动磁盘：拒绝写入权限】，重复前面的操作。

4. 将设置好的 GPO 链接到域或 OU

上述策略设置好后，根据需要连接到相应的域或 OU，如链接到财务部 OU。

（1）在图 16-2 中右键单击【财务部】，选择【链接到现有 GPO】命令，如图 16-12 所示。

（2）在其中分别选择【文件夹重定向 GPO】和【限制使用移动磁盘 GPO】，单击【确定】按钮。

（3）用财务部 OU 的账户“wangbaidu”在域中的计算机登录，会发现不允许使用 U 盘。

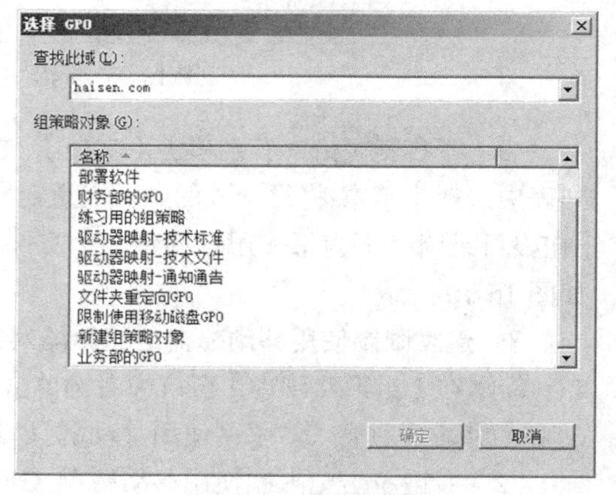

图 16-12 选择 GPO

16.2.2　用组策略给用户发布或分配软件

1. 用组策略向业务部发布软件

（1）在域中的任何计算机上创建一个要存放发布的软件的文件夹，例如，在 DC1 的 C 盘上创建一个“发布的软件”文件夹，将要发布的软件保存在该文件夹下。

（2）将该文件夹设置为共享，赋予 Everyone 组读取权限。

（3）在图 16-2 中右键单击【业务部】，选择【在这个域中创建 GPO 并在此处链接】命令，在弹出的对话框中输入组策略名“为业务部分配软件”，单击【确定】按钮。

（4）右键单击【为业务部分配软件】GPO，选择【编辑】命令，出现组策略管理编辑器。

（5）依次展开【用户策略】→【策略】→【软件设置】，右键单击【软件安装】，选择【属性】命令。

（6）在【软件安装属性】对话框的【常规】标签下的【默认程序数据包位置】文本框中输入“\\DC1\发布的软件”，单击【确定】按钮。

（7）右键单击【软件安装】，选择【新建】→【数据包】命令，依次打开【计算机】→【本地磁盘 C：】→【发布的软件】文件夹，如图 16-14 所示。选择要发布的软件，如 QQ，单击【打开】按钮。

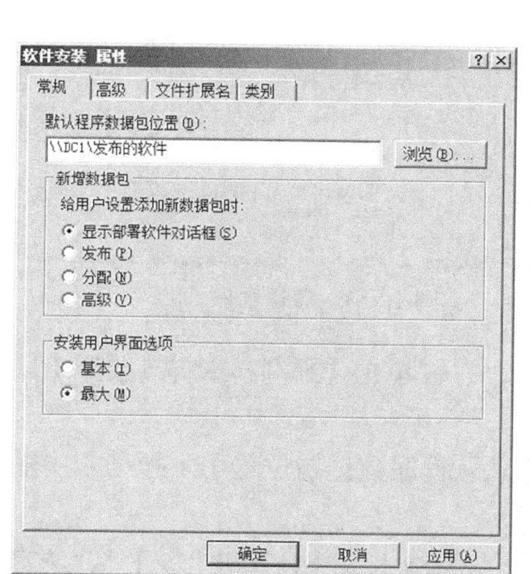

图 16-13　软件安装属性

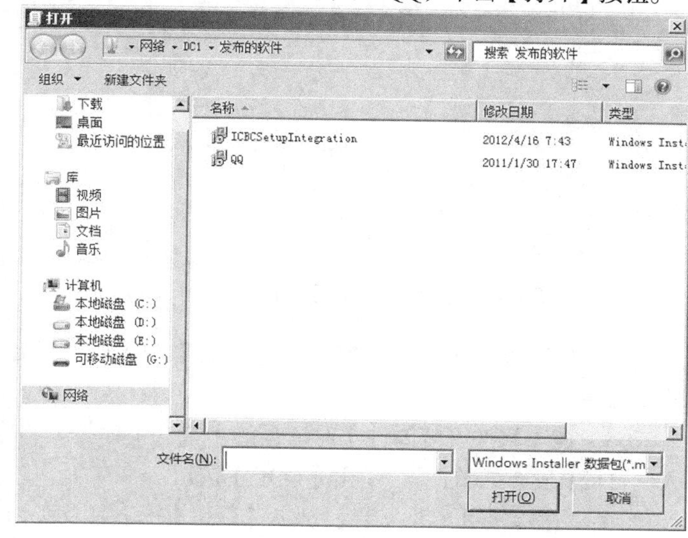

图 16-14　选择软件

（8）在弹出的对话框中选择【已发布】单选按钮，如图 16-15 所示。

（9）在客户机上用“litaobao”的账户登录，单击【开始】→【控制面板】，如图 16-16 所示。

（10）在控制面板中双击【程序和功能】，如图 16-17 所示。

（11）单击【从网络安装程序】，如图 16-18 所示。双击发布的软件 QQ，则 QQ 程序被安装在客户机上。

2. 用组策略向财务部分配软件

（1）在“财务部”OU 中创建计算机对象，或者从其他容器中把计算机对象移动到财务部。

（2）在图 16-2 中右键单击【财务部】，选择【在这个域中创建 GPO 并在此处链接】命令，在弹出的对话框中输入组策略名“为财务部分配软件”，单击【确定】按钮。

（3）右键单击【为财务部分配软件】GPO，选择【编辑】命令，出现组策略管理编辑器。

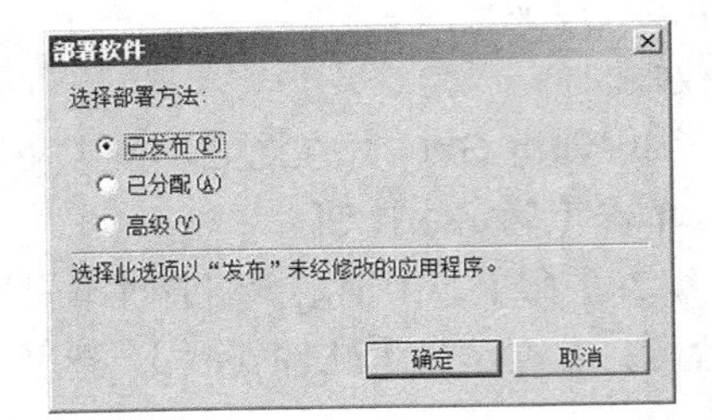

图 16-15　选择部署方法

图 16-16　控制面板

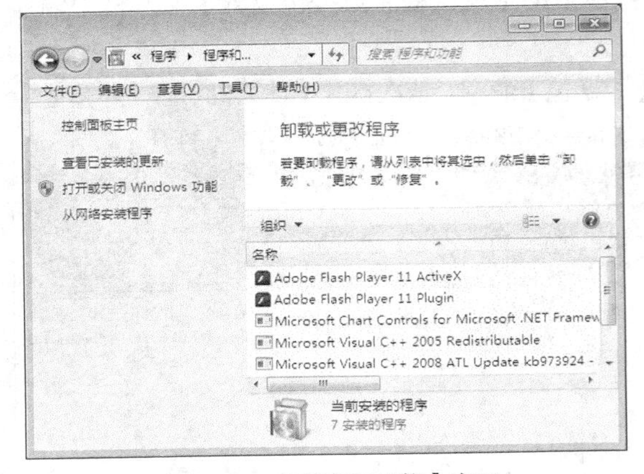

图 16-17　【程序和功能】窗口

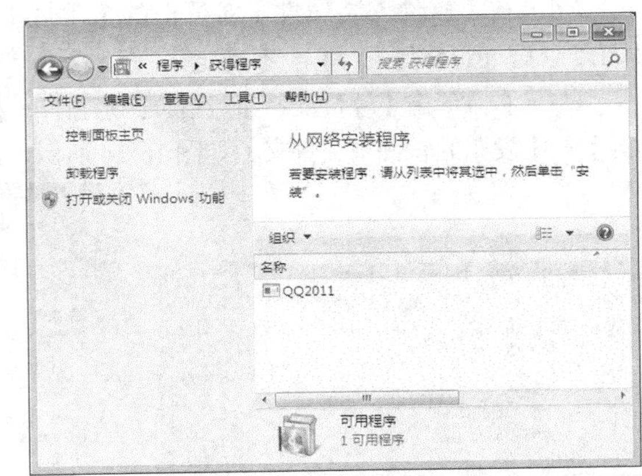

图 16-18　获得程序

（4）依次展开【用户策略】→【策略】→【软件设置】，右键单击【软件安装】，选择【属性】命令。

（5）在【软件安装属性】对话框的【常规】标签下的【默认程序数据包位置】下拉列表中输入"\\DC1\发布的软件"，单击【确定】按钮。

（6）右键单击【软件安装】，选择【新建】→【数据包】命令，依次打开【计算机】→【本地磁盘 C:】→【发布的软件】文件夹，选择要发布的软件，如"ICBCSetupIntegration"，单击【打开】按钮。

（7）在弹出的对话框中选择【已分配】单选按钮，单击【确定】按钮。

（8）在隶属于"财务部"计算机上登录，计算机启动后立即自动安装软件。

16.3　实训与思考

16.3.1　实训题

1. 给 OU 建立一个特殊环境的 GPO

要求：给"练习 OU1"建立一个 GPO，从【开始】菜单中删除【文档】命令，从桌面上删除【回收站】，禁止访问控制面板，允许本地（在域控制器上）登录。

（1）用 OU1-USER1 登录客户机，查看【开始】菜单中是否有【文档】，桌面上是否有【回收站】，是否可以访问控制面板，用 OU1-USER1 登录域控制器是否成功。

（2）为“练习 OU1”建立并链接 GPO，实现上述策略。

（3）重启域控制器，再重启客户机。

2. 建立“限制移动磁盘练习 GPO”

要求：名为“限制移动磁盘练习 GPO”，限制对移动磁盘进行读/写操作。

（1）用已经建立的用户账户登录客户机，验证是否可以使用移动磁盘。

（2）建立这个 GPO。

（3）将这个 GPO 链接到域。

（4）用已经建立的用户账户在客户机上登录，验证能否使用移动磁盘。

3. 建立一个“文件夹重定向的 GPO”

要求：将用户文件夹“桌面”重定向到域控制器上的文件夹“C:\用户的桌面”。

（1）在域控制器的 C 盘建立文件夹“用户的桌面”，将该文件夹设置为共享，让 Everyone 对其拥有读取/写入权限。

（2）建立这个 GPO。

（3）将这个 GPO 链接到域。

（4）用已经建立的任何用户名在客户机上登录，查看“桌面”文件夹的保存位置。

4. 向“练习 OU1”分配软件

建立一个 GPO，练习将一个软件（*.msi）分配给“练习 OU1”中的计算机，当计算机启动时，自动安装这个软件。

（1）准备好软件，并保存在域控制器的 C 盘上。文件夹名可以自己定义，将该文件夹设置共享，赋予 Everyone 组读取权限。

（2）建立这个 GPO。

（3）在隶属于“练习 OU1”的计算机上登录。

（4）查看软件安装情况。

5. 向“练习 OU2”发布软件

要求：建立一个 GPO，练习将一个软件（*.msi）发布给“练习 OU2”中的用户，当用户登录时，用户手动安装这个软件。

（1）准备好软件，并保存在域控制器的 C 盘上。文件夹名可以自己定义，将该文件夹设置共享，赋予 Everyone 组读取权限。

（2）建立这个 GPO。

（3）用“练习 OU2”中的用户账户登录。

（4）安装软件。

16.3.2　思考题

（1）发布软件和分配软件有何区别？

（2）文件夹重定向有什么好处？

（3）概括“计算机配置”中的“账户策略”的作用。

（4）概括“计算机配置”中的“用户权限分配”的作用。

（5）概括“管理模板”的作用。

第四篇

路由与远程访问

第 17 章 实现路由器

Windows Server 2008 R2 不仅具有出色的网络管理功能，而且还支持网络通信，使用 Windows Server 2008 R2 的“网络策略与访问服务”角色，可以让计算机充当路由器。

本章介绍如何用 Windows Server 2008 R2 计算机实现路由器。

17.1 路由器知识简介

17.1.1 路由器的作用与原理

路由器的一个作用是连接多个网络（包括局域网和广域网）在网络之间传输报文分组；另一个作用是在网络互联环境中为报文分组选择最佳路径。路由器是互联网的主要节点设备，是不同网络之间相互连接的枢纽，如图 17-1 所示。

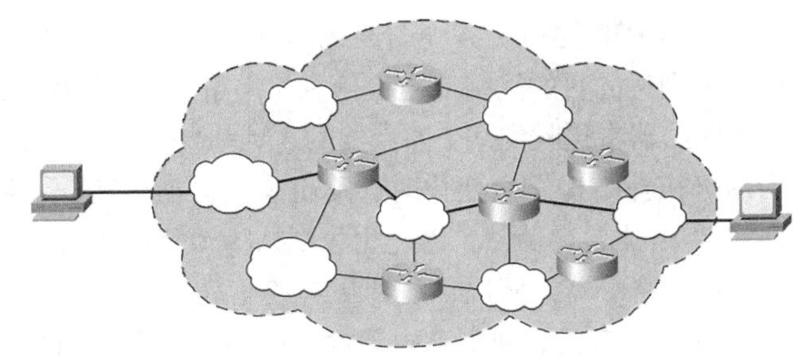

图 17-1 路由器的作用

在网络层整个网络逻辑上被划分成一个个的子网络，每个子网络都被赋予一个网络号，网络中的主机都被赋予一个带有网络号的逻辑地址，例如，在 TCP/IP 中的 IP 地址。路由器根据网络号来转发数据包，当路由器从一个网络收到一个数据包后，就抽取数据包中 IP 地址中的目的网络号，然后从路由表中找到到达目的网络的路径，再把数据包转发给下一个路由器或目的网络。数据包到达目的网络后，再根据主机地址和物理地址将数据包交给目的主机，不过这已经不是路由器的工作范围了。

17.1.2 路由表

路由器转发数据要依赖路由表，路由表是通过某种路由协议软件在对网络流量进行分析计算的基础上得到的，每个路由器都在路由表中保存着从本路由器到达目的网络的路由信息，以及从本路由器到达目的网络的距离信息，如图 17-2 所示。如果目的网络与本路由器直接相连，路由器就把数据包丢给目的网络；如果目的网络不与本路由器直接相连，就把数据包交给下一个路由器，由下一个路由器继续做路由选择。

路由表分为静态路由表和动态路由表，静态路由表是系统管理员根据网络互联情况设置好的，它不会随网络结构的改变而改变，也不会根据网络通信状况的改变而改变，所以静态路由只适用于网络结构基本不变，网络互联规模比较小的情况，如校园网或企业网内部的路由器。

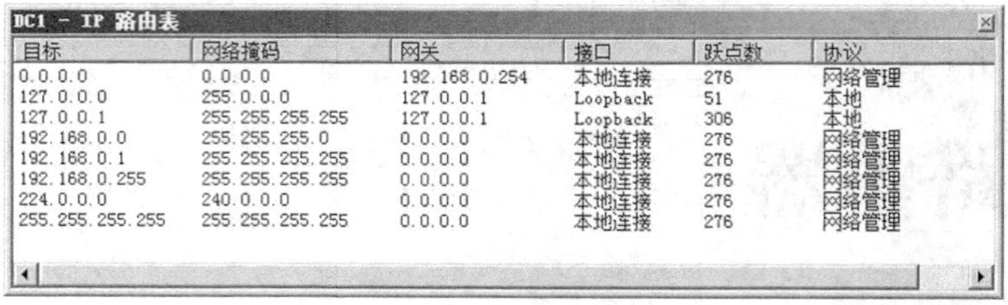

DC1 - IP 路由表

目标	网络掩码	网关	接口	跃点数	协议
0.0.0.0	0.0.0.0	192.168.0.254	本地连接	276	网络管理
127.0.0.0	255.0.0.0	127.0.0.1	Loopback	51	本地
127.0.0.1	255.255.255.255	127.0.0.1	Loopback	306	本地
192.168.0.0	255.255.255.0	0.0.0.0	本地连接	276	网络管理
192.168.0.1	255.255.255.255	0.0.0.0	本地连接	276	网络管理
192.168.0.255	255.255.255.255	0.0.0.0	本地连接	276	网络管理
224.0.0.0	240.0.0.0	0.0.0.0	本地连接	276	网络管理
255.255.255.255	255.255.255.255	0.0.0.0	本地连接	276	网络管理

图 17-2　路由器上的路由表

动态路由表是路由器根据网络系统的运行情况而自动调整的路由表。路由器根据路由选择协议提供的功能，自动收集和记忆网络运行情况，自动计算出数据传输的最佳路径。在大型网络互联环境中都使用动态路由。

无论是主机还是路由器，一般都要设置默认路由，默认路由又叫默认网关，是当路由表中找不到目的网络对应的下一跳地址时，默认交给哪个路由器来处理。主机和路由器的默认路由由管理员静态配置。

17.1.3　路由选择协议

1. 路由信息协议 RIP

路由信息协议（RIP）也称距离向量协议，根据经过的路由站点数作为选择路由的依据，从源站点到目的站点有多条路径，RIP 认为经过的路由器最少的路径为最短路径，如果有两条路径相同，则使用最先学习的路径。

运行 RIP 的路由器周期性地向物理连接上相邻的路由器发送路由刷新报文，该报文包含本路由器可到达的目的网络或主机信息（向量 V），以及到达目的网络或主机的跳数（距离 D）信息。其他路由器在接收到某个路由器的（V，D）报文后，按照最短路径原则对各自的路由表进行刷新。当网络拓扑结构发生变化时，路由表会自动更新，一般每 30 s 更新一次。RIP 经过的最长路径是 15 个路由器（15 跳），超过此数则认为该目的地址不能到达。

RIP 路由器按照以下规律更新路由表。

（1）如果获取到本路由器没有的路由信息，则在本路由器增加这条新的路由信息，将下一跳指向提供该路由信息的路由器，同时将距离（跳数）在获取的距离信息的基础上加 1。

（2）如果获取到本路由器已经存在的路由信息，若新获取的路由距离比本路由器原来的距离短，则用新路径更新原来的路径，否则保留原来的路径。

RIP 实现简单，但由于其自身的特点，在大型广域网和有大量路由器的网络中效率较低，不适合在大型网络或路由经常变化的网络中使用，适合于小型网络。

2. 开放最短路径优先协议

开放最短路径优先协议（OSPF）根据经过的“开销”最小作为选择路由的依据，从源站点到目的站点有多条路径，OSPF 认为开销最小的路径为最佳路径。

在一个自治系统内，运行 OSPF 的路由器间要频繁地交换路由信息，交换的路由信息包括本路由器与哪些路由器相邻，以及链路状态的度量等，最后生成链路状态数据库。这里的链路状态是指费用、距离、带宽、延时等，根据链路状态值，按照某种计算方法计算出该链路上的总开销，开销值越小越好。这样根据链路状态数据库，每个路由器都掌握了该区域上所有路由器的链路状态信息，也就等于了解了整个网络的拓扑状况。在此基础上路由器利用最短路径优先算法，独立地计算出从本路由器到达任意目的网络的路由，并生成路由表。

与 RIP 不同，OSPF 具有支持大型网络、路由收敛快、占用网络资源少等优点，在目前应用的路由协议中占有相当重要的地位。

17.2　配置路由器

模拟场景：

某单位有两个独立的局域网，由于工作需要，要把两个局域网互联起来，而每个网络又要有相对独立性，因此需要用路由器互联。但是单位目前没有专用路由器，考虑用安装 Windows Server 2008 R2 的计算机充当路由器。

实验环境：

已安装 Windows Server 2008 R2 的计算机两台，安装 Windows 7 的计算机两台，交换机一台，互连成网。

在充当路由器的计算机中安装两块网卡并安装驱动程序，为两块网卡分别配置 IP 地址，使两块网卡分别处于不同的网络。如果只有一块网卡，可以给网卡绑定两个 IP 地址。

物理连接如图 17-3 所示，逻辑结构如图 17-4 所示。

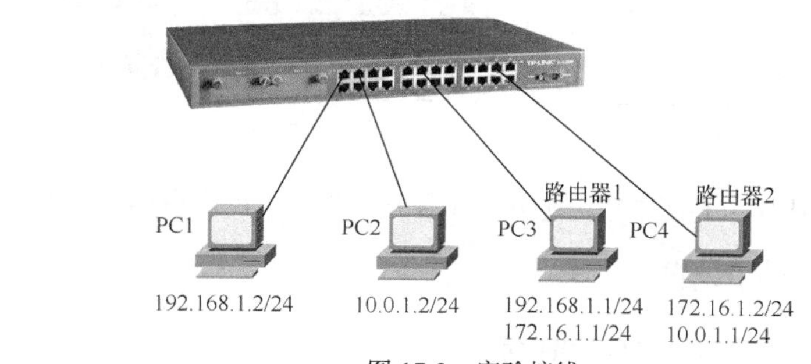

图 17-3　实验接线

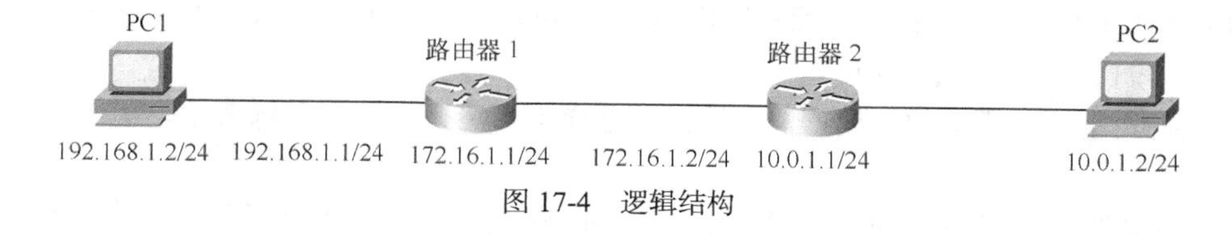

图 17-4　逻辑结构

17.2.1　安装“网络策略和访问服务”

（1）依次选择【开始】→【管理工具】→【服务器管理器】，如图 17-5 所示。

（2）在左侧窗格中单击【角色】，在右侧窗格中单击【添加角色】超链接，在图 17-6 所示的对话框中单击【服务器角色】，在右侧列表框中选择【网络策略和访问服务】复选框，单击【下一步】按钮，出现网络策略和访问服务简介对话框，单击【下一步】按钮。

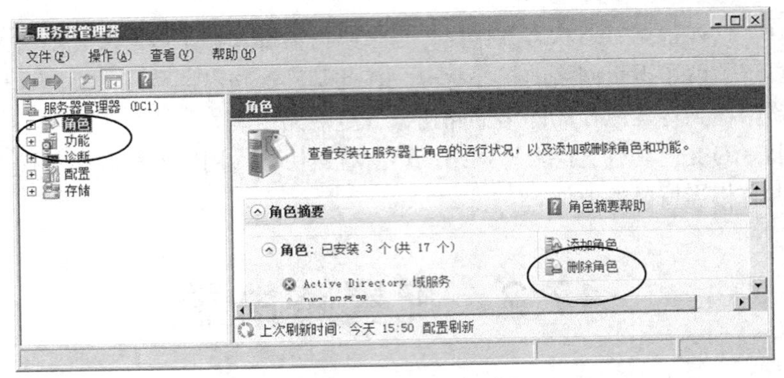

图 17-5 【服务器管理器】界面

（3）在打开的如图 17-7 所示的【选择角色服务】对话框中选择【路由和远程访问服务】复选框，单击【下一步】按钮。

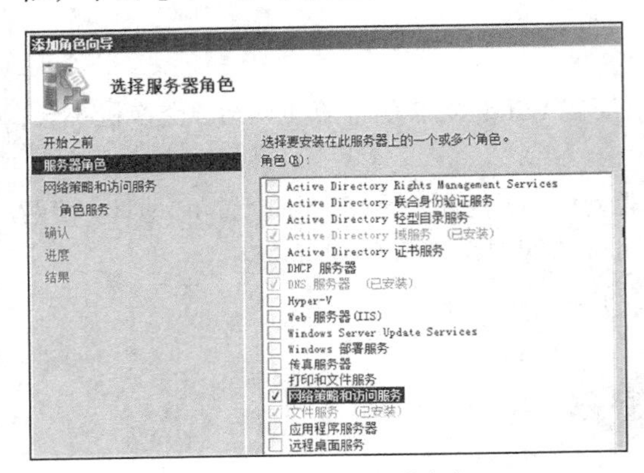

图 17-6 选择服务器角色

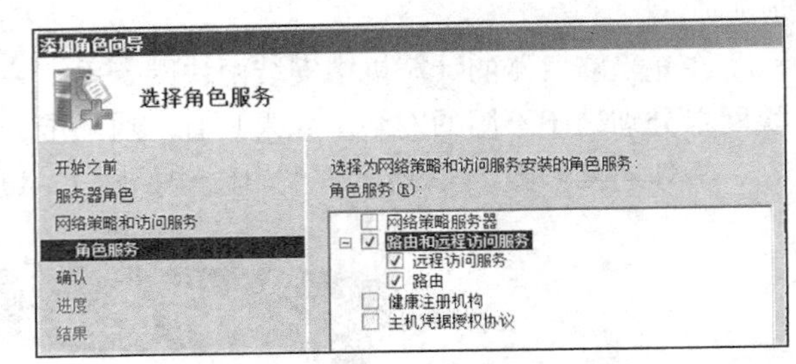

图 17-7 选择【路由和远程访问服务】

（4）在【确认安装选择】界面中单击【安装】按钮，安装完成之后单击【关闭】按钮。

17.2.2 路由器的配置

1. 启用 Windows Server 2008 R2 路由器

（1）依次选择【开始】→【管理工具】→【路由和远程访问】，如图 17-8 所示。

（2）选择【操作】→【配置并启用路由和远程访问】命令，运行【配置并启用路由和远程访问】向导，单击【下一步】按钮。

（3）在如图 17-9 所示的【配置】对话框中选择【自定义配置】单选按钮，单击【下一步】按钮。

（4）在如图 17-10 所示的对话框中选择【LAN 路由】复选框，单击【下一步】按钮。

（5）单击【完成】按钮，在出现【启动服务】界面时单击【启动服务】，启动服务后的【路由和远程访问】界面如图 17-11 所示。

（6）右键单击【DC1（本地）】，选择【属性】命令，出现【DC1（本地）属性】对话框，如图 17-12 所示，可见该计算机已经是路由器。

2. 启用动态路由

（1）在【路由和远程访问】窗口中右键单击【IPv4】下的【常规】，选择【新增路由协议】命令。

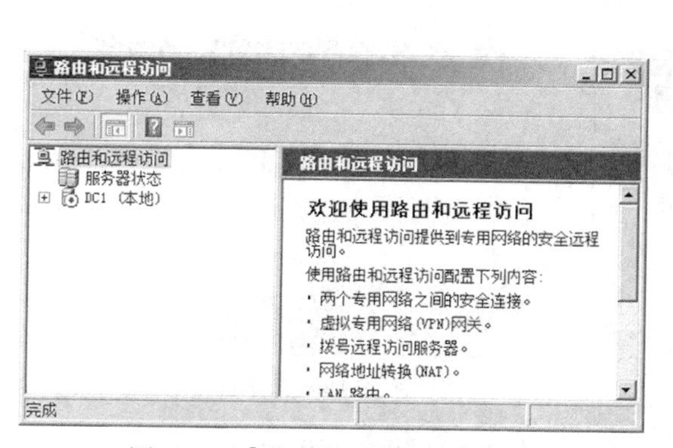

图 17-8　【路由和远程访问】窗口

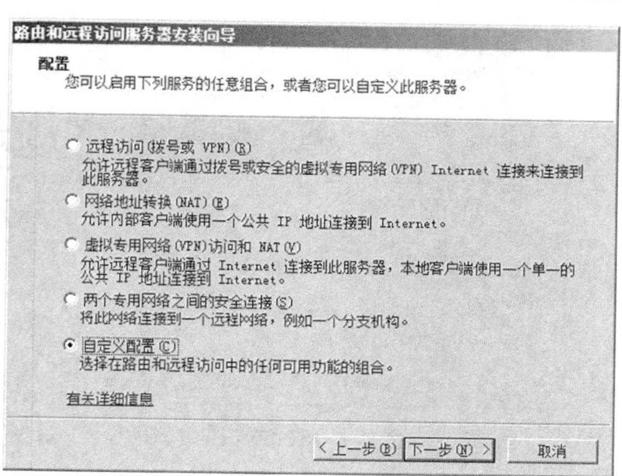

图 17-9　【配置】对话框

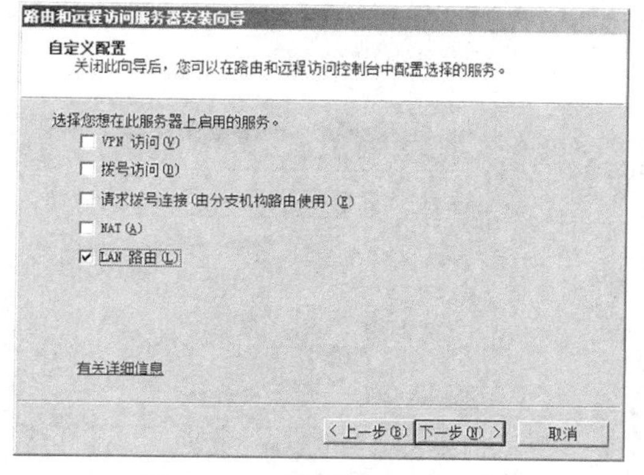

图 17-10　选择【LAN 路由】

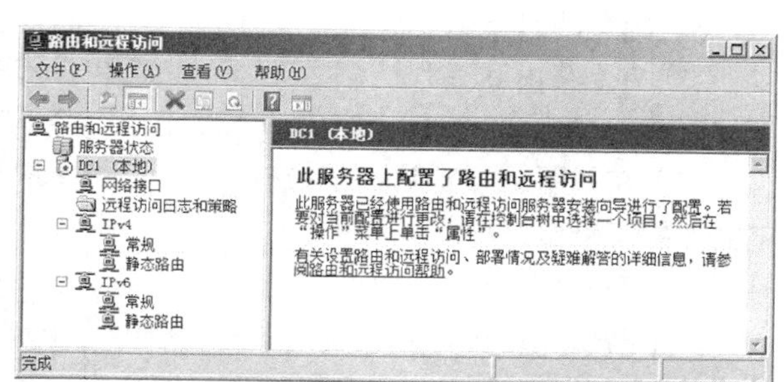

图 17-11　启动服务后的【路由和远程访问】界面

（2）在如图 17-13 所示的【新路由协议】对话框中选择【用于 Internet 协议的 RIP 版本 2】，单击【确定】按钮，在左侧目录中将出现【RIP】项。

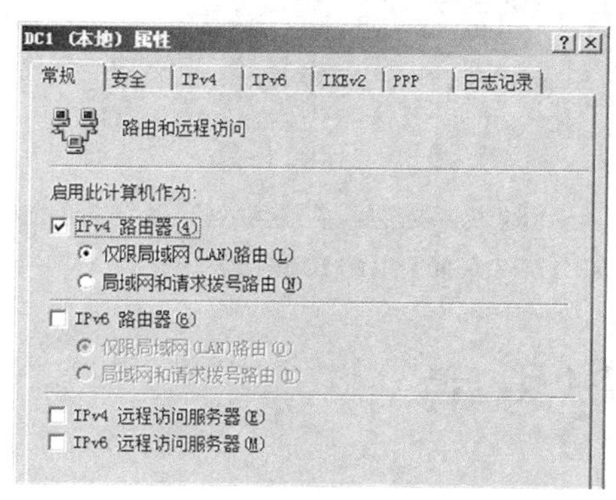

图 17-12　本地计算机的属性

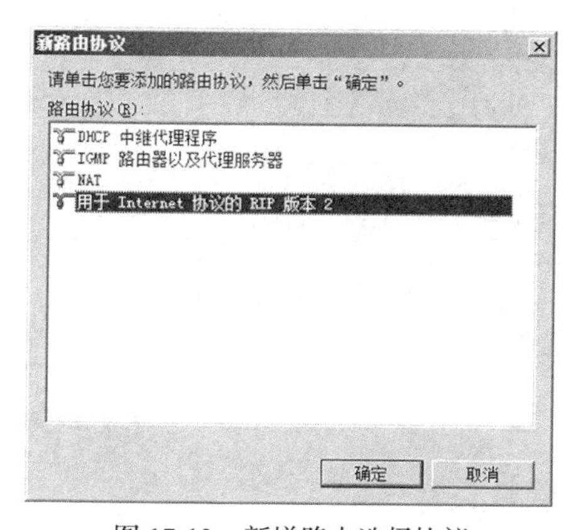

图 17-13　新增路由选择协议

（3）在如图 17-14 所示的窗口中右键单击【RIP】，并在快捷菜单中选择【新接口】命令，如图 17-15 所示（若有两块网卡，将有两个接口，即“本地连接”和“本地连接 2”）。在【接口】列表中选择第一个网络接口，即【本地连接】，单击【确定】按钮。

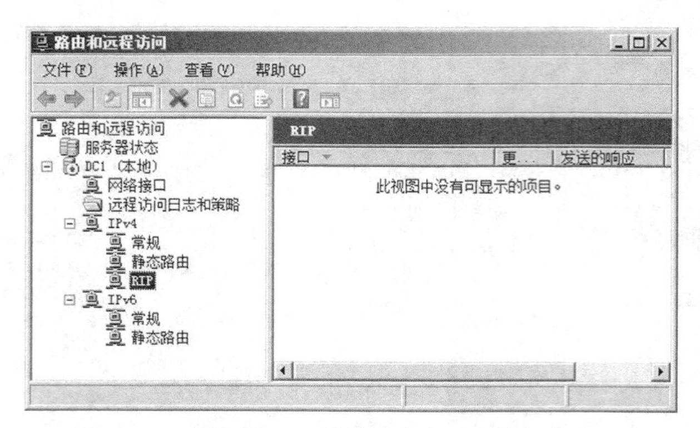

图 17-14 添加了 RIP 的【路由和远程访问】窗口

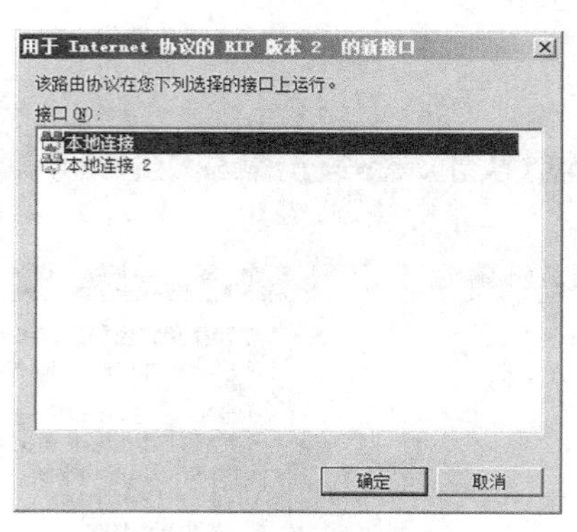

图 17-15 选择新接口

（4）在【RIP 属性-本地连接属性】对话框中选择操作模式、传出数据包协议、传入数据包协议（取默认值）即可，如图 17-16 所示。

（5）重复步骤（3）～（4），为 RIP 添加第 2 个网络接口，即“本地连接 2”（如果有的话）。

3. 配置静态路由

（1）在【路由和远程访问】窗口中右键单击【IPv4】下的【静态路由】，选择【新建静态路由】命令。

（2）在如图 17-17 所示的【IPv4 静态路由】对话框中输入静态路由信息。

4. 查看路由表

在【路由和远程访问】窗口中右键单击【IPv4】下的【静态路由】，选择【显示】→【IP 路由表】命令，如图 17-18 所示。

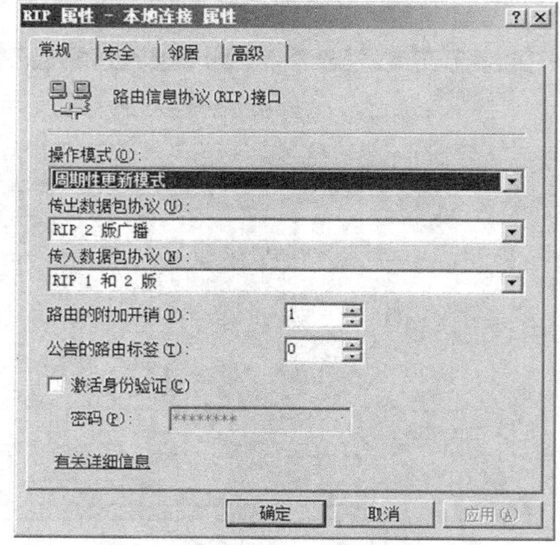

图 17-16 RIP 属性

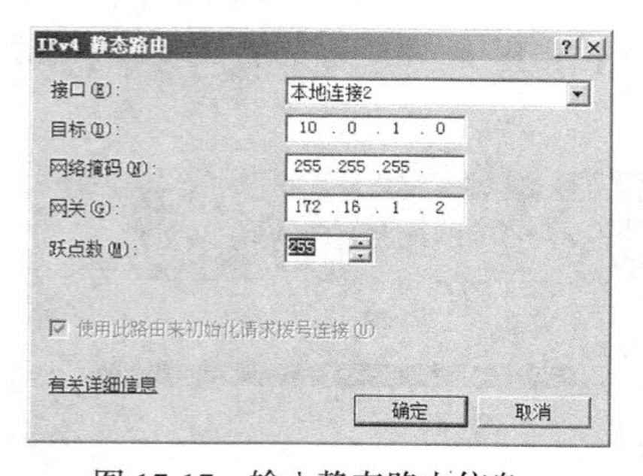

图 17-17 输入静态路由信息

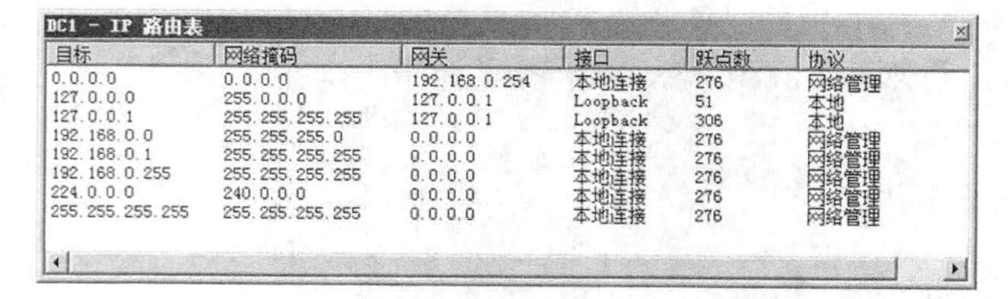

图 17-18 DC1 上的 IP 路由表

17.3 实训与思考

17.3.1 实训题

1. 用单路由器连接两个网络

实验接线如图 17-19 所示，逻辑结构如图 17-20 所示。在充当路由器的计算机中安装两块网卡，并安装驱动程序，为两块网卡分别配置 IP 地址，使两块网卡分别处于不同的网段。如果只有一块网卡，可以给网卡绑定两个 IP 地址。

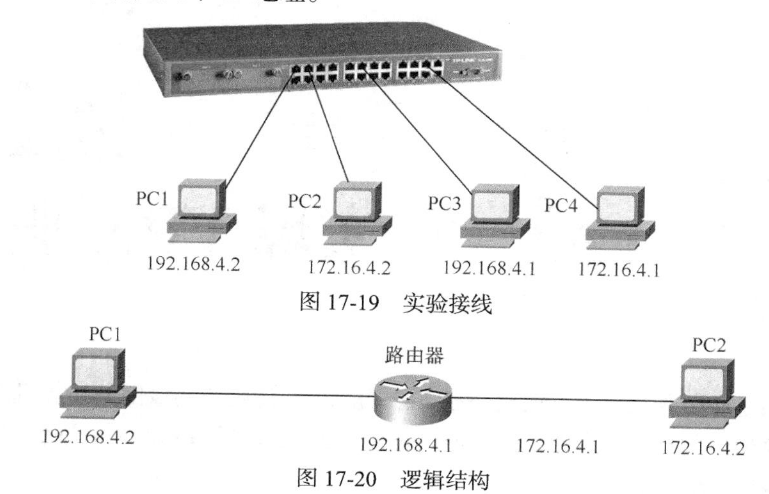

图 17-19　实验接线

图 17-20　逻辑结构

（1）参考图 17-19，为不同的计算机配置 IP 地址、子网掩码、默认网关。

（2）用 Ping 命令测试 PC1、PC2、PC4 间的连通性。

（3）在 PC4 上实现路由器。

（4）在 192.168.4.2 的计算机上（PC1）分别 Ping 路由器的两个 IP 地址，以及另一台网络计算机 PC2 的 IP 地址。

2. 多路由实验

物理连接如图 17-3 所示，其逻辑结构如图 17-4 所示。

（1）参考图 17-3 配置各计算机的 IP 地址、子网掩码、默认网关，具体参数如表 17-1 所示。

表 17-1　各计算机 TCP/IP 属性配置

计　算　机	IP 地址	子网掩码	默 认 网 关
PC1	192.168.4.2	255.255.255.0	192.168.4.1
PC2	10.0.4.2	255.255.255.0	10.0.4.1
PC3	192.168.4.1 172.16.4.1	255.255.255.0 255.255.255.0	172.16.4.2
PC4	172.16.4.2 10.0.4.1	255.255.255.0 255.255.255.0	172.16.4.1

（2）在 PC1 上用 Ping 命令 Ping 路由器 1 和路由器 2 各个端口以及 PC2，查看结果。

（3）分别在 PC3 和 PC4 上安装并设置路由。

（4）再次执行第（2）步，查看结果。

（5）查看 PC3 和 PC4 上的路由表。

（6）配置静态路由。根据如图 17-3 所示的网络环境，为 PC3 和 PC4 配置静态路由。

17.3.2　思考题

（1）路由器的作用是什么？

（2）用 Windows Server 2008 R2 服务器实现路由器要经过哪些主要步骤？

（3）路由表主要包含哪些信息？

（4）什么是动态路由？什么是静态路由？

（5）路由选择协议主要有哪些？

第18章 实现VPN服务器

虚拟专用网是在公共网络上开凿出一条安全“隧道”，让两个局域网的计算机之间通过这条安全隧道实施安全通信的技术。利用 Windows Server 2008 R2“网络策略和访问服务”角色，可以让计算机充当 VPN 服务器。

本章介绍 VPN 的知识和将 Windows Server 2008 R2 计算机配置成 VPN 服务器的过程。

18.1 VPN知识简介

18.1.1 VPN的概念

VPN（Virtual Private Network 虚拟专用网），是将物理分布在不同地点的网络通过公用骨干网，尤其是 Internet 连接而成的逻辑上的虚拟子网。为了保障信息的安全，VPN 技术采用了鉴别、访问控制、保密性、完整性等措施，以防止信息被泄露、篡改和复制。

虚拟专用网是针对传统企业的专用网络而言的。传统的专用网络往往需要建立自己的物理专用线路，使用昂贵的长途拨号以及长途专线服务；而 VPN 则是利用公共网络资源和设备建立一个逻辑上的专用通道，尽管没有自己的专用线路，但是这个逻辑上的专用通道却可以提供和专用网络同样的功能。换言之，VPN 虽然不是物理上真正的专用网络，但却能够实现物理专用网络的功能。VPN 是被特定企业或用户私有的，并不是任何公共网络上的用户都能够使用已经建立的 VPN 通道，只有经过授权的用户才可以使用。在该通道内传输的数据经过了加密和认证，使得通信内容既不能被第三方修改，又无法被第三方破解，从而保证了传输内容的完整性和机密性。因此，只有特定的企业和用户群体才能够利用该通道进行安全的通信。

VPN 主要应用于以下场合。

1. 远程访问

远程访问 VPN 连接如图 18-1 所示，图中公司内部网络的 VPN 服务器已经连接到 Internet，而 VPN 客户端在远地利用无线网络、局域网等方式也连上 Internet 后，就可以通过 Internet 来与公司 VPN 服务器创建 VPN，并通过 VPN 来与内部计算机安全地通信。VPN 客户端就好像是位于公司内部网络中。

2. 连接两个异地局域网

两个局域网之间的 VPN 连接如图 18-2 所示，它又称为路由器对路由器 VPN 连接。图中两个局域网的 VPN 服务器都连接到 Internet，并且通过 Internet 创建 VPN，它让两个网络内的计算机相互之间可以通过 VPN 来安全通信。两地的计算机就好像位于同一个网络。

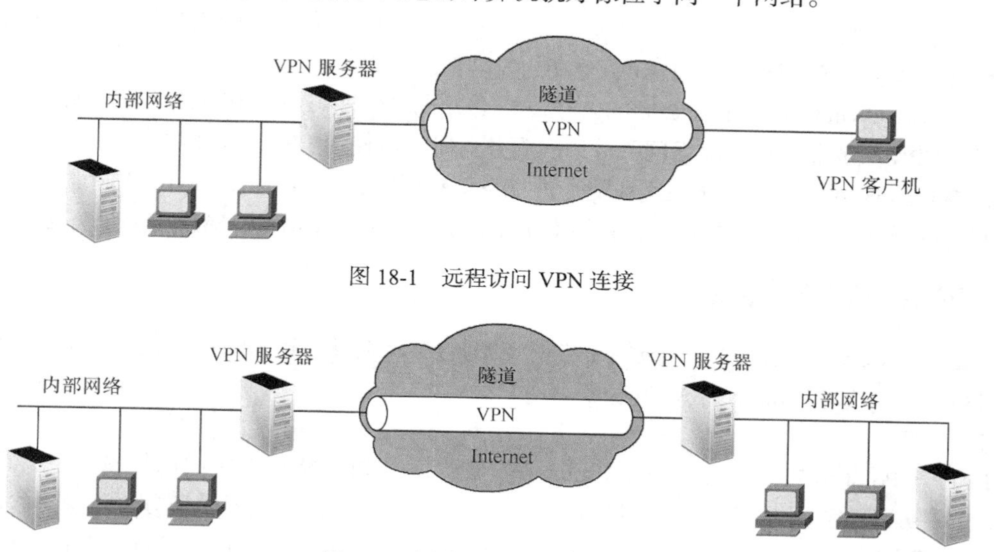

图 18-1 远程访问 VPN 连接

图 18-2 局域网之间的 VPN 连接

18.1.2 VPN 技术

1. 隧道技术

VPN 的关键技术是安全技术，VPN 采用了加密、认证、存/取控制、数据完整性鉴别等措施，相当于在各 VPN 设备间形成一些跨越 Internet 的虚拟通道——隧道，使得敏感信息只有预定的接收者才能读懂，从而实现信息的安全传输。

隧道技术是 VPN 的基本技术，类似于点对点连接技术，它在公用网上建立一条数据通道（隧道），让数据包通过这条隧道传输，如图 18-1 所示。隧道是由隧道协议形成的，分为第二、第三层隧道协议。第二层隧道协议是先把各种网络协议封装到 PPP 中，再把整个数据包装入隧道协议中。这种双层封装方法形成的数据包靠第二层协议进行传输。第二层隧道协议有 L2F、PPTP、L2TP 等。L2TP 是目前 IETF 的标准，由 IETF 融合 PPTP 与 L2F 而形成。

第三层隧道协议是把各种网络协议直接装入隧道协议中，形成的数据包依靠第三层协议进行传输。第三层隧道协议有 VTP、IPSec 等。

2. 身份认证

VPN 的客户端连接到远端 VPN 服务器时，必须验证用户身份，身份验证成功后用户可以通过 VPN 服务器来访问有权访问的资源。Windows Server 2008 R2 支持以下身份验证协议。

（1）CHAP：CHAP 通过使用 MD5（一种工业标准的散列方案）来协商一种加密身份验证的安全形式。CHAP 在响应时使用质询—响应机制和单向 MD5 散列。用这种方法可以向服务器证明客户机知道密码，但不必实际地将密码发送到网络上。

（2）MS-CHAP：同 CHAP 相似，支持对远程 Windows 工作站进行身份验证，它在响应时使用质询—响应机制和单向加密，而且 MS-CHAP 不要求使用原文或可逆加密密码。

（3）MS-CHAP v2：它提供了相互身份验证和更强大的初始数据密钥，而且发送和接收分别使用不同的密钥。如果将 VPN 连接配置为用 MS-CHAP v2 作为唯一的身份验证方法，那么客户端和服务器端都要证明其身份，如果所连接的服务器不提供对自己身份的验证，则连接将被断开。

（4）EAP：支持多种身份验证方案，其中包括令牌卡、一次性密码、使用智能卡的公钥身份验证、证书及其他身份验证。对于 VPN 来说，使用 EAP 可以防止暴力或词典攻击及密码猜测，提供比其他身份验证方法（如 CHAP）更高的安全性。

（5）PEAP:Windows Server 2008 R2 还支持 PEAP，客户端连接 802.1X 无线基地台、802.1X 交换机、VPN 服务器与远程桌面网关等访问服务器时，可使用 PEAP 验证法。

在 Windows 系统中，对于采用智能卡进行身份验证的客户端，将采用 EAP 验证方法；对于通过密码进行身份验证的客户端，将采用 CHAP、MS-CHAP 或 MS-CHAP v2 验证方法。

18.1.3 VPN 协议

Windows Server 2008 R2 除了支持 PPTP、L2TP/IPSec 与 SSTP （SSL）等 VPN 协议之外，还支持 IKEv2（VPN Reconnect）VPN 协议。

1. PPTP

PPTP（Point-to-Point Tunneling Protocol）是构建 VPN 最容易使用的协议，它默认使用 MS-CHAP v2 验证方法，不过也可以选择安全性更好的 EAP-TLS 证书验证方法。身份验证完成后，之后双方所发送的数据可以利用 MPPE（Microsoft Point-to-Point Encryption）加密法来加密，不过仅支持 128 位的 RC4 加密算法（从 Windows Vista 开始已经不支持 40 与 56 位）。

如果使用 MS-CHAP v2 验证方法，用户的密码建议最好复杂一点，以降低密码被破解的概率。PPTP 支持 Windows XP、Windows 2003、Windows Vista、Windows 2008、Windows 7、Windows 2008 R2。

2. L2TP/IPSec

L2TP/IPSec（Layer Two Tunneling Protocol/IPSec）支持 IPSec 的预共享密钥与计算机证书两种身份验证方法，建议采用安全性较高的计算机证书方法，而预共享密钥方法应仅作为测试时使用。身份验证完成后，之后双方所发送的数据则利用 IPSec ESP 的 3DES 或 AES 加密方法。

虽然 L2TP/IPSec VPN 的安全性比 PPTP VPN 高，不过客户端计算机与 VPN 服务器都需要申请计算机证书，因此比较麻烦。L2TP/IPSec 支持 Windows XP、Windows 2003、Windows Vista、Windows 2008、Windows 7、Windows 2008 R2。

3. SSTP

SSTP（Secure Socket Tunneling Protocol）也是安全性较高的协议，SSTP 通道采用 HTTPS（HTTP over SSL），因此可以通过 SSL 安全措施来确保传输安全性。PPTP 与 L2TP/IPSec 所使用的端口比较复杂，会增加防火墙设置的难度，而 HTTPS 仅使用端口 443，故只要在防火墙中开放 443 即可，而且 HTTPS 也是企业普遍采用的协议。SSTP 支持 Windows Vista SP1、Windows 2008、Windows 7、Windows 2008 R2。

4. IKEv2

IKEv2 是采用 IPSec 信道模式（使用 UDP，设端口号 500）的协议，这是 Windows Server 2008 与 Windows 7 所支持的最新协议。利用 IKEv2 MOBIKE（Mobility and Multihoming Protocol）所支持的功能，移动用户更方便通过 VPN 连接企业内部网络。在 Windows Server 2008 R2 与 Windows 7 内是通过 VPN Reconnect 这个新功能来实现对 IKEv2 的支持。

前面介绍的几种 VPN 协议中，PPTP、L2TP/IPSec 与 SSTP 都有一个缺点，那就是若网络因故断线，用户就会完全失去其 VPN 信道，在网络重新连接后，用户必须手动重新创建 VPN 通道。然而 VPN Reconnect 允许网络中断后，在一段指定的时间内，VPN 通道仍然保留着不会消失，一旦网络重新连接后，这个 VPN 通道就会自动恢复运行，用户不需重新手动连接，不用重新输入账户与密码，应用程序好像没有被中断一样继续运行。

Windows Server 2008 R2 与 Windows 7 仅支持远程访问 IKEv2 VPN，不支持站点对站点的 IKEv2 VPN。IKEv2 的数据加密方法是 3DES 或 AES。

18.1.4 VPN 设置内容

1. 建立基于什么协议的 VPN

可以选择 PPTP、L2TP/IPSec、SSTP、IKEv2，选择的协议类型不同，其设置过程和内容也不同。

2. 分配给客户机 IP 地址的方式

远程的客户机要加入本地的网络，需要有一个本地网络的 IP 地址，VPN 服务器有两种处理方式。

（1）自动：VPN 服务器先向 DHCP 服务器租用 IP 地址，然后将其分配给客户端，这要求网络中有 DHCP 服务器，而且 VPN 服务器要担当 DHCP 中继代理角色。

（2）来自一个指定的地址范围：在 VPN 服务器上设置一段 IP 地址范围，当客户端来连接时，VPN 服务器会自动从此范围内挑选 IP 地址给客户机。

3. 是否使用 RADIUS 认证

RADIUS 认证是一种认证计费协议。它有两种选择，“否，使用路由和远程访问来对连接请求进行身份验证”表示不使用 RADIUS 认证，若 VPN 服务器是域的成员，由域控制器认证，若不是域的成员，则由本地服务器认证。若选择“是，设置次服务器与 RADIUS 服务器一起工作”，则使用 RADIUS 认证。

18.2 配置 VPN 服务器

模拟场景：

公司创建了局域网，为满足远程业务人员访问公司网络的需求，决定创建一台 VPN 服务器，用于支持远程用户对公司局域网的安全访问。

实验环境：

实验原理如图 18-3 所示。假设网络中存在一个 Active Directory 域，域名为 haisen.com，DC1 是域控制器和支持 Active Directory 的 DNS 服务器，同时也是 VPN 服务器和 DHCP 服务器。图中的 VPN 客户端是一台安装 Windows 7 的计算机，利用它来测试是否可以与 VPN 服务器创建 VPN 连接，并通过此 VPN 连接来与内部计算机通信。为了简化测试环境，将 VPN 客户端与 VPN 服务器直接连接在同一个网段上，利用此网络来仿真 Internet 的环境。

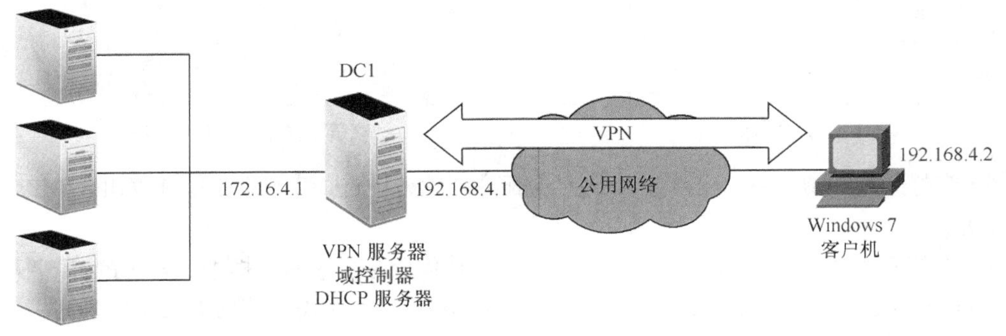

图 18-3 实验原理

18.2.1 配置 VPN 服务器

1. 安装“网络策略和访问服务”

安装过程参见 17.2.1 小节。

2. 配置 VPN 服务器

（1）单击【开始】→【管理工具】→【路由和远程访问】，如图 18-4 所示。

（2）选择【操作】→【配置并启用路由和远程访问】命令，运行【配置并启用路由和远程访问】向导，单击【下一步】按钮。

（3）在打开的如图 18-5 所示的【配置】对话框中选择【远程访问（拨号或 VPN）】单选按钮，单击【下一步】按钮。

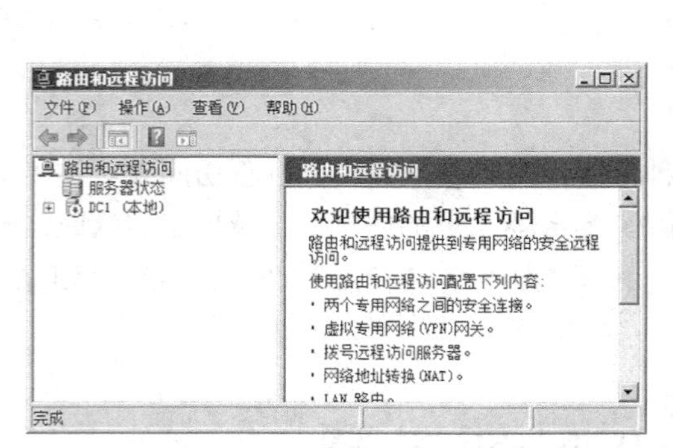

图 18-4 【路由和远程访问】窗口

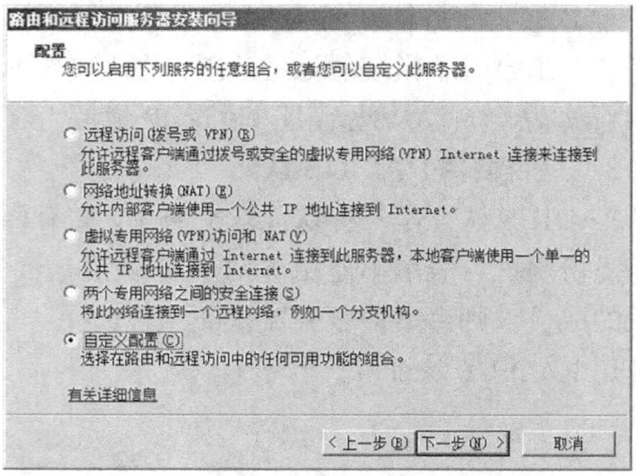

图 18-5 【配置】对话框

（4）在打开的如图 18-6 所示的对话框中选择【VPN】复选框，单击【下一步】按钮。

（5）在打开的如图 18-7 所示的【VPN 连接】对话框中选择用【外网】连接 Internet，单击【下一步】按钮。

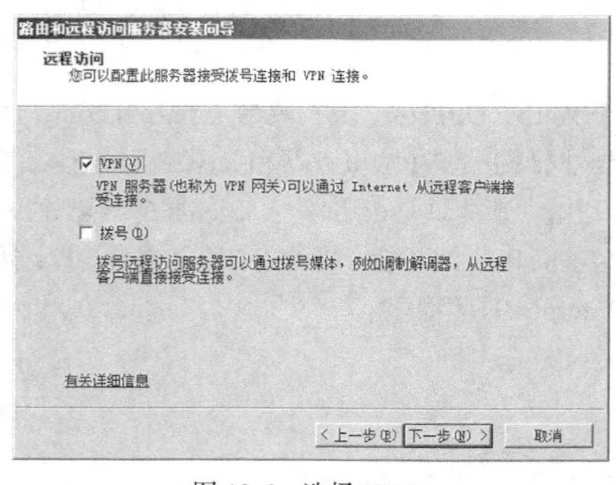

图 18-6 选择 VPN

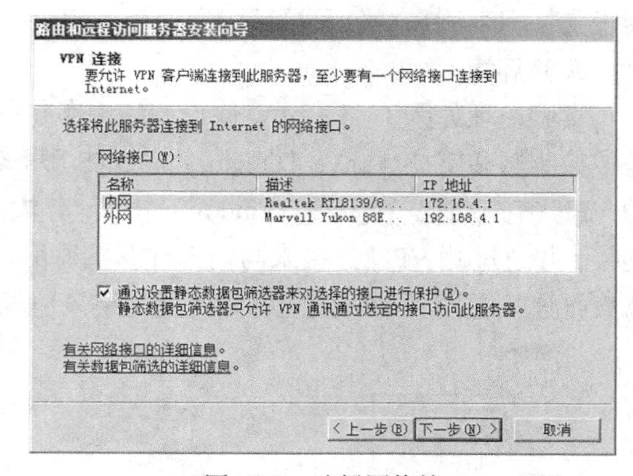

图 18-7 选择网络接口

（6）在打开的如图 18-8 所示的【IP 地址分配】对话框中选择【自动】单选按钮，单击【下一步】按钮。

（7）在打开的如图 18-9 所示的【管理多个远程访问服务器】对话框中，若 VPN 服务器隶属于域，可以直接通过 Active Directory 来验证用户名和密码，否则需要使用 RADIUS 验证，这里选择【否，使用路由和远程访问来对连接请求进行身份验证】单选按钮，单击【下一步】按钮。

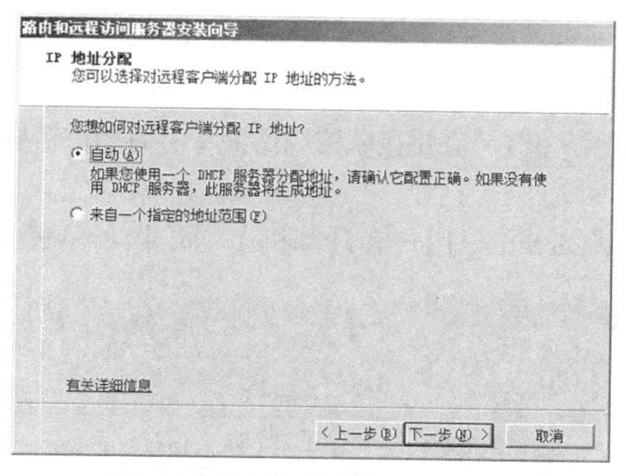

图 18-8　选择自动分配 IP 地址

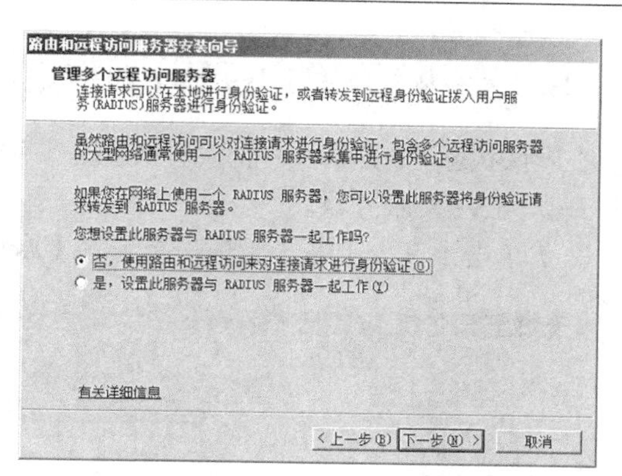

图 18-9 【管理多个远程访问服务器】对话框

（8）在打开的如图 18-10 所示的对话框中单击【完成】按钮，安装程序会一块将 VPN 服务器设置为 DHCP 中继代理，会出现如图 18-11 所示的对话框，提醒在安装完 VPN 服务器后，需要在 DHCP 中继代理中指定 DHCP 服务器的 IP 地址，以便将索取 DHCP 选项设置的请求转发给 DHCP 服务器，单击【确定】按钮。

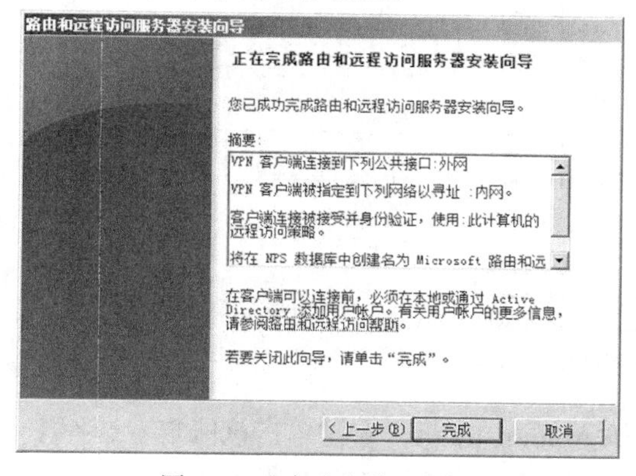

图 18-10　完成安装对话框

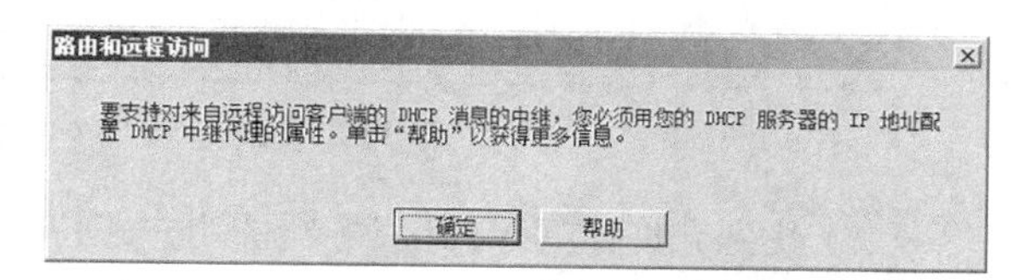

图 18-11　提示指定 DHCP 服务器的 IP 地址

（9）安装 VPN 服务后的【路由和远程访问】窗口如图 18-12 所示。

（10）右键单击图 18-12 中的【DHCP 中继代理】，选择【属性】命令。

（11）在打开的如图 18-13 所示的【DHCP 中继代理属性】对话框中输入 DHCP 服务器的 IP 地址，单击【添加】按钮。

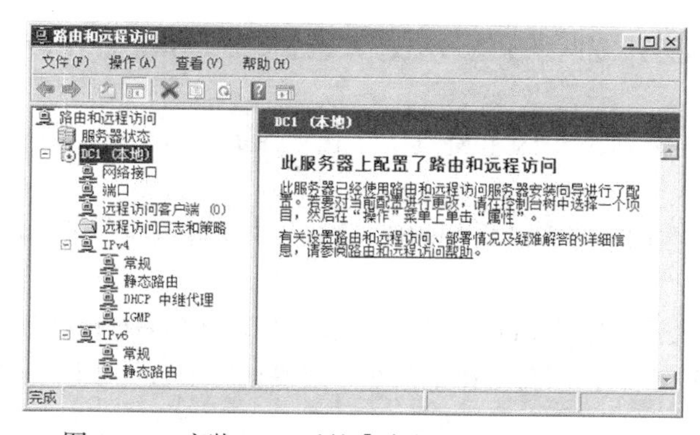

图 18-12　安装 VPN 后的【路由和远程访问】窗口

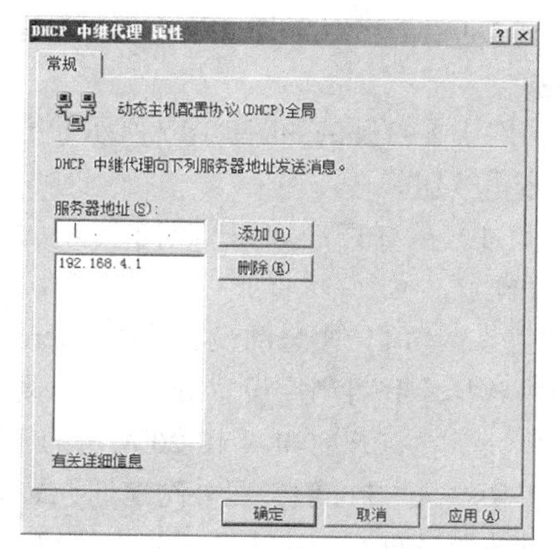

图 18-13　输入 DHCP 服务器的 IP 地址

18.2.2 赋予用户远程访问权限

在默认状态下，所有用户都没有权限连入 VPN 服务器，需要在域控制器上专门对用户授权后，才可以访问 VPN 服务器。

（1）单击【开始】→【管理工具】→【Active Directory 用户和计算机】，如图 18-14 所示。

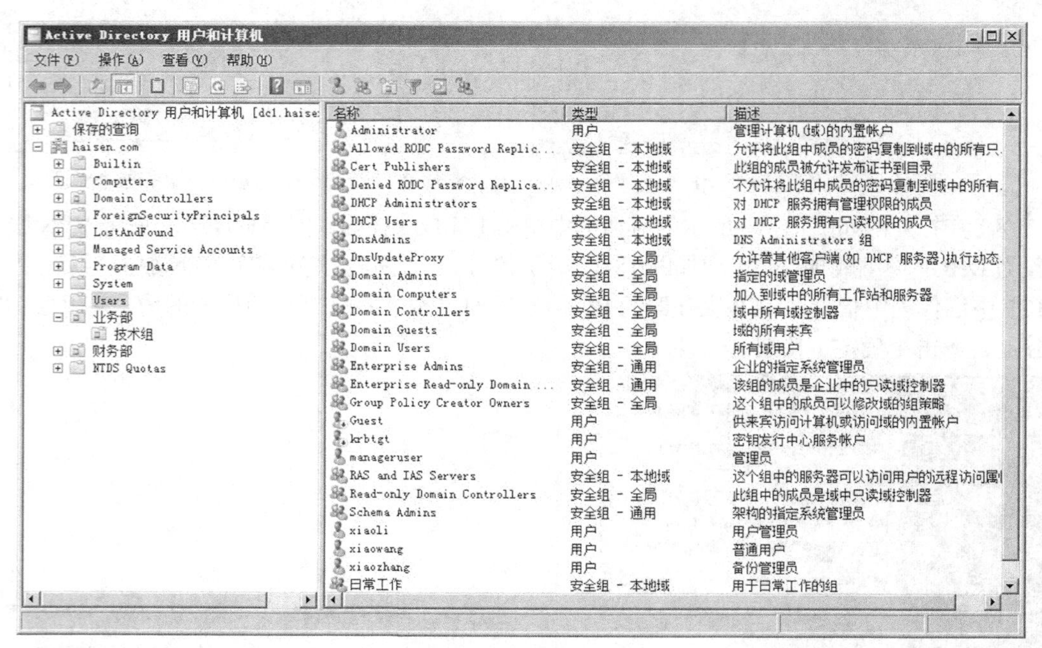

图 18-14 【Active Directory 用户和计算机】窗口

（2）找到允许访问 VPN 服务器的用户账户，如 Administrator，右键单击该账户，选择【属性】命令，在【拨入】选项卡中选择【允许访问】单选按钮，如图 18-15 所示，单击【确定】按钮。

18.2.3 设置 VPN 客户端

（1）在 Windows 7 客户机上单击【开始】→【控制面板】→【网络和共享中心】。

（2）在打开的如图 18-16 所示的【网络和共享中心】窗口中单击【设置新的连接或网络】超链接。

（3）在打开的如图 18-17 所示的【设置连接或网络】窗口中选择【连接到工作区】，单击【下一步】按钮。

（4）在打开的如图 18-18 所示的【连接到工作区】窗口中单击【使用我的 Internet 连接（VPN）】。

（5）当客户端当前没有连接 Internet，会询问是否设置 Internet 连接，在如图 18-19 所示的窗口中选择【我将稍后设置 Internet 连接】。

（6）在打开的如图 18-20 所示的【键入要连接的 Internet 地址】窗口中的【Internet 地址】文本框中输入 VPN 服务器外网地址，如 172.16.4.1，同时选择【现在不连接；仅进行设置以便稍后连接】复选框，单击【下一步】按钮。

图 18-15　设置允许用户远程访问

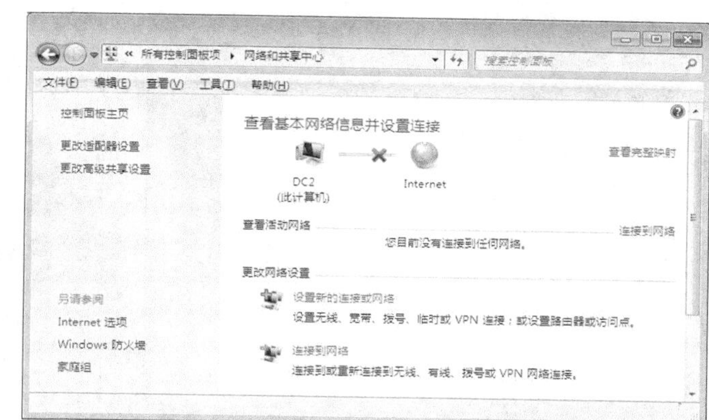

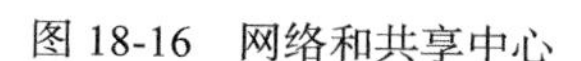

图 18-16　网络和共享中心

图 18-17　设置连接或网络

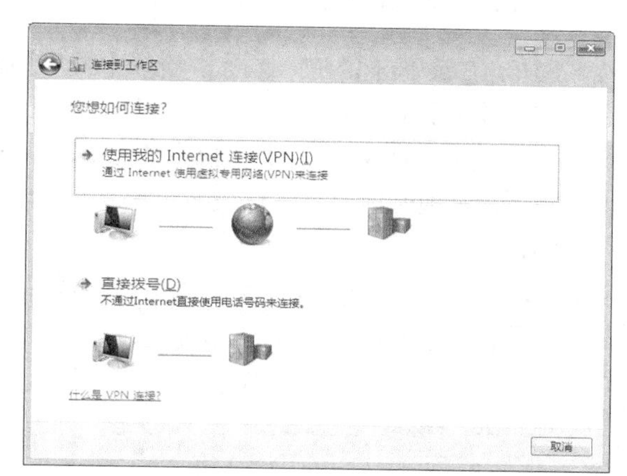

图 18-18　选择连接方式

（7）在打开的如图 18-21 所示的【键入您的用户名和密码】窗口中输入用来连接 VPN 服务器的用户名和密码，在【域】文本框中输入验证这个用户的域名，单击【创建】按钮。

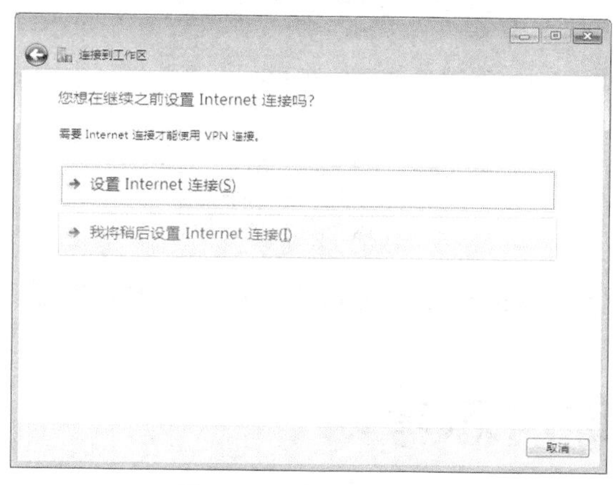

图 18-19　选择稍后连接

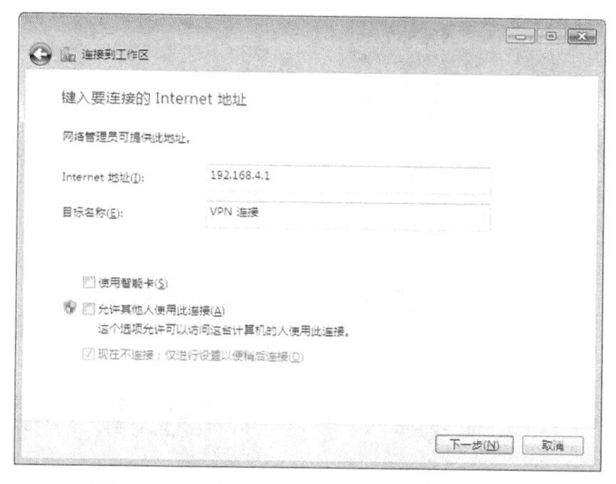

图 18-20　输入 VPN 服务器的 IP 地址

（8）出现如图 18-22 所示的窗口，显示“连接已经可以使用”，单击【关闭】按钮。

（9）在【网络和共享中心】窗口中单击【连接到网络】，弹出如图 18-23 所示的对话框。

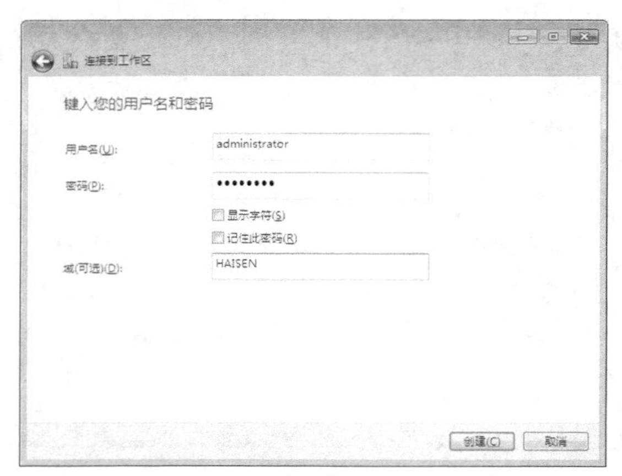

图 18-21 输入用户名、密码和域名

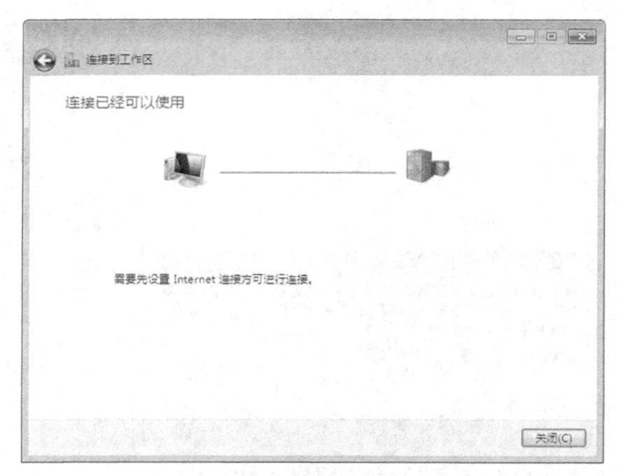

图 18-22 连接已经可以使用

（10）右键单击【VPN 连接】，选择【属性】命令，出现【VPN 连接属性】对话框，单击【安全】标签，如图 18-24 所示。

（11）在【VPN 类型】下拉列表中选择【点对点隧道协议（PPTP）】，其他选项保留默认设置，单击【确定】按钮。

（12）在如图 18-23 所示的对话框中右键单击【VPN 连接】，选择【连接】命令，出现【连接 VPN 连接】对话框，如图 18-25 所示。

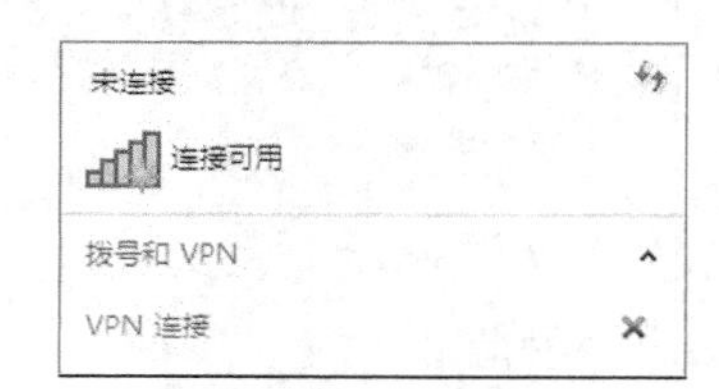

图 18-23 已建立的 VPN 连接

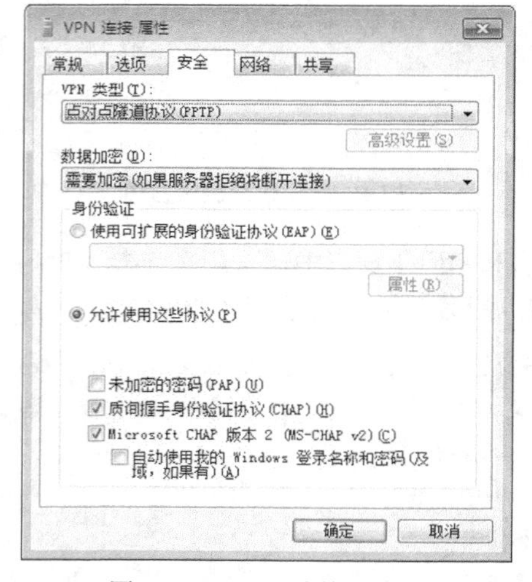

图 18-24 VPN 连接属性

图 18-25 建立连接

（13）输入密码，单击【连接】按钮，便可利用 haisen\administrator 账户连入 VPN 服务器。

18.3 实训与思考

18.3.1 实训题

要求：实现远程连接的 VPN。实验接线如图 18-26 所示，用 PC1 做 VPN 客户机，PC2 做

VPN 服务器，PC3 和 PC4 做内部网络的服务器。逻辑结构见图 18-3，各计算机的 TCP/IP 参数设置如图 18-26 所示。

1. 安装“网络策略和访问服务”

（1）参照图 18-26 配置各计算机的 TCP/IP 属性。

（2）在 PC2 上安装网络策略和访问服务。

2. 安装并配置 VPN 服务器

在 PC2 上配置 VPN 服务器。

3. 赋予用户远程访问权限

在 PC2 上给远程访问用户授权。

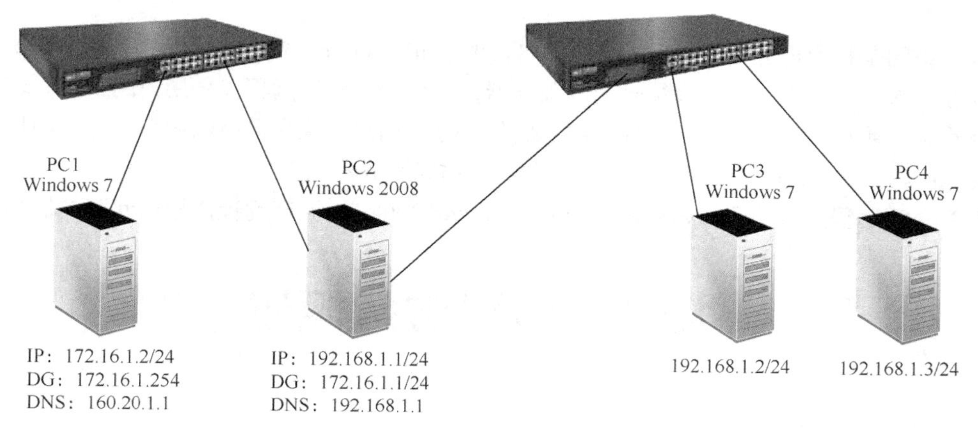

图 18-26　实验接线

4. 设置 VPN 客户端

在 PC1 上设置 VPN 客户端。

5. 使用 VPN

（1）在 VPN 服务器上设置共享文件夹，在 VPN 客户机上访问。

（2）分别在 PC3 和 PC4 上设置共享文件夹，在 VPN 客户机上访问。

18.3.2　思考题

（1）什么是 VPN?

（2）在什么场合下适合使用 VPN?

（3）Windows Server 2008 支持哪些 VPN 的类型（协议）?

（4）VPN 服务器端主要做哪些设置? 客户机端主要做哪些设置?

第19章 实现远程拨号访问服务

远程访问是指用户通过某种广域网（如电话网、Internet 等）访问局域网服务器上的资源。这时需要在局域网中设置一台远程拨号访问服务器，其任务是验证远程拨号用户的身份。若身份合法，就将远程用户计算机其接纳为局域网的成员，远程用户就像在局域网内部一样访问局域网资源。Windows Server 2008 R2 可以充当“远程拨号访问服务器”。

本章介绍远程拨号访问知识和用 Windows Server 2008 R2 实现远程拨号访问服务器的过程。

19.1 远程访问概述

19.1.1 远程访问

通常用户在公司局域网中的计算机上能够直接访问本局域网中服务器上的资源。但是，如果用户由于某种原因希望在另外一个地点仍然能够访问公司局域网中的资源，而且希望这种访问与他在公司局域网中的计算机上访问该局域网中的资源完全一样，这时就需要配置远程访问服务。

远程访问往往需要利用某种已有的广域网进行，如 PSTN（公共交换电话网）、ISDN（综合业务数字网）以及 Internet 等。从公司局域网的角度来看，把用户跨过广域网而对公司局域网所实施的访问称为远程访问，而把这个实施远程访问的用户称为远程用户，把远程用户执行远程访问所使用的计算机称为远程访问客户机。为了对用户远程访问提供支持，需要在公司的局域网中选择一台计算机，这台计算机至少应该具有两个网络接口，一个连接局域网，另一个连接广域网；然后在这台计算机上安装远程访问服务，由它来提供对远程访问的支持，这台用来提供远程访问服务的计算机称为远程访问服务器，由它负责接受用户的远程访问，如图 19-1 所示。

当用户在一台远程访问客户机上希望对公司局域网实施远程访问时，这台远程访问客户机必须跨过广域网与远程访问服务器建立起通信信道，然后再由公司局域网为它分配局域网中的一个有效 IP 地址。此时就相当于把这台远程访问客户机接入公司局域网中，这样用户就可以使用公司局域网中一个具有远程访问权限的用户账户进行登录，登录成功后用户便以这个账户身份访问公司局域网中的资源。这种访问与用户在公司局域网中的计算机上访问该网络中的资源完全一样，即原来在局域网中能够访问什么资源，现在在远程访问客户机上也能访问到这些资源。

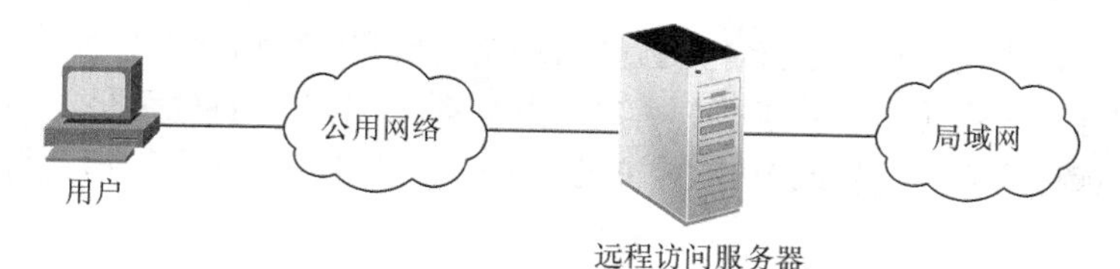

图 19-1　远程访问示意图

19.1.2　远程访问连接的类型

基于 Windows Server 2008 R2 的远程访问服务器主要支持远程访问客户以两种方式建立远程访问连接，即拨号连接和 VPN 连接。

当远程用户进行远程访问时到底使用哪一种远程连接类型，主要取决于所使用的广域网类型。如果希望通过 PSTN、ISDN 等广域网进行远程访问，那么需要建立拨号连接；如果希望通过 Internet 进行远程访问，那么需要建立 VPN 连接。

19.2　配置远程访问

19.2.1　配置拨号连接的远程访问服务器

当远程用户希望通过 PSTN、ISDN 等广域网进行远程连接时，需要拨号连接到远程访问服务器，然后实现访问局域网中的资源。为此，客户机与远程访问服务器都必须安装调制解调器，如图 19-2 所示。由于 PSTN 采用模拟信号，而计算机采用数字信号，因此它们之间进行通信时，必须通过调制解调器执行数字信号与模拟信号之间的转换操作。

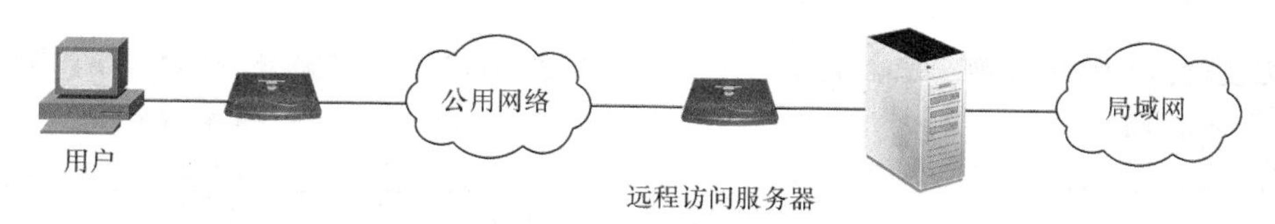

图 19-2　使用拨号接入的远程访问

1. 配置远程拨号服务

（1）单击【开始】→【管理工具】→【路由和远程访问】，将打开如图 19-3 所示的窗口。

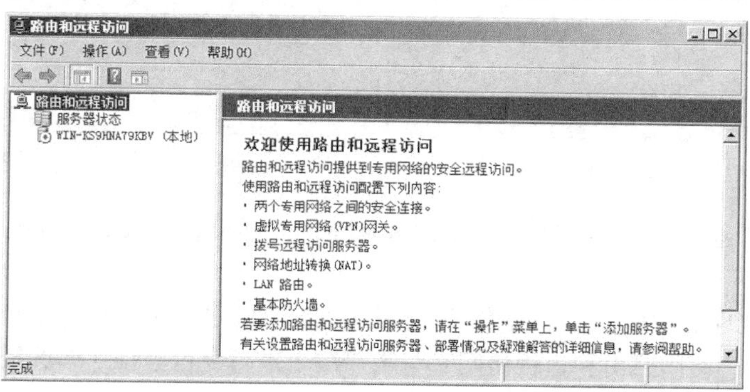

图 19-3 【路由和远程访问】窗口

（2）右键单击计算机名称，选择【配置并启用路由器和远程访问】命令，出现路由和远程访问服务器安装向导，单击【下一步】按钮，将打开如图 19-4 所示的对话框。

（3）选择【远程访问（拨号或 VPN）】单选按钮，单击【下一步】按钮，将打开如图 19-5 所示的对话框。

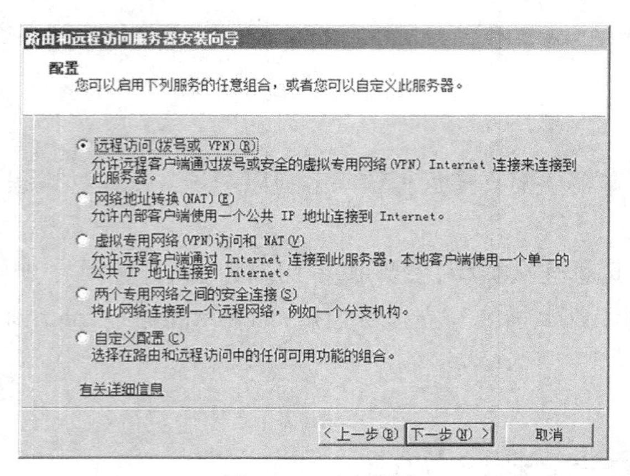

图 19-4　选择服务

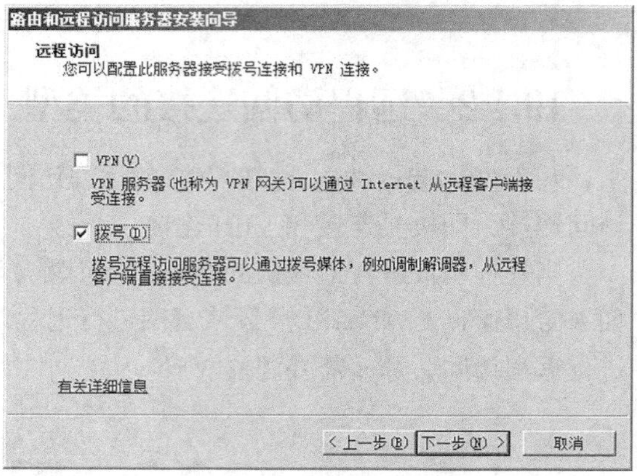

图 19-5　选择拨号接入

（4）选择【拨号】复选框，然后单击【下一步】按钮，打开如图 19-6 所示的对话框。如果在公司局域网中有 DHCP 服务器，那么可以让 DHCP 服务器为远程访问客户机分配局域网中的 IP 地址，这里选择【自动】单选按钮。

（5）如果公司局域网中没有 DHCP 服务器，选择【来自一个指定的地址范围】单选按钮，那么可以在远程访问服务器上建立一个静态 IP 地址范围，这些 IP 地址是用来分配给远程访问客户机的。这里选择【来自一个指定的地址范围】单选按钮，单击【下一步】按钮，将打开如图 19-7 所示的对话框。

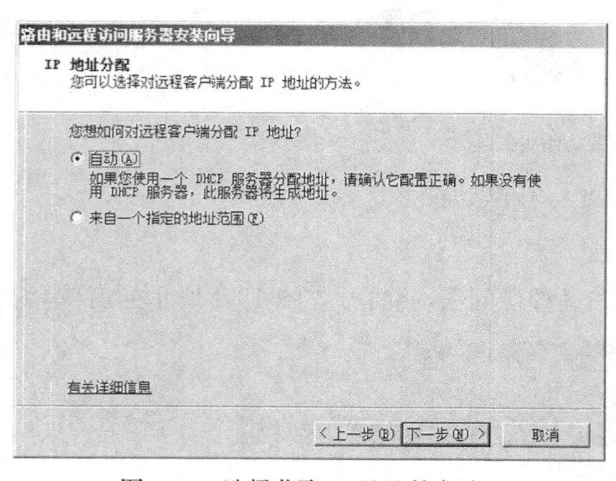

图 19-6　选择获取 IP 地址的方法

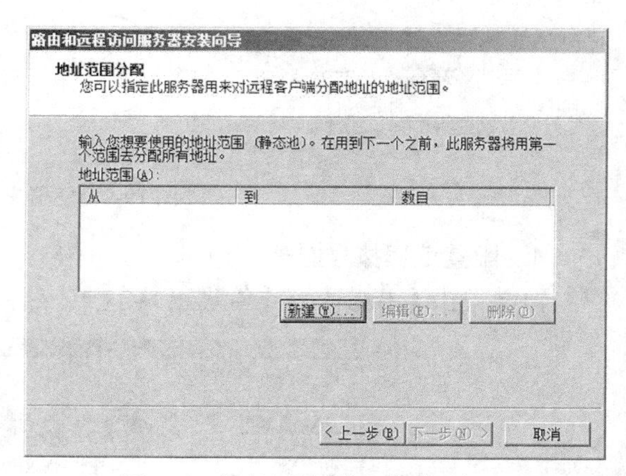

图 19-7【地址范围分配】对话框

（6）单击【新建】按钮，将打开如图 19-8 所示的对话框，输入准备分配的 IP 地址范围，单击【确定】按钮。

（7）在随后出现的对话框中单击【下一步】按钮，将打开如图 19-9 所示的对话框。

（8）选择【否，使用路由和远程访问来对连接请求进行身份验证】单选按钮，单击【下一步】按钮，将打开如图 19-10 所示的对话框。

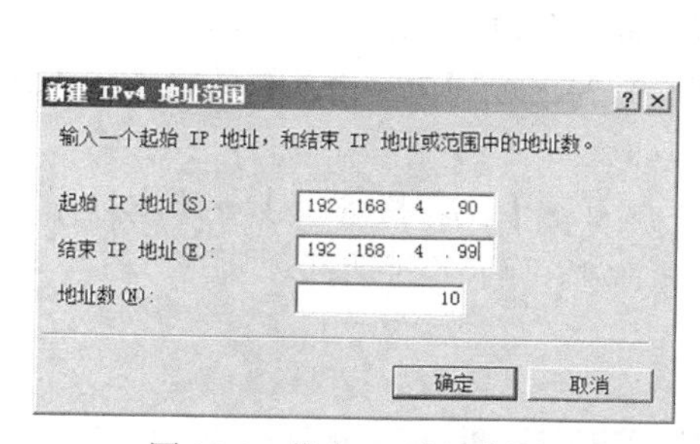

图 19-8　指定 IP 地址范围

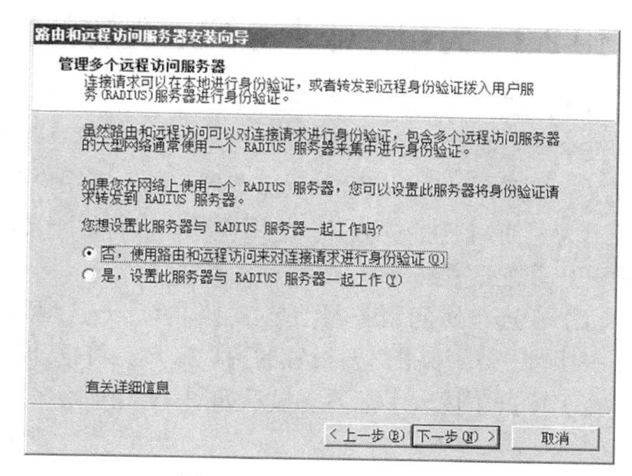

图 19-9　RADIUS 服务选择

（9）单击【完成】按钮，将打开如图 19-11 所示的对话框。

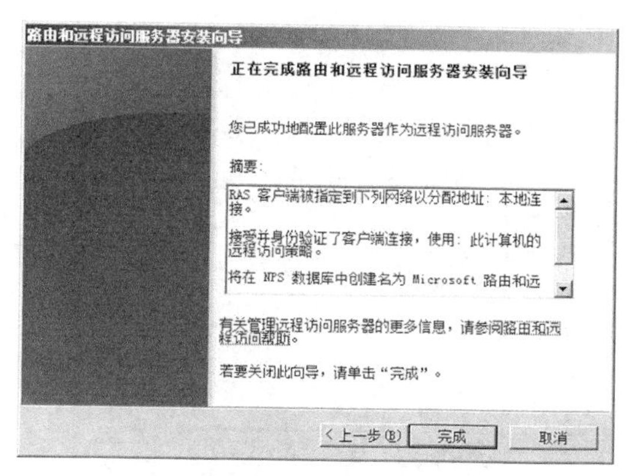

图 19-10　配置远程访问完成对话框

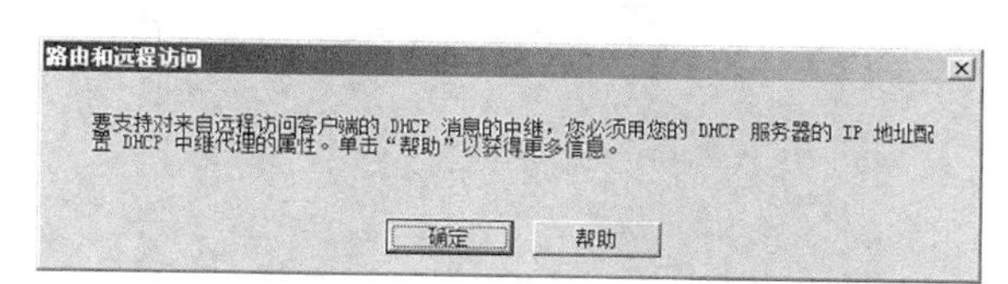

图 19-11　DHCP 确认

（10）单击【确定】按钮，完成设置。设置完成后的显示如图 19-12 所示。

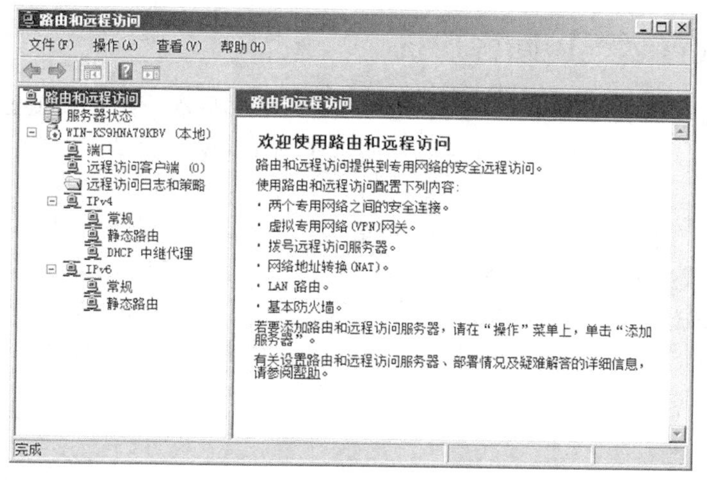

图 19-12　远程访问窗口

19.2.2　为用户账户分配远程访问权限

当用户进行远程访问时，必须以一个账户的身份才能访问，那么对这个账户的要求如下。首先，这个账户必须是远程访问服务器上的一个用户账户。其次，这个用户账户必须具有远程访问的权限，然而，默认在远程访问服务器上的所有用户账户都没有拨号连接远程访问服务器的权限，因此，为了使用户能够使用一个用户账户进行远程访问，需要由远程访问服务器的管理员为这个用户账户分配远程访问权限。

（1）在远程访问服务器上单击【开始】→【管理工具】→【计算机管理】→【本地用户和组】→【用户】，双击需要设置的用户账户，将打开如图 19-13 所示的对话框。

（2）单击【拨入】标签，显示如图 19-14 所示。

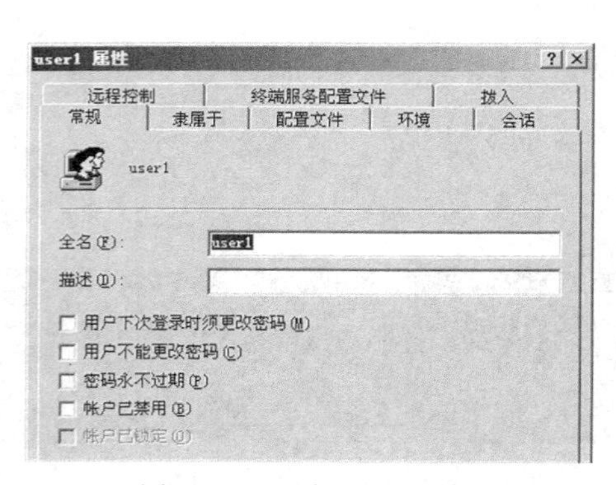

图 19-13　用户属性对话框

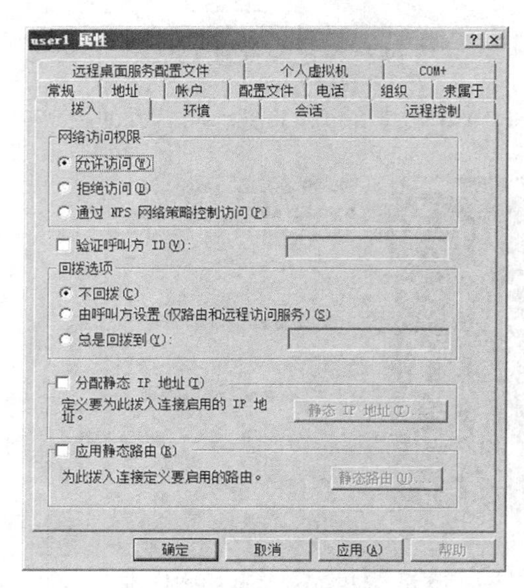

图 19-14　【拨入】标签

（3）选中【允许访问】单选按钮后，单击【确定】按钮即可。

19.2.3　配置远程访问客户机

当远程访问服务器配置完毕后，用户便可以在远程访问客户机上实施远程访问了。为此，用户需要在客户机上创建一个拨号连接。下面以在 Windows 7 系统中为例介绍如何建立拨号连接。

（1）单击【开始】→【控制面板】→【网络和共享中心】，将打开如图 19-15 所示的窗口。

（2）单击【设置新的连接或网络】超链接，将打开如图 19-16 所示的窗口。

（3）选择【连接到工作区】，然后单击【下一步】按钮，将打开如图 19-17 所示的窗口。

（4）选择【否，创建新连接】单选按钮，然后单击【下一步】按钮，将打开如图 19-18 所示的窗口。

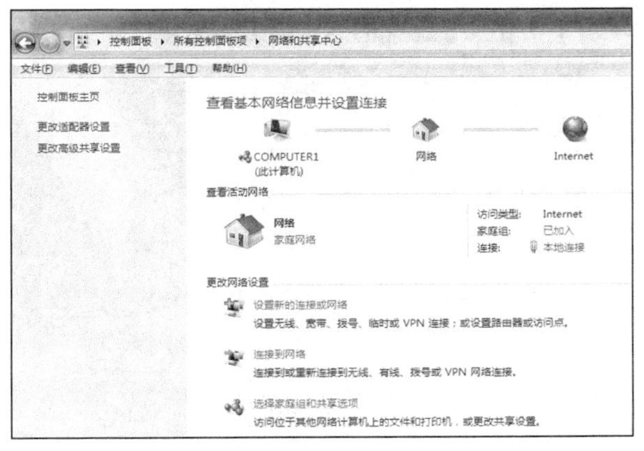

图 19-15　【网络和共享中心】窗口

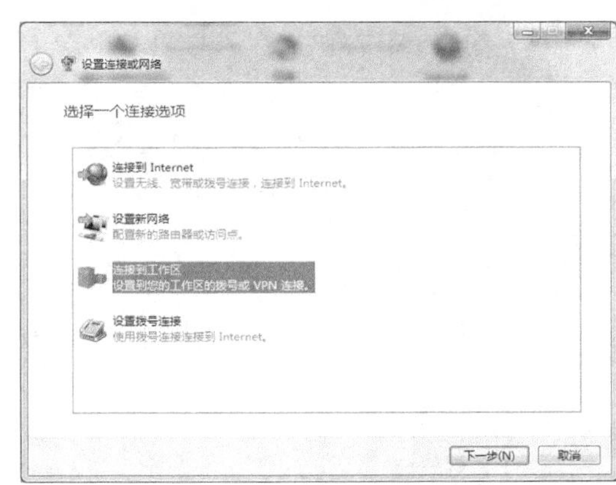

图 19-16　设置连接或网络

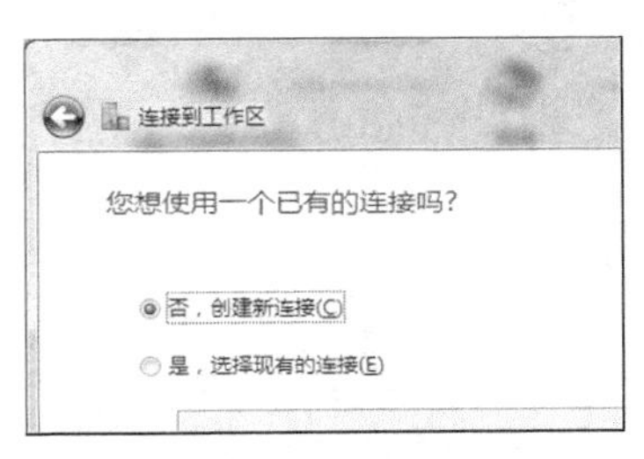

图 19-17　确定是否使用已有连接

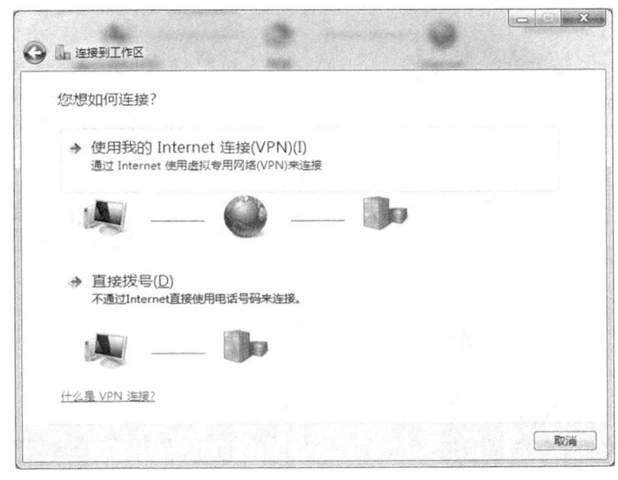

图 19-18　选择如何连接

（5）选择【直接拨号】，系统会自动检测已经安装的调制解调器，随后弹出如图 19-19 所示的窗口。

（6）选择【仍然设置连接】，出现如图 19-20 所示的窗口。

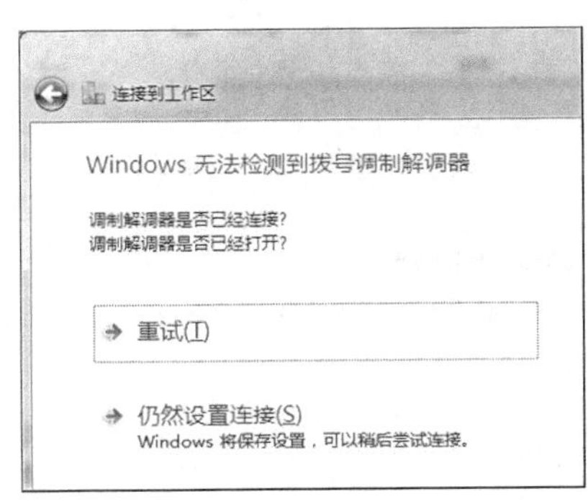

图 19-19　检测调制解调器

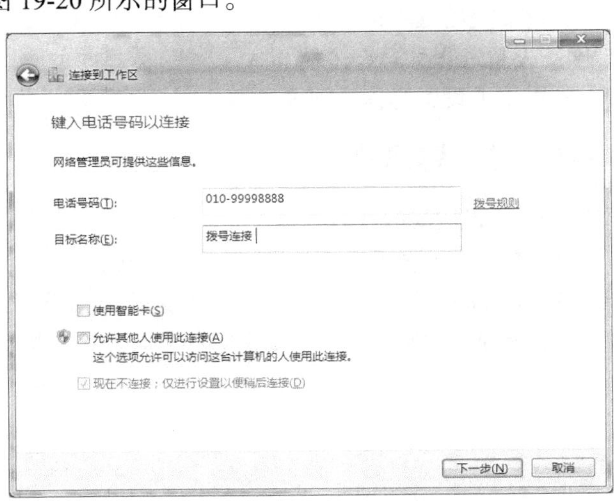

图 19-20　输入电话号码以连接

（7）输入 ISP 提供的拨入号码，单击【下一步】按钮，出现如图 19-21 所示的窗口。

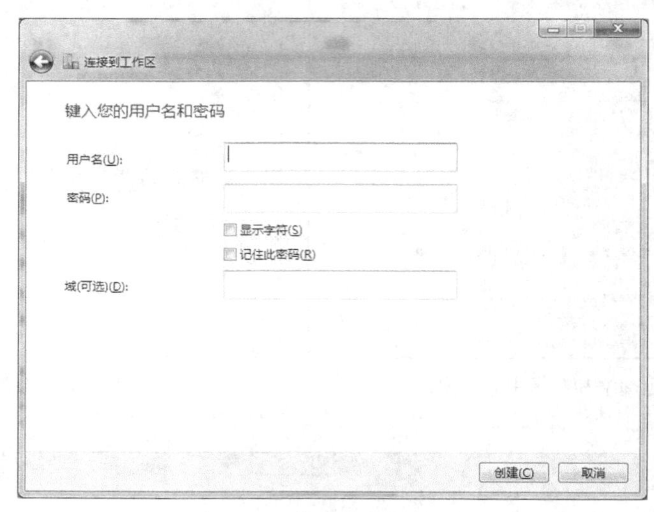

图 19-21　输入用户名和密码

19.3　实训与思考

19.3.1　实训题

1. 安装“网络策略和访问服务”

（1）参照图 18-26 配置各计算机的 TCP/IP 属性。

（2）在 PC2 上安装网络策略和访问服务。

2. 安装并配置远程拨号服务器

在 PC2 上配置远程访问服务器。

3. 赋予用户远程访问权限

在 PC2 上给远程访问用户授权。

4. 设置远程拨号客户端

在 PC1 上设置远程访问客户端。

19.3.2　思考题

（1）什么是远程访问？

（2）在什么场合下适合使用拨号远程访问？

（3）Windows Server 2008 支持哪些远程访问类型？

（4）远程访问服务器端主要做哪些设置？客户机端主要做哪些设置？

第 20 章 实现 NAT 路由器

由于 IPv4 地址的匮乏，局域网用户一般都使用私有 IP 地址，但是这些地址不能直接访问 Internet。NAT 是一种地址置换技术，它通过用合法地址置换私有地址的方法，使大量的私有地址用户利用少量的合法地址去访问 Internet。Windows Server 2008 R2 可以实现 NAT 路由器的功能。

本章介绍 NAT 的知识和用 Windows Server 2008 R2 实现 NAT 路由器的过程。

20.1 NAT 知识介绍

20.1.1 NAT 的概念

1. NAT 概述

NAT（Network Address Translation，网络地址转换）是一个 IETF（Internet Engineering Task Force，Internet 工程任务组）标准，它允许一个整体机构以一个公用 IP 地址出现在 Internet 上。顾名思义，NAT 是一种把内部私有网络地址（IP 地址）翻译成合法网络 IP 地址的技术。

简单地说，NAT 就是在局域网内部使用私有地址，而当内部节点要与外部网络进行通信时，就在网关（路由器）处将内部地址替换成合法地址，用合法地址访问外部公网。NAT 可以使多台计算机共享 Internet 连接，这一功能很好地解决了公共 IP 地址紧缺的问题。

通过这种方法可以只申请一个合法的 IP 地址，就把整个局域网中的计算机接入 Internet 中。这时 NAT 屏蔽了内部网络，所有内部网计算机对于公共网络来说是不可见的，而内部网计算机用户通常不会意识到 NAT 的存在。

2. NAT 的类型

NAT 有三种类型：静态 NAT（Static NAT）、动态 NAT（Pooled NAT）、NAPT（Port-Level NAT）。

其中静态 NAT 设置起来最为简单并且最容易实现，内部网络中的每个主机都被永久映射成外部网络中的某个合法的地址，这种映射是一对一的。而动态 NAT 则拥有多个外部网络中的合法地址，采用动态分配的方法映射到内部网络的主机，例如，有 10 个合法的外部地址供内部 100 个主机共享使用。NAPT 则是把内部地址映射到外部网络一个 IP 地址的不同端口上。根据不同的需要，三种 NAT 方案各有利弊。

如果外网卡拥有多个 IP 地址，可以利用“地址映射”的方式保留特定地址给内部特定的主机，例如，设 NAT 的外网卡有 3 个地址，就可以设定：135.25.1.5 保留给 192.168.1.101，将 135.25.1.6 保留给 192.168.1.102，将 135.25.1.7 保留给 192.168.1.103，这就是静态映射。

动态 NAT 只是转换 IP 地址，它为每一个内部的 IP 地址分配一个临时的外部 IP 地址，提供拨号接入的 ISP 常常使用动态 NAT 技术来达到节约 IP 地址的目的。当远程用户连接上之后，动态 NAT 就会分配给他一个 IP 地址，用户断开时，这个 IP 地址就会被释放，再分配给其他用户使用。

NAPT 普遍应用于接入设备中，它可以将中小型的网络隐藏在一个合法的 IP 地址后面。NAPT 与动态 NAT 不同，它将内部连接映射到外部网络中一个单独的 IP 地址上，同时在该地址上加上一个由 NAT 设备选定的 TCP 端口号。

例如，若内部 WWW 网站的 IP 地址是 192.168.1.101，默认端口号是 80，若让外部用户访问此网站，可以对外宣称网站 IP 地址是 135.25.1.5，端口是 80（见图 20-1），并将这个地址在 DNS 服务器中注册，当外部用户访问 135.25.1.5 时，NAT 就将这个访问请求转发给 192.168.1.101 的 80 端口。

20.1.2　NAT 的原理

NAT 的工作原理如图 20-1 所示。设有 NAT 功能的路由器拥有合法的外部地址 135.25.1.5 和与内部网络连接的私有地址 192.168.1.100，内部网络用户均使用私有地址。当 PC1 用户要访问外部网络中的 202.112.5.1 时，PC1 发出的数据包中源地址为 192.168.1.101，目的地址为 202.112.5.1，当数据包经过 NAT 路由器时，路由器将数据包打开，将源地址改为自己的合法地址 135.25.1.5，目的地址为 202.112.5.1。当数据包从目的主机返回时，目的地址为 135.25.1.5，源地址为 202.112.5.1，经过 NAT 路由器时，目的地址被改为 192.168.1.101，源地址为 202.112.5.1。

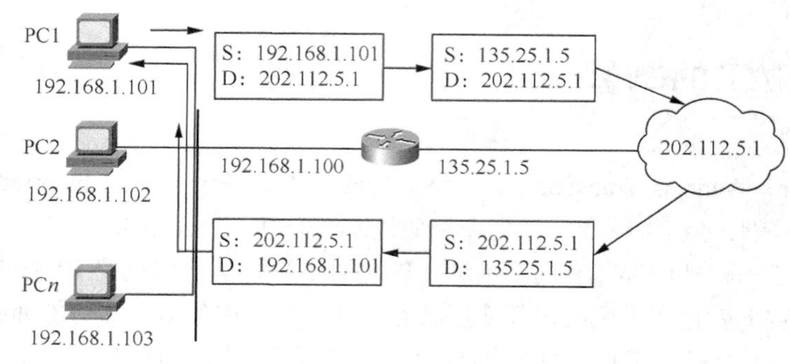

图 20-1　NAT 原理

20.2　配置 NAT 路由器

模拟场景：

企业建设了局域网，并申请了 Internet 专线，但是企业只有少量的公网 IP 地址，为了让使用私有地址的内部网络用户都能够访问 Internet 资源，决定采用 NAT 技术，并用 Windows Server 2008 R2 实现 NAT 路由器。

实验环境：

运行 Windows Server 2008 R2 操作系统的服务器一台，Windows 系统客户机三台，交换机一台，互联成网。

实验接线如图 20-2 所示。用 172.16.4.1 代表能够访问 Internet 的合法地址，192.168.4.0 是内部网络使用的网络号，当作路由器的计算机安装两块网卡，连接外网的网卡 IP 地址为 172.16.4.1，连接内网的网卡 IP 地址为 192.168.4.1。客户机均配置 192.168.4.0 网段的地址。

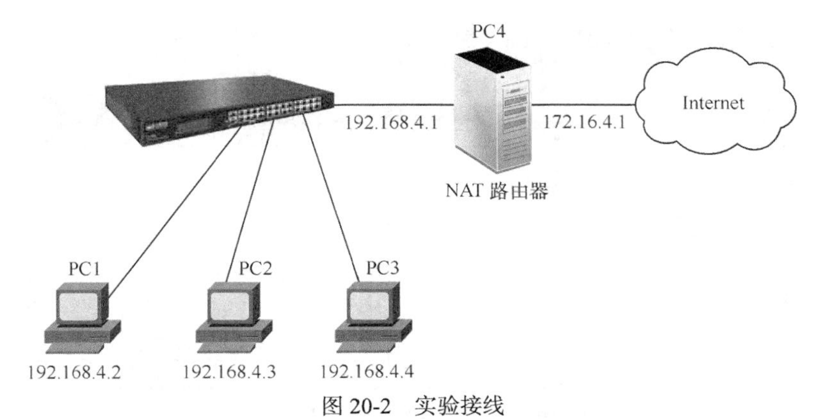

图 20-2 实验接线

20.2.1 启用 Windows Server 2008 R2 NAT 路由器

1. 安装“网络策略和访问服务”

安装过程参见 17.2.1 小节。

2. 启用 NAT 路由器

（1）依次选择【开始】→【管理工具】→【路由和远程访问】，如图 20-3 所示。

（2）选择【操作】→【配置并启用路由和远程访问】命令，出现【配置并启用路由和远程访问】向导，单击【下一步】按钮。

（3）在【配置】对话框中选择【网络地址转换】单选按钮，如图 20-4 所示，单击【下一步】按钮。

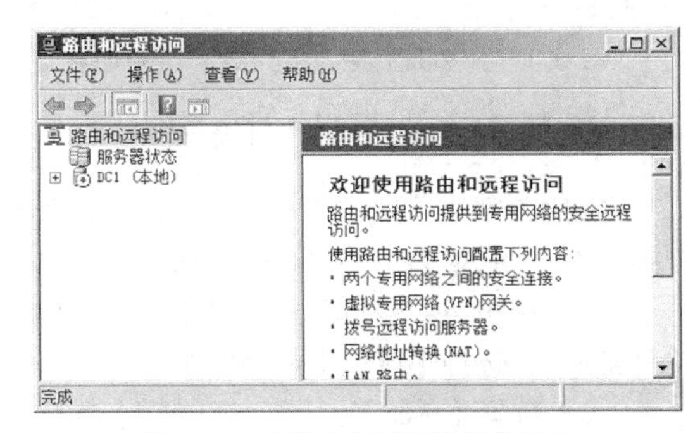

图 20-3 【路由和远程访问】窗口

（4）在随后出现的【NAT Internet 连接】对话框中选择【使用此公共接口连接到 Internet】单选按钮，在【网络接口】列表框中选择“外部网”，如图 20-5 所示，然后单击【下一步】按钮。

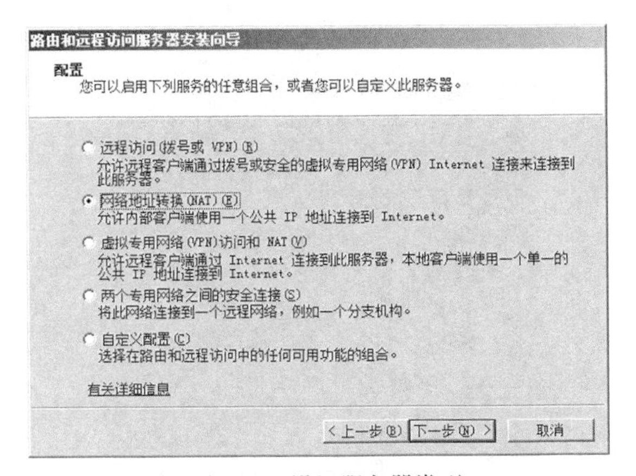

图 20-4 设置服务器类型

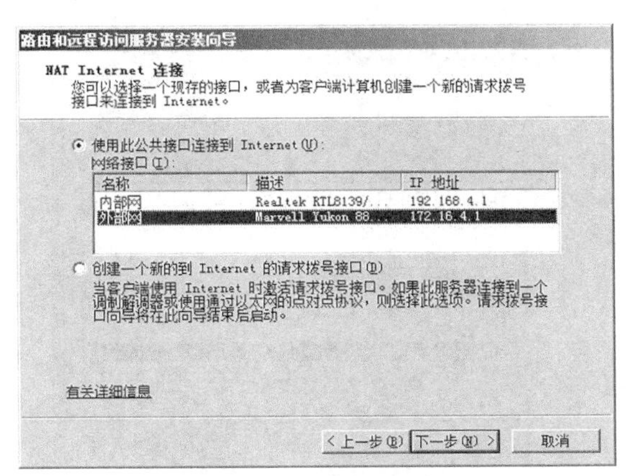

图 20-5 选择 Internet 连接

（5）设置完毕后单击【完成】按钮即可，此时【路由和远程访问】会自动启动，如图 20-6 所示。

（6）通过以上的配置，就可以利用这个 NAT 路由器将内部地址转换成外部地址，从而代理内部的计算机共享上网了。

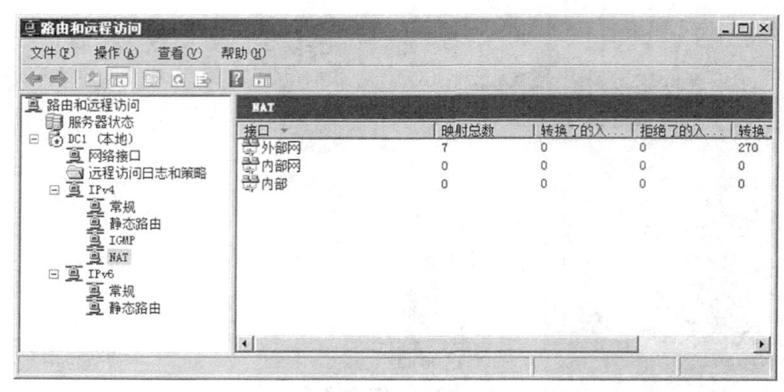

图 20-6 【路由和远程访问】控制台

3. 客户机配置与验证

（1）若 NAT 路由器同时也是 DHCP 服务器，则客户机上设置“自动获取 IP 地址”和“自动获取 DNS 服务器地址”即可，否则，按照图 20-2 配置 IP 地址，默认网关配置为 192.168.4.1。

（2）在客户机上启动浏览器上网浏览。

20.2.2 实现端口映射

映射方案：内网主机地址 192.168.4.2 映射为 NAT 外网接口的 80 端口，内网主机地址 192.168.4.3 映射为 NAT 外网接口的 25 端口，192.168.4.4 映射为 NAT 外网接口的 21 端口。

（1）在图 20-6 中依次展开【DC1（本地）】→【IPv4】→【NAT】，在右侧的窗格中右键单击【外部网】，选择【属性】命令，单击【服务和端口】标签，如图 20-7 所示。

（2）选择【Web 服务器（HTTP）】复选框，在随后弹出的【编辑服务】对话框中的【专用地址】文本框中输入“192.168.4.2”，单击【确定】按钮，如图 20-8 所示。以后当外部网卡 80 端口收到数据包时，就将其转发到主机 192.168.4.2 的 80 端口。用同样的方法将 192.168.4.3 映射为 172.16.4.1 的 25 端口，将 192.168.4.4 映射为 172.16.4.1 的 21 端口。

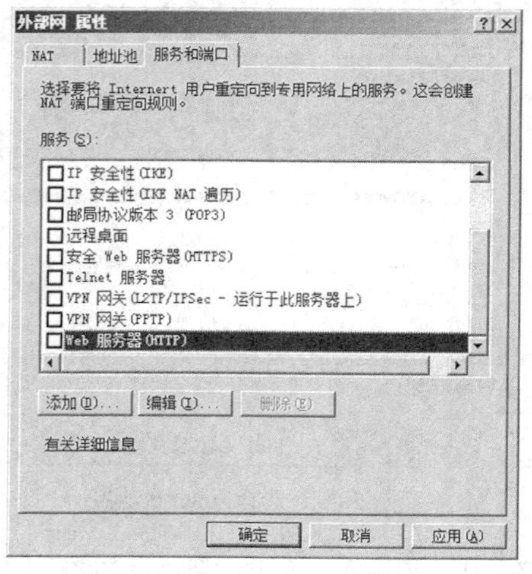

图 20-7 设置端口映射

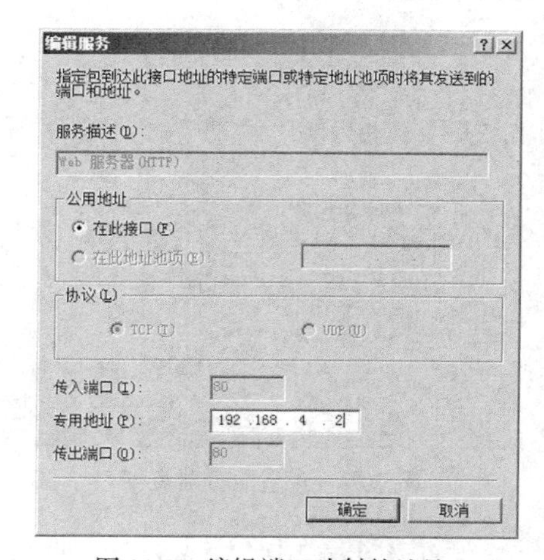

图 20-8 编辑端口映射的地址

20.2.3　实现静态地址映射

映射方案：将 192.168.4.2 映射为 172.16.4.1，将 192.168.4.3 映射为 172.16.4.2，将 192.168.4.4 映射为 172.16.4.3。

（1）在 NAT 服务器上先添加两个 IP 地址：172.16.4.2 和 172.16.4.3。

（2）在图 20-6 中依次展开【DC1（本地）】→【IPv4】→【NAT】，在右侧的窗格中右键单击外部网卡，选择【属性】命令，单击【地址池】标签，如图 20-9 所示。

（3）单击【添加】按钮，在随后出现的【添加地址池】对话框中输入外部网卡使用的起始地址和结束地址以及子网掩码，单击【确定】按钮，如图 20-10 所示。

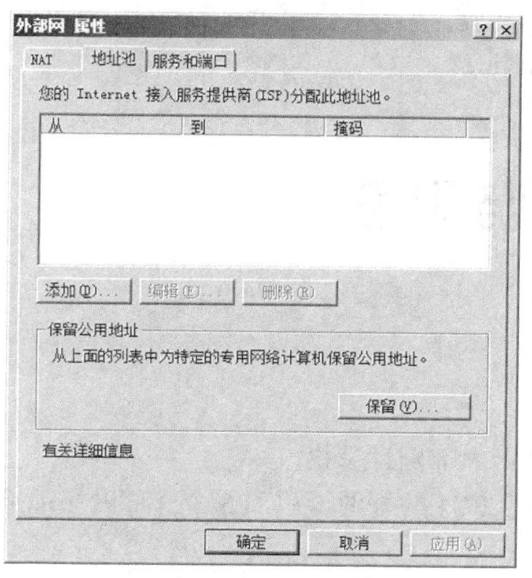

图 20-9　【地址池】标签

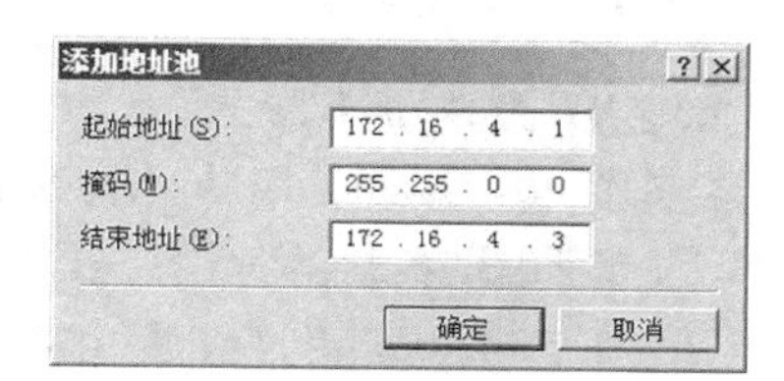

图 20-10　添加地址范围

（4）在图 20-9 中单击【保留】按钮，出现【地址保留】对话框，如图 20-11 所示。

（5）单击【添加】按钮，在随后弹出的【添加保留】对话框中输入保留记录，单击【确定】按钮，如图 20-12 所示，依次填入其他保留记录。

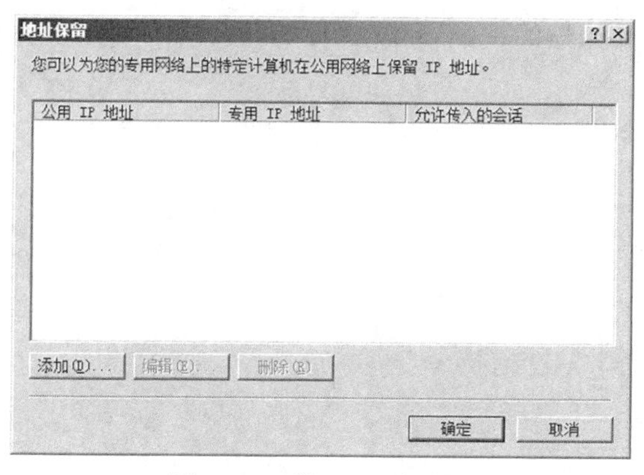

图 20-11　设置地址保留

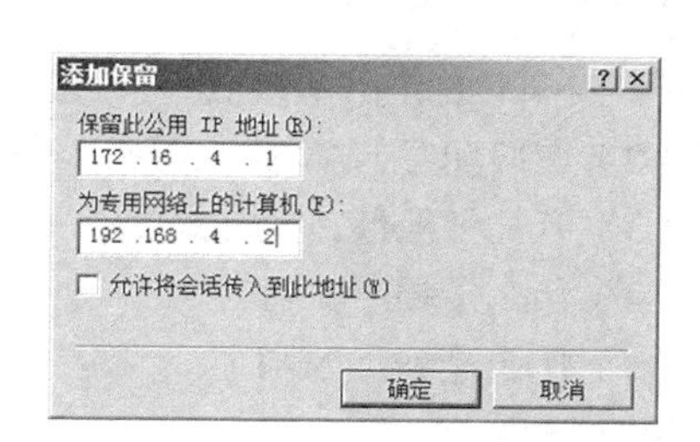

图 20-12　输入保留记录

（6）添加完保留记录后的【地址保留】对话框如图 20-13 所示。单击【确定】按钮，返回到图 20-9 中，再单击【确定】按钮完成配置。

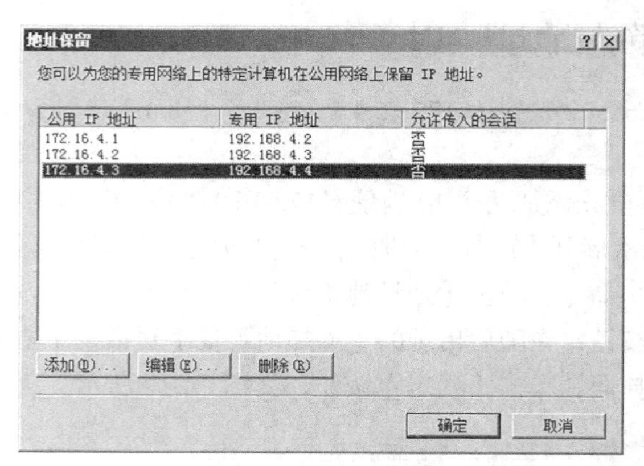

图 20-13　保留地址记录

20.3　实训与思考

20.3.1　实训题

1. 实现基本 NAT 路由

参考图 20-2 接线，用 PC4 做 NAT 服务器，其余做内部网计算机。

（1）参照图 20-2 给各计算机配置 IP 地址，其中给 PC4 的外网卡添加 3 个外部网络地址。

（2）在 PC4 上安装 NAT 路由器。

（3）在客户机上用内部网络地址访问外部网络。

2. 端口映射

（1）让外部用户通过 PC4（外网卡）第一个地址的 80 端口访问 PC1（Web 服务器）。

（2）让外部用户通过 PC4（外网卡）第一个地址的 21 端口访问 PC2（FTP 服务器）。

3. 地址映射

（1）将内部网的计算机分别映射为 NAT 路由器的一个外部地址。

（2）查看映射结果。

20.3.2　思考题

（1）NAT 的作用是什么？

（2）如何配置 NAT 路由器？

（3）有几种地址转换方式？

（4）什么是端口映射？

（5）什么是静态 NAT？

参考文献

[1] 戴有炜．Windows Server 2008 R2 安装与管理．北京：清华大学出版社，2011.

[2] 戴有炜．Windows Server 2008 R2 网络管理与架站．北京：清华大学出版社，2011.

[3] 戴有炜．Windows Server 2008 R2 Active Directory 配置指南．北京：清华大学出版社，2011.

[4] Microsoft．网络服务器操作系统的安装、配置和管理．北京：高等教育出版社，2003.

[5] Microsoft．网络环境管理．北京：高等教育出版社，2003.

[6] Microsoft．目录服务的实现和管理．北京：高等教育出版社，2004.

[7] 张博．计算机网络技术与应用．北京：清华大学出版社，2010.